国家出版基金项目
NATIONAL PUBLICATION FOUNDATION

“十三五”国家重点出版物出版规划项目

中国生物物种名录

第三卷 菌物

锈菌 黑粉菌
RUST, SMUT FUNGI

庄剑云 郭 林 编著

科学出版社
北 京

内 容 简 介

本书收集和汇总了 1912～2018 年国内外学者对我国锈菌和黑粉菌的记载，参考了大量著作和国内外学术文献，系统地收集了中国锈菌和黑粉菌的物种名称。截至 2018 年，我国已报道锈菌 1 目 15 科 72 属（包括 5 个式样属）1175 种，黑粉菌 2 目 8 科 24 属 207 种。本书列出了它们的汉语学名和拉丁学名，提供了其基原异名及我国曾经报道或使用过的主要同物异名。学科在发展，真菌分类系统在不断更新，分类观点也随之发生变化，书中试图采用当前最合理的物种名称。

本书可供生物学、菌物学、植物检疫、自然资源开发等方面的工作者，以及大专院校和科研单位相关专业的师生及其他有关人员参考。

图书在版编目（CIP）数据

中国生物物种名录. 第三卷，菌物. 锈菌、黑粉菌/庄剑云，郭林编著. —北京：科学出版社，2019.3

“十三五”国家重点出版物出版规划项目　国家出版基金项目

ISBN 978-7-03-060925-0

Ⅰ. ①中…　Ⅱ. ①庄…　②郭…　Ⅲ. ①生物–物种–中国–名录　②锈菌目–物种–中国–名录　③黑粉菌目–物种–中国–名录　Ⅳ. ①Q152-62　②Q949.329-62

中国版本图书馆 CIP 数据核字（2019）第 051833 号

责任编辑：马　俊　王　静　付　聪　侯彩霞 / 责任校对：郑金红

责任印制：吴兆东 / 封面设计：刘新新

科学出版社 出版

北京东黄城根北街 16 号

邮政编码：100717

http://www.sciencep.com

北京虎彩文化传播有限公司 印刷

科学出版社发行　各地新华书店经销

*

2019 年 3 月第　一　版　开本：889 × 1194 1/16

2019 年 3 月第一次印刷　印张：9 3/4

字数：344 000

定价：128.00 元

（如有印装质量问题，我社负责调换）

Species Catalogue of China

Volume 3 Fungi

RUST, SMUT FUNGI

Authors: Jianyun Zhuang   Lin Guo

Science Press
Beijing

《中国生物物种名录》编委会

总　序

生物多样性保护研究、管理和监测等许多工作都需要翔实的物种名录作为基础。建立可靠的生物物种名录也是生物多样性信息学建设的首要工作。通过物种唯一的有效学名可查询关联到国内外相关数据库中该物种的所有资料，这一点在网络时代尤为重要，也是整合生物多样性信息最容易实现的一种方式。此外，“物种数目”也是一个国家生物多样性丰富程度的重要统计指标。然而，像中国这样生物种类非常丰富的国家，各生物类群研究基础不同，物种信息散见于不同的志书或不同时期的刊物中，加之分类系统及物种学名也在不断被修订。因此建立实时更新、资料翔实，且经过专家审订的全国性生物物种名录，对我国生物多样性保护具有重要的意义。

生物多样性信息学的发展推动了生物物种名录编研工作。比较有代表性的项目，如全球鱼类数据库（FishBase）、国际豆科数据库（ILDIS）、全球生物物种名录（CoL）、全球植物名录（TPL）和全球生物名称（GNA）等项目；最有影响的全球生物多样性信息网络（GBIF）也专门设立子项目处理生物物种名称（ECAT）。生物物种名录的核心是明确某个区域或某个类群的物种数量，处理分类学名称，厘清生物分类学上有效发表的拉丁学名的性质，即接受名还是异名及其演变过程；好的生物物种名录是生物分类学研究进展的重要标志，是各种志书编研必需的基础性工作。

自 2007 年以来，中国科学院生物多样性委员会组织国内外 100 多位分类学专家编辑中国生物物种名录；并于 2008 年 4 月正式发布《中国生物物种名录》光盘版和网络版（http://www.sp2000.org.cn/），此后，每年更新一次；2012 年版名录已于同年 9 月面世，包括 70 596 个物种（含种下等级）。该名录自发布受到广泛使用和好评，成为环境保护部物种普查和农业部作物野生近缘种普查的核心名录库，并为环境保护部中国年度环境公报物种数量的数据源，我国还是全球首个按年度连续发布全国生物物种名录的国家。

电子版名录发布以后，有大量的读者来信索取光盘或从网站上下载名录数据，取得了良好的社会效果。有很多读者和编者建议出版《中国生物物种名录》印刷版，以方便读者、扩大名录的影响。为此，在 2011 年 3 月 31 日中国科学院生物多样性委员会换届大会上正式征求委员的意见，与会者建议尽快编辑出版《中国生物物种名录》印刷版。该项工作得到原中国科学院生命科学与生物技术局的大力支持，设立专门项目，支持《中国生物物种名录》的编研，项目于 2013 年正式启动。

组织编研出版《中国生物物种名录》（印刷版）主要基于以下几点考虑。①及时反映和推动中国生物分类学工作。“三志”是本项工作的重要基础。从目前情况看，植物方面的基础相对较好，2004 年 10 月《中国植物志》80 卷 126 册全部正式出版，*Flora of China* 的编研也已完成；动物方面的基础相对薄弱，《中国动物志》虽已出版 130 余卷，但仍有很多类群没有出版；《中国孢子植物志》已出版 80 余卷，很多类群仍有待编研，且微生物名录数字化基础比较薄弱，在 2012 年版中国生物物种名录光盘版中仅收录 900 多种，而植物有 35 000 多种，动物有 24 000 多种。需要及时总结分类学研究成果，把新种和新的修订，包括分类系统修订的信息及时整合到生物物种名录中，以克服志书编写出版周期长的不足，让各个方面的读者和用户及时了解和使用新的分类学成果。②生物物种名称的审订和处理是志书编写的基础性工作，名录的编研出版可以推动生物志书的编研；相关学科如生物地理学、保护生物学、生态学等的研究工作需要及时更新的生物物种名录。③政府部门和社会团体等在生物多样性保护和可持续利用的实践中，希望及时得到中国物种多样性的统计信息。④全球生物物种名录等国际项目需要中国生物物种名录等区域性名录信息不断更新完善，因此，我们的工作也可以在一定程度上推动全球生物多样性编目与保护工作的进展。

编研出版《中国生物物种名录》（印刷版）是一项艰巨的任务，尽管不追求短期内涉及所有类群，也是难度很大的。衷心感谢各位参编人员的严谨奉献，感谢几位副主编和工作组的把关和协调，特别感谢不幸过世的副主编刘瑞玉院士的积极支持。感谢国家出版基金和科学出版社的资助和支持，保证了本系列丛书的顺利出版。在此，对所有为《中国生物物种名录》编研出版付出艰辛努力的同仁表示诚挚的谢意。

虽然我们在《中国生物物种名录》网络版和光盘版的基础上，组织有关专家重新审订和编写名录的印刷版。但限于资料和编研队伍等多方面因素，肯定会有诸多不尽如人意之处，恳请各位同行和专家批评指正，以便不断更新完善。

陈宜瑜

2013年1月30日于北京

菌物卷前言

《中国生物物种名录》（印刷版）菌物卷包括国内研究比较成熟的门类，涵盖菌物的各大类群。全卷共计五册名录和一册总目录，其中盘菌、地衣各单独为一册，而锈菌与黑粉菌，壶菌、接合菌与球囊霉，黏菌（包括根肿菌）与卵菌则分别各自组成一册。本卷五册名录提供各个分类单元的中文名称（汉语学名、别名和曾用名）、拉丁学名及其发表的原始文献、地理分布和报道国内分布的文献等信息。此外，也尽量提供有关模式材料的信息，尤其是模式标本来自我国的分类单元。异名主要包括基原异名和与我国物种分布有关的文献报道中出现的名称。总目录一册包括本卷各册名录所涉及的全部菌物，为索引性质，不包括异名、分布及文献等信息。菌物卷各册分别在各大类群下按分类单元的拉丁学名字母顺序排列，共约 7000 种。

为了保持菌物卷内容及格式的统一，便于读者查阅，我们拟定了菌物名录编写原则和格式。分类单元的汉语学名以中国科学院微生物研究所 1976 年发表的《真菌名词及名称》中所采用的名称为基础，并根据戴芳澜 1979 年发表的《中国真菌总汇》和郑儒永等 1990 年发表的《孢子植物名词及名称》中所采用的名称作必要的修订；地衣型真菌的汉语学名则以 Wei 1991 年发表的 *An Enumeration of the Lichens in China* 中所采用的名称为基础。本卷所收录的分类单元若不在此范围，则依据中国植物学会真菌学会 1987 年发表的《真菌、地衣汉语学名命名法规》选择或新拟汉语学名，并在名称结尾处方括号内写明名称的来源，如新拟的汉语学名在名称结尾处加“[新拟]”来标注。汉语别名收录数量不超过 3 个，由作者根据其使用的广泛性进行排列，注意在使用时要选用该分类单元特产地所用的别名，以及应用行业（如食药用菌）的名称。汉语学名用黑体，别名和曾用名在其后，包括在小括号内，用白宋体。新拟汉语学名遵循已有的命名惯例，如根据菌物特征和产地等来命名，慎用人名，种级名称长度一般不超过 8 个汉字（含种加词和属名）。

国内的分布准确到省级行政区，并按以下顺序进行排列：黑龙江、吉林、辽宁、内蒙古、河北、天津、北京、山西、山东、河南、陕西、宁夏、甘肃、青海、新疆、安徽、江苏、上海、浙江、江西、湖南、湖北、四川、重庆、贵州、云南、西藏、福建、台湾、广东、广西、海南、香港、澳门。为了便于国外读者阅读，将省级行政区英文缩写括注在中文名之后，缩写说明见附表。各省（自治区、直辖市、特别行政区）名称之间用顿号分开，如果随后列有跨省的山脉、流域或大区的名称以逗号结束，国内所有分布列举完毕用分号结束。分布存疑的省（自治区、直辖市、特别行政区），以问号（？）加省（自治区、直辖市、特别行政区）名称表示，排在确定分布的省（自治区、直辖市、特别行政区）之后。当大区与已有分布的省级行政区出现重叠、交叉时，因无法确认大区中具体分布的省份，为了保证分布范围不缩小，本卷不对大区进行删除，保留大区名称作为参考，如国内分布“黑龙江、河北、黄淮海地区”中，保留“黄淮海地区”。国外分布按亚洲、欧洲、非洲、北美洲、南美洲和大洋洲的顺序进行排列；在洲以下，按照国家英文名称的字母顺序排列。必要时可用“中亚”“太平洋诸岛”等大区域名称。如果是多个国家或泛指时，可用洲名或亚区名称，如欧洲、北非、北美洲、南美洲、大洋洲、泛热带等。区域性名称、旧的国家名称（如苏联）及分布存疑的国家或地区名称置于最后。

《中国生物物种名录》(印刷版)菌物卷的编著得益于 2010 年开始进行的“菌物物种名录数据库建设”项目。该项目由中国科学院生物多样性委员会资助，从文献收集整理、数据库软件设计到相关数据录入，至今已形成了全面包括已报道的在我国分布的菌物物种信息的数据库。目前这个数据库包含两大内容，即《中国真菌总汇》中的信息和自 1970 年以来国内外发表的与我国分布的菌物有关的文献资料。这些信息资料均已数字化，便于查询和分析。

本卷计划的各册名录是作者在长期从事相关类群研究的基础上完成的。盘菌卷是庄文颖院士根据长期的研究成果进行汇总而编写成文的。地衣名录以魏江春院士的 *An Enumeration of the Lichens in China* 第二版书稿为基础，按《中国生物物种名录》(印刷版)菌物卷的格式要求进行编排。其他各册则在其相应作者的研究工作，特别是《中国真菌志》的编撰基础上，结合“中国菌物名录数据库”中的信息，通过数据库的信息查询、整理、编排，直接输出名录数据，经作者核查后，确定收入的名录。菌物卷各册名录中分类单元的拉丁学名、命名人、原始文献、分类单元归属关系及现异名关系等信息与格式参考 Index Fungorum(IF；Royal Botanic Gardens，Kew；Landcare Research-NZ；Institute of Microbiology，Chinese Academy of Sciences. 2015. www.indexfungorum.org)数据库。作者的研究结果与 IF 数据库的信息不符时，则以作者的处理为准，并将情况通报给 IF 数据库。

菌物卷各册名录通过多次数据整理和修改，并经过相关专家审核，形成最终的版本。各册作者不仅负责具体卷册的编写，还审阅了其他卷册的书稿，感谢各位作者的辛勤劳动和严格把关。在这里我们要感谢魏江春、郑儒永、李玉和庄文颖四位院士，正是他们对名录项目的关心和支持，才保证了菌物卷任务的完成；特别是庄文颖院士在项目进行过程中始终给予的极大关注和指导，使菌物卷得以成功编撰。全国有许多专家学者关心本菌物卷的编写，并以各种方式提供了帮助和支持，尤其是在完成书稿的最后阶段，牛永春研究员、范黎教授、魏鑫丽副研究员、邓晖副研究员、纪力强研究员、覃海宁研究员等专家参与了审稿工作，感谢各位专家的关心、支持和把关。目前，我国的菌物卷名录虽然还不完整，但全面的中国菌物名录有望在不久的将来得以问世，希望有更多的同行专家参与，给予更大的帮助和支持。

在此我们衷心感谢《中国生物物种名录》主编陈宜瑜院士和工作组组长马克平研究员对菌物卷的关心和重视，他们的大力支持使得本卷得以顺利出版。同时感谢科学出版社编辑在书稿的编写、审稿、编辑和排版中给予的精心指导和提出的严格要求，保证了全卷的水平和质量；中国科学院生物多样性委员会办公室刘忆南主任在项目执行中给予了多方面的帮助和支持，使项目能够平稳运转。

菌物卷工作组最初由姚一建研究员、魏铁铮副研究员和杨柳高级实验师组成，但参加本项目具体实施工作的人员很多，特别是在李先斌先生和赵明君女士加入后，工作组的力量得到了很大增强。我们也特别感谢苏锦河博士和王娜女士设计了“中国菌物名录数据库”软件包并在网络上安装运转，赵明君女士、刘朴博士、蒋淑华博士和徐彪博士等同行进行了大量枯燥的信息录入工作，李先斌先生负责早期的数据管理、提取和书稿的版面编排工作，赵明君女士和王科博士做了后期的数据处理、书稿修改工作，同时也得到了中国科学院微生物研究所菌物标本馆的邓红和吕红梅两位老师的全力配合。正是他们的默默的奉献才奠定了菌物卷名录印刷版编研的基础。最后，再次对众多同行专家的贡献表示诚挚的谢意。

《中国生物物种名录》菌物卷工作组

2018 年 4 月

中国各省（自治区、直辖市和特别行政区）名称和英文缩写

Abbreviations of provinces, autonomous regions and special administrative regions in China

Abb.	Regions	Abb.	Regions	Abb.	Regions	Abb.	Regions	Abb.	Regions	Abb.	Regions
AH	Anhui	GX	Guangxi	HK	Hong Kong	LN	Liaoning	SD	Shandong	XJ	Xinjiang
BJ	Beijing	GZ	Guizhou	HL	Heilongjiang	MC	Macau	SH	Shanghai	XZ	Xizang
CQ	Chongqing	HB	Hubei	HN	Hunan	NM	Inner Mongolia	SN	Shaanxi	YN	Yunnan
FJ	Fujian	HEB	Hebei	JL	Jilin	NX	Ningxia	SX	Shanxi	ZJ	Zhejiang
GD	Guangdong	HEN	Henan	JS	Jiangsu	QH	Qinghai	TJ	Tianjin		
GS	Gansu	HI	Hainan	JX	Jiangxi	SC	Sichuan	TW	Taiwan		

前　言

锈　菌

锈菌在真菌中是一个很大的类群，全世界已知近 8000 种，寄生在绿色维管束植物上，广布全球。许多种类常在植物上产生黄色或褐色粉状孢子堆，肉眼看上去像生锈了似的，故被称作锈菌（rust fungi）。锈菌引起的植物病害称为锈病。

锈菌对农林业生产的影响

锈菌危害多种经济植物，给农林业生产造成极大损失。三种小麦锈病：小麦条锈病（病原 *Puccinia striiformis* Westend.）、小麦秆锈病（病原 *Puccinia graminis* Pers.）和小麦叶锈病（病原 *Puccina recondita* Roberge ex Desm.），在全世界小麦产区均有发生。在我国小麦产区，每年以小麦条锈病为害最为严重，然后是小麦秆锈病和小麦叶锈病，在大流行年份三种病害可造成小麦减产 20%～30%，特大流行年份减产高达 50%以上（李振岐和商鸿生 1989）。玉米锈病（病原 *Puccinia sorghi* Schwein.）、燕麦锈病（病原 *Puccinia coronata* Corda var. *avenae* W.P. Fraser & Ledingham）和小米锈病（病原 *Uromyces setariae-italicae* Yoshino）等也是我国常见的粮食作物锈病。大豆锈病（病原 *Phakopsora pachyrhizi* Syd. & P. Syd.）是油料作物最常见的锈病，在亚洲和澳大利亚大豆产区流行（杨又迪 1994）。我国已有 19 个省（自治区、直辖市）部分地区发生大豆锈病，正常年产量损失达 15%～20%，严重年产量损失达 30%～50%（余子林等 1994）。花生锈病（病原 *Puccinia arachidis* Speg.）也是一种为害大的流行性锈病，已蔓延至亚洲、美洲、非洲、大洋洲的 30 多个国家或地区，在我国已有十余个省（自治区、直辖市）发生。此外，向日葵锈病（病原 *Puccinia helianthi* Schwein.）发生普遍，是我国油料作物生产上的主要病害之一。蔬菜类的锈病主要为害豆科蔬菜和百合科蔬菜。菜豆锈病（病原 *Uromyces appendiculatus* Unger）、蚕豆锈病（病原 *Uromyces viciae-fabae* J. Schört.）和豇豆锈病（病原 *Uromyces vignae* Barclay）是世界广布的重要豆类病害。葱柄锈菌（*Puccinia allii* Rudolphi）在我国已知寄主有洋葱、大葱、蒜、韭菜等，葱类锈病流行年份也会造成商品质量低劣，影响销售。糖料作物锈病中最值得注意的是甜菜锈病（病原 *Uromyces betae* Lév.），此锈病在加拿大和欧洲国家曾造成为害，我国已将它列为植物检疫对象（郑怀真 1986）。桑赤锈病（病原 *Aecidium mori* Barclay）是我国广大蚕区为害相当严重的桑树病害之一，以陕北、山东临朐县、浙江太湖及广东等蚕区受害最重（夏志松等 1981；蒯元章和夏志松 1986）。果树锈病种类很多，其中，苹果锈病（病原 *Gymnosporangium yamadae* Miyabe ex Yamada）、梨锈病（病原 *Gymnosporangium asiaticum* Miyabe ex Yamada）、枣锈病（病原 *Phakopsora ziziphi-vulgaris* Dietel）、桃锈病（病原 *Tranzschelia pruni-spinosae* Dietel）等在我国普遍发生。森林锈病种类很多，冷杉、云杉、落叶松、柏、杨、柳、桦等经济林木都有锈病发生。红松疱锈病（病原 *Cronartium ribicola* J.C. Fisch.）为害松树枝干，据辽宁、吉林等地调查，生长 10 年以下的幼树发病较重（刘正南等 1981）。樟子松疱锈病（病原 *Cronartium flaccidum* G. Winter）也为害松树枝干，在东北地区普遍为害樟子松，在云南为害云南松，在长江流域为害马尾松，在华北为害油松和赤松，随着人工林的大面积栽植，病害正在扩大和加重（鞠国柱 1984；景耀等 1985）。松瘤锈病（病原 *Cronartium orientale* S. Kaneko）也是重要的松树枝干病害。安徽的黄山松、湖北和四川的马尾松发病率高，常引起侧枝枯死，主干枯梢乃至整株死亡（刘世骐 1984）。近年来，落叶松褐锈病［病原 *Triphragmiopsis laricina*（Y.L. Chou）F.L. Tai］对落叶松幼苗和幼树的为害日趋严重，辽宁草河口为重病区（苑健羽 1981）。云杉球果锈病（病原 *Thekopsora areolata* Magnus）是云杉林的一种重要种实病害。我国横断山地区、秦岭、小兴安岭、长白山、喜马拉雅山脉东部、天山等的林区普遍发生，四川马尔康、丹巴等林区为重灾区（陈守常 1984）。其危害性表现为病果提早枯裂，结实少或不结实，种子发芽率低，给云杉的天然或人工更新带来很大影响。锈病对热带作物和林业的影响也不可低估。咖啡锈病（病原 *Hemileia vastatrix* Berk. & Broome）在我国咖啡产区均有发生，严重发生时产量下降，几乎失收（余卓桐 1989）。柚木锈病（病原 *Olivea tectonae* Thirum.）主要为害柚木老叶，使其提前掉落，对苗木生长影响较大，此病在广东、广西和云南普遍发生。药用植物、观赏植物及其他特种作物的锈病种类繁多，对植株造成不同程度的影响并带来经济损失，在此不再一一列举。

锈菌侵染植物的症状

锈菌侵染植物地面上部各器官并产生各种症状。转主寄生的种类在互转的两种寄主上的症状常显著不同。罹病植物常呈现发育不良（hypoplasia）、结实差、籽粒变小。矮化现象一般不显著，但幼苗期受害严重时可造成矮化直至枯死。失绿或黄化（chlorosis）常发生在孢子堆或孢子堆群四周，变色斑轮廓明显或不明显，也有只见孢子堆而褪绿不明显者。有时叶片已大面积失绿而孢子堆四周仍保持绿色，形成所谓的“绿岛（green island）现象”。单核菌丝阶段系统侵染常造成受害茎叶的整体黄化。落叶（leaf casting）现象在罹病植物上常发生。病菌侵染造成的植物坏死（necrosis）现象较为少见，往往在患部大面积扩展足以切断植株局部或整体的水分和营养运输时才发生。锈菌在免疫、抗病或不相宜的植物上侵染受阻时仅在寄主上留下小斑（flecking），病菌最终因缺营养而死亡，这样的病斑不扩展也不产生孢子堆，常见于小麦抗锈品种植株上。锈菌侵染引起寄主细胞过度增生多发生在春孢子器四周的表皮细胞或殃及邻近的薄壁细胞。当发生在分生组织时，过度肥肿（hypertrophy）会造成植物器官的扭曲变形。瘿瘤（gall）的形成在寄主的草质或木质部均可发生，持续时间可达一年或多年，如松瘤锈病严重时每树瘿瘤可达数十个，常引起侧枝枯死、主干枯梢乃至全株死亡。病菌入侵芽或嫩枝的分生组织有时会引起枝叶丛生，呈“扫帚”症状（witches' brooms），即丛枝病。簇生的枝叶常缺叶绿素，与四周正常的浓绿枝叶对照醒目。此症状多由单核菌丝引起，可发生在一年生或多年生的草本或木本寄主上，如冷杉丛枝病（病原 *Melampsorella caryophyllacearum* J. Schröt.）。溃疡（canker）多发生于多年生树木枝干皮部，患部常显梭形肿胀、粗糙开裂、溢脂，逐渐产生黄白色或枯黄色疱囊（春孢子器），疱囊破裂散发春孢子，如红松疱锈病。

形　态

锈菌的菌丝体（mycelium）有隔膜（septum）并有分枝，在寄主细胞间发展蔓延，以吸器（haustorium）穿入寄主细胞吸取养分。吸器形状有疣状、囊状、圆筒状、螺旋状、分枝状、葡萄状等。一般每个寄主细胞仅有一个吸器，偶尔出现多个。锈菌的隔膜不同于高等担子菌的桶孔隔膜（dolipore septum），在超微结构上近似于大多数子囊菌所具有的简单的中央具孔的隔膜。菌丝上通常无锁状联合。多型现象（polymorphism）是锈菌区别于其他真菌的一个重要特征。它们除产生担孢子（basidiospore）外，还顺序产生性孢子（spermatium）、春孢子（或称锈孢子）（aeciospore）、夏孢子（urediniospore）和冬孢子（teliospore）四种不同类型的孢子，构成锈菌特有的生活史。产生这四种孢子的结构分别称为性孢子器（spermogonium）、春孢子器（或称锈孢子器、锈子器）（aecium）、夏孢子堆（uredinium）和冬孢子堆（telium）。这四种孢子阶段及担孢子常用罗马数字 0、Ⅰ、Ⅱ、Ⅲ、Ⅳ表示。

锈菌分类学家对锈菌各种孢子堆和孢子所用的术语和所下的定义常因人而异，大体上分为依据形态和依据个体发育两个派系。早期的欧洲学者强调依据形态对孢子下定义。例如，给春孢子下的定义是“串生、有疣的孢子”，而给夏孢子下的定义是“单生、有柄、有刺的孢子”。美洲学者则强调依据个体发育对孢子定位，据此给各种孢子下定义如下。

性孢子：单倍体配子（haploid gamete）。

春孢子：双核化后产生的非重复性的营养阶段孢子，常与性孢子器相联系，萌发后开始产生双核菌丝。

夏孢子：在双核菌丝上产生的重复性营养阶段孢子。

冬孢子：产生担子的孢子。

担孢子：减数分裂后在担子上产生的单倍体孢子。

上述两派的术语在应用上有时容易混淆。例如，金锈菌属（*Chrysomyxa*）和鞘锈菌属（*Coleosporium*）在非球果植物寄主上产生成串有疣的孢子，形态派称作春孢子，个体发育派则称为夏孢子。在本书中，作者采用后者的观点。

性孢子器在担孢子萌发侵入寄主形成的单倍体单核菌丝体上产生。性孢子器内有许多平行排列的孢子梗，从孢子梗顶端相继产生球形或卵形的性孢子。性孢子不易萌发，无直接侵染寄主的能力，起着配子的作用。突出在性孢子器口外的菌丝称为周丝或缘丝（periphysis），起着受精丝的作用。性孢子器和性孢子分为“+”和“−”两类，只有“+”性孢子与“−”性孢子器的受精丝结合或“+”和“−”单核菌丝结合才能形成双核菌丝，由此再产生春孢子器。性孢子在形成过程中常分泌蜜类物质将性孢子裹在一起，蜜类物质产生特殊气味吸引昆虫，昆虫则成为传播性孢子的媒介。

春孢子器和春孢子是锈菌菌丝双核化后紧随着性孢子器和性孢子而产生的一种孢子类型。春孢子器可分为杯型春孢子器（aecidioid aecium）（有包被，开口呈杯状，包被由一层细胞组成）、毛型春孢子器（roestelioid aecium）（亦称角状春孢子器，常呈角状、管状、橡子状或毛状，包被由一层细胞组成，侧面开裂成许多长缝）、有被春孢子器（peridermioid aecium）（叶上常呈舌状或圆筒状，枝干上呈疱状或扁平，包被由一层或多层细胞组成，开裂不规则，生于针叶树上）、裸春孢子器（caeomoid aecium）[无包被结构，有时具周生侧丝（paraphysis）]及夏型春孢子器（uredinoid aecium）[无包被结构的夏孢子堆式的春孢子器，孢子单生、有柄、有刺，亦称初生夏孢子堆（primary uredinium）]。

夏孢子堆和夏孢子是在春孢子萌发形成的双核菌丝体上产生的第三种孢子堆和孢子类型。一些低等种类[如膨痂锈菌科（Pucciniastraceae）锈菌]的夏孢子堆有包被，其中某些属[如长栅锈菌属（*Melampsoridium*）]还有由特化细胞所组成的孔口。大多数锈菌的夏孢子堆没有包被，但有一些种类的夏孢子堆有侧丝（paraphysis）。夏孢子在功能上类似于分生孢子，是一种连续发生的无性孢子，利于锈菌传播蔓延。一般不休眠，萌发时菌丝通过气孔入侵寄主。除了上述正常的夏孢子外，一些种类的锈菌尚可产生另一种厚壁并有较深色泽的休眠夏孢子（amphispore）。

冬孢子是锈菌的有性孢子，它可以从春孢子、夏孢子或担孢子萌发所产生的菌丝体上形成。冬孢子聚集在一起成为冬孢子堆。冬孢子堆呈粉状、垫状、壳状、圆柱状、丝状或毛状，有些永久埋于寄主表皮下、表皮细胞内或叶肉组织内。冬孢子大多是单胞、双胞或多胞，离生或簇生于孢子柄上，也可以是缺孢子柄单层或多层联结或聚集在一起；有些属的冬孢子呈串珠式。冬孢子是进行核配的场所，一般需要经过一个或长或短的休眠期后才萌发，但也有些种类的冬孢子成熟后就立即萌发。有些产生双胞冬孢子的锈菌有时也产生单胞的冬孢子，称为变态冬孢子或一室冬孢子（mesospore）。

冬孢子萌发产生担子。担子通常分成四个细胞，每个细胞有一个单倍的细胞核，并产生一个小梗（sterigma），担孢子生在小梗顶端。锈菌冬孢子是核配的场所，可称为原担子（probasidium），而担子是减数分裂的场所，可称为异担子或变态担子（metabasidium）。担子有时亦称为先菌丝（promycelium），一般有外生担子（external basidium）、内生担子（internal basidium）和半内生担子（semi-internal basidium）三种类型。大多数种类的锈菌产生外生担子，即担子在冬孢子外面形成和成熟。有若干属[如鞘锈菌属（*Coleosporium*）、拟鞘锈菌属（*Goplana*）、赭痂锈菌属（*Ochropsora*）等锈菌]由冬孢子本身的原生质体分隔成四个细胞，每个细胞萌发并在冬孢子外产生担孢子，这样冬孢子不再产生担子，称为内生担子。还有个别属［如囊孢锈菌属（*Blastospora*）等］的冬孢子成为担子的一部分，担子的另一部分由孢子顶端延伸而成，而基孔单胞锈菌属（*Zaghouania*）的担子一部分留在孢子内，一部分伸出孢子外，这两种情况的担子称为半内生担子。担孢子一般呈圆形、卵形、卵圆形或肾形，壁薄，光滑。担孢子立即萌发生出短细芽管侵入寄主的角质层和表皮细胞，有时亦可通过气孔侵入寄主。

生 活 史

一些锈菌春孢子萌发后所侵染的寄主植物与原来产生春孢子器和春孢子的寄主植物相同，称为单主寄生锈菌（autoecious），它们的性孢子器、春孢子器、夏孢子堆和冬孢子堆全在同一寄主上形成。另一些锈菌春孢子萌发后所侵染的寄主植物与原来产生春孢子器的寄主植物不是同种，而且在亲缘关系上也不相近，这些需要两种完全不同的寄主来完成生活史的锈菌称为转主寄生锈菌（heteroecious）。例如，禾柄锈菌（*Puccinia graminis* Pers.）在小檗属（*Berberis*）或十大功劳属（*Mahonia*）植物上产生性孢子器和春孢子器，春孢子萌发后不再侵染小檗属或十大功劳属植物，只能侵染小麦或其他禾本科植物，在其上产生夏孢子堆和冬孢子堆。生活史中可循序产生性孢子、春孢子、夏孢子、冬孢子和担孢子五种孢子类型的锈菌，称为全孢型锈菌（eu-form）或长循环型锈菌（macrocyclic）。锈菌的生活史并非都是全孢型，其中可能缺少一种或一种以上类型的孢子。根据锈菌所产生的孢子类型可把它们的生活史划分为以下几类［（0）表示性孢子器有或无］。

1. 转主长循环型（heteromacrocyclic）：（0）+ Ⅰ + Ⅱ +Ⅲ+Ⅳ，转主寄生。例如，紫菀鞘锈菌［*Coleosporium asterum* (Dietel) Syd.］、茶藨子生柱锈菌（*Cronartium ribicola* J.C. Fisch.）等。

2. 自主长循环型（automacrocyclic）：（0）+ Ⅰ + Ⅱ +Ⅲ+Ⅳ，自主寄生。例如，短尖多胞锈菌［*Phragmidium mucronatum* (Pers.) Schtdl.］、向日葵柄锈菌（*Puccinia helianthi* Schwein.）等。

3. 转主半循环型（heterodemicyclic）：（0）+ Ⅰ +Ⅲ+Ⅳ，转主寄生，缺夏孢子阶段。例如，亚洲胶锈菌（*Gymnosporangium asiaticum* Miyabe ex Yamada）、匍匐苦荬菜柄锈菌（*Puccinia lactucae-repentis* Miyabe & Miyake）等。

4. 自主半循环型（autodemicyclic）：（0）+ Ⅰ +Ⅲ+Ⅳ，自主寄生，缺夏孢子阶段。例如，佩克裸双胞锈菌［*Gymnoconia peckiana* (Howe) Trotter］等。

5. 短循环型（microcyclic）：（0）+Ⅲ+Ⅳ，缺春孢子和夏孢子阶段。例如，林克柄锈菌（*Puccinia linkii* Klotzsch）、细纹单胞锈菌（*Uromyces striatellus* Tranzschel）等。

6. 内循环型（endocyclic）：（0）+Ⅲ+Ⅳ，亦称春孢状冬孢型（endo-form）。此型形成性孢子器和类似春孢子器的冬孢子堆，冬孢子外观似春孢子，萌发不形成双核菌丝，而是形成担子。例如，鸡爪簕内锈菌［*Endophyllum griffithiae* (P. Henn.) Racib.］、鸡矢藤内锈菌［*Endophyllum paederiae* (Diet.) Stevens & Mendiola］等。

以上类型的生活史并不是一成不变的。哈克尼斯内柱锈菌［*Endocronartium harknessii* (J.P. Moore) Y. Hirats.］（在我国未记载）的春孢状冬孢子萌发后在担子上直接产生侵染性菌丝而不形成担孢子，春孢状冬孢子可重复侵染同一种松树。在上述各种生活史类型中，有些种可省略性孢子器阶段，我们称为无性孢器锈菌种（cata-species）。在极少数的种中，如咖啡驼孢锈菌（*Hemileia vastatrix* Berk. & Broome），除产生正常的冬孢子外，有时核配和减数分裂可发生在夏孢子中，这样的夏孢子实际上起着冬孢子的作用，称为夏型冬孢子（uredinoid teliospore），这种现象被称为夏孢核融合现象（kamat-phenomenon）。凡未发现冬孢子的种都归入式样属（form genera）［如春孢锈菌属（*Aecidium*）、夏孢锈菌属（*Uredo*）等］，习惯上仍将其置于锈菌目的不完全锈菌类（uredinales imperfecti）而不放入半知菌中。

寄 主

锈菌都生长在绿色植物的活体上。尽管自20世纪50年代初以来已有少数几种锈菌可以在人工综合培养基上进行纯培养（axenic culture），但在自然界中未发现能营腐生生活的锈菌，因此人们仍把锈菌称为专性寄生菌或绝对寄生菌（obligate parasite）。锈菌的寄生专化性很强。不同种类寄生在不同的植物科、属或种上。如果是转主寄生菌，生活史中的两个阶段也分别寄生在一定范围的植物科、属或种上。一个形态种在不同寄主和栽培品种上可以分化出许多专化型和生理小种。

锈菌的寄主包括陆生维管束植物相当多的种类，从蕨类植物、裸子植物到系统地位很高的被子植物的兰科和菊科植物都有锈菌发生。

在蕨类植物中，目前仅知真蕨亚门（Filicophytina）的水龙骨目（Polypodiales）和紫萁目（Osmundales）植物上有锈菌。松叶蕨亚门（Psilophytina）、石松亚门（Lycophytina）、楔叶蕨亚门（Sphenophytina）和水韭亚门（Isoephytina）等拟蕨类，以及真蕨类中的瓶尔小草目（Ophioglossales）、莲座蕨目（Marattiales）、蘋目（Marsileales）和槐叶蘋目（Salviniales）植物上均未发现锈菌。蕨类植物上的锈菌仅有四个属，即拟夏孢锈菌属（*Uredinopsis*）、迈尔锈菌属（*Milesina*）、明痂锈菌属（*Hyalopsora*）和束柄锈菌属（*Desmella*）（分布在南美洲）。前三个属可转主寄生于冷杉属（*Abies*）植物上，被认为是锈菌中最古老的类群。

裸子植物中目前仅知松柏目（Coniferales）和买麻藤目（Gnetales）植物上有锈菌。苏铁目（Cycadales）和银杏目（Ginkgoales）植物上至今未发现锈菌。松柏目植物上的锈菌主要寄生于松科（Pinaceae）和柏科（Cupressaceae）植物上。柏科植物上的锈菌以胶锈菌属（*Gymnosporangium*）锈菌为主，寄主范围包括翠柏属（*Calocedrus*）、扁柏属（*Chamaecyparis*）、柏木属（*Cupressus*）、刺柏属（*Juniperus*）和圆柏属（*Sabina*）等植物；崖柏属（*Thuja*）和罗汉柏属（*Thujopsis*）植物上仅见桦囊孢锈菌（*Blastospora betulae* Kaneko & Hirats. f.）（分布在日本）一种；我国特有的福建柏属（*Fokienia*）植物上未发现锈菌。松科植物上的锈菌包括膨痂锈菌科（Pucciniastraceae）、鞘锈菌科（Coleosporiaceae）、柱锈菌科（Cronartiaceae）、金锈菌科（Chrysomyxaceae）和栅锈菌科（Melampsoraceae）的所有锈菌。蕨类植物上锈菌的三个属（*Uredinopsis*、*Milesina* 和 *Hyalopsora*）及小栅锈菌属（*Melampsorella*）、膨痂锈菌属（*Pucciniastrum*）和茎痂锈菌属（*Calyptospora*）（在我国无记载）锈菌仅限于冷杉属（*Abies*）植物上；长栅锈菌属（*Melampsoridium*）锈菌仅限于落叶松属（*Larix*）植物上；鞘锈菌属（*Coleosporium*）和柱锈菌属（*Cronartium*）锈菌仅限于松属（*Pinus*）植物上。金锈菌属（*Chrysomyxa*）锈菌已知寄主有云杉属（*Picea*）、油杉属（*Keteleeria*）和铁杉属（*Tsuga*）植物。栅锈菌属（*Melampsora*）锈菌寄生范围较广，包括落叶松属、松属、冷杉属等的植物。南洋杉科（Araucariaceae）植物上目前仅有小内格尔锈菌属（*Mikronegeria*）锈菌（在我国无记载）。

被子植物上着生的锈菌占锈菌种类的绝大多数，双子叶植物上的种类又远较单子叶植物上的多。锈菌种系发生在较原始的杨柳科（Salicaceae）、桦木科（Betulaceae）和壳斗科（Fagaceae）植物上，寄生种类以较低等的长栅锈菌属（*Melampsoridium*）、膨痂锈菌属（*Pucciniastrum*）、栅锈菌属（*Melampsora*）等锈菌为多，这些植物上至今未见较高等的柄锈菌科（Pucciniaceae）锈菌。金锈菌属（*Chrysomyxa*）锈菌的被子植物寄主仅限于杜鹃花科（Ericaceae）、鹿蹄草科（Pyrolaceae）和岩高兰科（Empetraceae）植物；帽孢锈菌属（*Pileolaria*）锈菌仅寄生于漆树科（Anacardiaceae）植物；多胞锈菌属（*Phragmidium*）、戟孢锈菌属（*Hamaspora*）和鞘柄锈菌属（*Coleopuccinia*）锈菌全部寄生于蔷薇科（Rosaceae）植物上。豆科（Leguminosae）植物上的锈菌种类非常丰富，包括了歧柄锈菌属（*Uromycladium*）和品字锈菌属（*Hapalophragmium*）的所有锈菌、伞锈菌属（*Ravenelia*）和球锈菌属（*Sphaerophragmium*）的绝大多数锈菌及单胞锈菌属（*Uromyces*）的大多数锈菌。寄生在菊科（Compositae）植物上的锈菌种类最多，以柄锈菌属（*Puccinia*）和鞘锈菌属（*Coleosporium*）锈菌为主，有1000种以上。单子叶植物上的锈菌大多数集中于禾本科（Gramineae）、莎草科（Cyperaceae）和百合科（Liliaceae）植物上，以柄锈菌属（*Puccinia*）和单胞锈菌属（*Uromyces*）锈菌为主。

锈菌大多数种的寄主仅限于一个属的植物或一个科中相近几个属的植物上。但也有一些种的寄主范围可包括同科许多属的植物，如禾柄锈菌（*Puccinia graminis* Pers.）的寄主包括禾本科近 100 个属的数百种植物；有些锈菌的寄主仅限于一个属的植物，如薹草柄锈菌（*Puccinia caricina* DC.）是一个大的集合种，寄生于薹草属（*Carex*）的许多植物上，堇菜柄锈菌［*Puccinia violae*（Schumach.）DC.］也仅限寄生于堇菜属（*Viola*）植物上。有些锈菌春孢子阶段的寄主范围可以很广，如北非芦苇柄锈菌（*Puccinia isiacae* G. Winter）的春孢子阶段可寄生于木犀科（Oleaceae）、十字花科（Cruciferae）等 20 余科的植物上。

分　类

锈菌的研究历史已有两百多年。早在 1729 年，P.A. Micheli 在他的专著 *Nova Plantarum Genera Juxta Tournefortii Methodum Disposita* 中就已记载了柄锈菌属（*Puccinia*）（以佛罗伦萨学者 Thomas Puccini 的姓命名）。最早对锈菌进行较系统研究的是 C.H. Persoon，他的专著 *Synopsis Methodica Fungorum*（1801）在 1981 年以前的植物命名法规中一直作为锈菌命名起点著作。1981 年生效的《国际植物命名法规》虽然把真菌的命名起点改为 1753 年 5 月 1 日（起点著作为 Linnaeus 的 *Species Plantarum* Ed. 1），但对 C.H. Persoon 著作中的名称仍予以特殊的保护地位。C.H. Persoon 在他的著作中设立了柄锈菌属（*Puccinia*）、春孢锈菌属（*Aecidium*）及夏孢锈菌属（*Uredo*）三个锈菌属。1824 年，A.T. Brongniart 首次将锈菌予以"目"（ordo）的地位，命名为 Uredinees，承认了 *Uredo*、*Aecidium*、*Puccinia*、*Podiosma*、*Phragmidium* 和 *Gymnosporangium* 六个属。Engler 和 Prantl（1897）将真菌作为植物界真原植体植物门（Euthallophyta）的一个亚门，即真菌亚门（Eumycetes），下设藻状菌纲（Phycomycetes）、子囊菌纲（Ascomycetes）和担子菌纲（Basidiomycetes）三个纲。锈菌目作为担子菌的一个目被确定。尽管以后许多学者在真菌的目级以上分类系统提出种种不同观点，但锈菌作为目的地位始终没有改变。1983 年，英国国际应用生物科学中心（Centre for Agricultural Bioscience International，CABI）编辑的 *Ainsworth & Bisby's Dictionary of the Fungi*（7th Ed.）[《真菌字典》（第 7 版）] 中建立了锈菌纲（Urediniomycetes），下设一个目。这是首次将锈菌予以纲的地位。Hawksworth（1991）甚至建立锈菌门（Urediniomycota），与担子菌门（Basidiomycota）同级。在《真菌字典》（第 8 版）（Hawksworth et al. 1995）中，锈菌目被置于担子菌门的冬孢纲（Teliomycetes）中，而在《真菌字典》（第 9 版）（2001 年）中，锈菌目被置于担子菌门的锈菌纲（Urediniomycetes）中。锈菌的目级名称长期以来一直采用 Winter（1880）创立的、符合植物命名法规的 Uredinales。Clements 和 Shear（1931）将锈菌目改为 Pucciniales，但长期以来几乎无人采用，而在最新版的《真菌字典》（第 10 版）（2008 年）予以采用。本书作者按照大多数锈菌分类学家的习惯，仍使用 Uredinales。

科、亚科和族（tribe）的分类各家意见分歧很大，难以统一。早期学者 Rabenhorst（1844）对锈菌仅设 1 科，包括 42 属（含黑粉菌的一些属）。Dietel（1900）提出四科系统，即栅锈菌科（Melampsoraceae）、鞘锈菌科（Coleosporiaceae）、柱锈菌科（Cronartiaceae）和柄锈菌科（Pucciniaceae）。Dumée 和 Maire（1902）根据基孔单胞锈菌属（*Zaghouania*）极为奇特的半内生担子创立了基孔单胞锈菌科（Zaghouaniaceae），和柄锈菌科（Pucciniaceae）（产生外生担子）及鞘锈菌科（Coleosporiaceae）（产生内生担子）并列构成三科系统。P. Sydow 和 H. Sydow（1904，1910，1915，1924）在其专著 *Monographia Uredinearum*（共四卷）中根据锈菌冬孢子柄的有无和担子类型设立了柄锈菌科（Pucciniaceae）、栅锈菌科（Melampsoraceae）、基孔单胞锈菌科（Zaghouaniaceae）和鞘锈菌科（Coleosporiaceae）四科，并将所有未见冬孢子的种归入不完全锈菌类（Uredineae Imperfectae）。Liro（1908）将芬兰的锈菌划分为 7 个科，即柄锈菌科（Pucciniaceae）、多胞锈菌科（Phragmidiaceae）、柱锈菌科（Cronartiaceae）、金锈菌科（Chrysomyxaceae）、鞘锈菌科

（Coleosporiaceae）、栅锈菌科（Melampsoraceae）和内锈菌科（Endophyllaceae）。Dietel 在 1928 年简化了自己在 1900 年提出的四科系统，只设了柄锈菌科（Pucciniaceae）和栅锈菌科（Melampsoraceae）两个科。此二科系统影响较大，许多作者都相继采用，但在亚科或族的设置上仍各持己见，观点不统一。Gäumann（1949，1959，1964）将锈菌分为柄锈菌科（Pucciniaceae）、柱锈菌科（Cronartiaceae）、栅锈菌科（Melampsoraceae）、鞘锈菌科（Coleosporiaceae）、膨痂锈菌科（Pucciniastraceae）和金锈菌科（Chrysomyxaceae）六科。Leppik（1972）在 Gäumann 的六科系统的基础上又作了修订，把伞锈菌科（Raveneliaceae）从柄锈菌科中分出独立成科。Hiratsuka 和 Cummins（1963）对以往过分强调冬孢子特征作为分科依据提出了不同见解，认为一向被忽略的性孢子器在锈菌各类群中的性状非常稳定，于是强调性孢子器在分类上的重要性。根据性孢子器类型并结合其他性状，Cummins 和 Hiratsuka（1983，2003）在前人研究成果的基础上把已知的锈菌划分为 14 个科，即膨痂锈菌科（Pucciniastraceae）、鞘锈菌科（Coleosporiaceae）、柱锈菌科（Cronartiaceae）、栅锈菌科（Melampsoraceae）、层锈菌科（Phakopsoraceae）、小内格尔锈菌科（Mikronegeriaceae）、查科锈菌科（Chaconiaceae）、肥柄锈菌科（Uropyxidaceae）、帽孢锈菌科（Pileolariaceae）、伞锈菌科（Raveneliaceae）、多胞锈菌科（Phragmidiaceae）、球锈菌科（Sphaerophragmiaceae）、柄锈菌科（Pucciniaceae）和链孢锈菌科（Pucciniosiraceae），科下不设亚科或族。Cummins 和 Hiratsuka 的 14 科系统在锈菌科级分类上有了很大的改进，特别是将性孢子器作为重要性状引进锈菌分类中得到了大多数锈菌分类学家的支持。然而，此系统在属的归类上仍存在不少问题，一些地位未定的属被拒之于上述 14 科以外。我们在本书中大体上采用了这个系统，但对于产生链状冬孢子和外生担子的金锈菌属（*Chrysomyxa*），我们认为将之置于鞘锈菌科（Coleosporiaceae）中是不合适的，因此支持了 Liro（1908）、Leppik（1972）及 Gäumann（1959，1964）的意见，保留了金锈菌科（Chrysomyxaceae）。

由于锈菌孢子的多态性、生活史的多变性及寄主的专化性，给锈菌分类带来了较大的困难。在属级分类上存在不少问题，各家意见不一，很难找到合理分属的原则，同物异名甚多。迄今已发表的锈菌属名有 300 余个。Cummins 和 Hiratsuka（2003）在 *Illustrated Genera of Rust Fungi*（第 3 版）中只承认了 121 个属，另加 12 个式样属。我们在处理我国所有的锈菌属级分类时基本上采用了 Cummins 和 Hiratsuka（2003）的系统，但对于个别属的处理保留了自己的意见。例如，白双胞锈菌属（*Leucotelium*）已被 Cummins 和 Hiratsuka（2003）作为索拉塔锈菌属（*Sorataea*）的异名，在本书中我们采纳 Hiratsuka 等（1992）的意见予以承认。我们不赞成 Cummins 和 Hiratsuka（2003）将鞘柄锈菌属（*Coleopuccinia*）作为胶锈菌属（*Gymnosporangium*）的异名，也不赞成 Hiratsuka（1937）将小鞘柄锈属（*Coleopucciniella*）从鞘柄锈菌属（*Coleopuccinia*）中分离。我们认为鞘柄锈菌属（*Coleopuccinia*）是个“好”属，按照 Cummins（1959）的意见予以承认，但其科级地位尚未确认。轮孢锈菌属（*Trochodium*）也是个有争议的属，Doidge（1926）、Cummins 和 Hiratsuka（l.c.）等将之作为单胞锈菌属（*Uromyces*）的异名，本书中按 Dietel（1928）、Thirumalachar（1942）和 Durrieu（1980）的意见予以承认。

锈菌各属的种数极不均衡，特大属柄锈菌属（*Puccinia*）计 4000 种、单胞锈菌属（*Uromyces*）约有 700 种、伞锈菌属（*Ravenelia*）约 200 种，其他大属是栅锈菌属（*Melampsora*）（约 100 种）、鞘锈菌属（*Coleosporium*）（约 100 种）、多胞锈菌属（*Phragmidium*）（约 70 种）、胶锈菌属（*Gymnosporangium*）（约 60 种）以及膨痂锈菌属（*Pucciniastrum*）、饰柄锈菌属（*Prospodium*）、驼孢锈菌属（*Hemileia*）、柱锈菌属（*Cronartium*）、拟夏孢锈菌属（*Uredinopsis*）等（各有 30～40 种）。这些大属种数合计约占锈菌总种数的 80%，其他均为寡种属和单种属。寡种属和单种属多数产于热带。我国迄今已发现的锈菌属有 72 个，包括 5 个式样属，总计 1100 余种。

中国锈菌分类及区系调查简史

我国锈菌方面的研究始于 19 世纪末。1881～1893 年，法国天主教神甫 J.M. Delavay 在我国云南采集了大量植物标本，也采了一些真菌标本，由 N. Patouillard 进行研究并发表。Patouillard（1886a，1886b，1889）在其名录中描述了绣球春孢锈菌（*Aecidium hydrangeae* Pat.）和金钱豹柄锈菌（*Puccinia campanumoeae* Pat.）两个新种。这是我国最早的锈菌记录。与 J.M. Delavay 几乎同期，俄国植物学家 V.L. Komarov 在 1895～1897 年由俄国地理学会派遣到我国东北进行考察，在黑龙江沿岸、张广才岭、鸭绿江沿岸等地广泛采集植物和真菌标本。1895～1899 年，V.L. Komarov 与 A.L. Jaczewski 和 W. Tranzschel 合作编辑了 *Fungi Rossiae Exsiccati*（《俄罗斯真菌标本集》），其中有不少是从我国东北采集的锈菌。1913～1934 年，Sydow（1922，1923，1929）及 H. Sydow 和 P. Sydow（1914）根据 E.D. Merrill（美国）1916～1917 年在广东，O.A. Rainking（美国）于 1919 年在广州、澳门、香港、广西（南部），以及 I. Suzuki（日本）于 1908 年在台湾采集的标本发表了若干篇有关锈菌的研究报告，其中描述了 17 个新种。H. Handel-Mazzetti（奥地利）是继 J.M. Delavay 之后最重要的采集者，1913～1917 年他在四川大凉山、云南西北部和四川西部的横断山、贵州及湖南采集了大量的植物标本，一些锈菌标本由 Keissler 和 Lohwag（1937）发表。H. Smith（瑞典）的采集活动也引人注目，1921～1934 年他先后在河北小五台山、四川西部和山西采集植物标本，其中锈菌标本由 Petrak（1947）和 Jørstad（1954，1959）鉴定发表。西藏的植物调查主要是由英国人开展的。1938～1952 年，F. Ludlow、G. Sherriff 和 G. Taylor 等由大英博物馆派遣，在中国（西藏东南部）、尼泊尔和不丹共进行了 4 次采集活动。所采锈菌标本由 Balfour-Browne（1955）鉴定发表。G.B. Cummins 是研究我国锈菌最重要的西方学者之一，他在 1949～1951 年根据周蓄源在我国南部所采的标本整理发表了约 200 种锈菌的名录，其中描述了 28 个新种（Cummins 1949，1950，1951）。

日本学者对我国锈菌也进行过大量的调查研究。1908～1909 年，三宅市郎曾在长江流域一带采集真菌标本，发表了三篇文章，记述了我国真菌 270 种，其中有 40 余个锈菌新记录（Miyake 1912，1913，1914）。三浦道哉自 1918 年起调查我国东北植物病原真菌，1928 年发表了《满蒙植物志 第三辑 隐花植物 菌类》一书。这是一部有关东北植物病原真菌的专著，共记载真菌 487 种，其中有锈菌新记录种和新种 70 余种。平塚直秀对我国锈菌做了大量的专门研究，他发表的论文中有 40 余篇涉及我国锈菌，描述了许多新种，特别是对我国东北、华南和台湾的锈菌发表了多篇调查报告（Hiratsuka 1941a，1941b，1942，1943；Hiratsuka & Hashioka 1933，1934，1935a，1935b，1935c，1937）。泽田兼吉对台湾的真菌做了大量的调查工作。1919 年他发表了《台湾产菌类调查报告 第一篇》，到 1944 年已出版到第十篇。泽田兼吉逝世后，他的遗著由今关六也等整理成第十一篇，于 1959 年用英文发表。在这些调查报告中，泽田兼吉总共记载台湾真菌 2514 种，其中包括许多锈菌（泽田兼吉 1919，1922，1927，1928，1931，1933，1942，1943a，1943b，1944；Sawada 1959）。

我国学者对真菌学的研究始于 20 世纪初。章祖纯 1916 年发表的北京附近植物病害调查报告中列举了若干锈菌病害，此为我国学者发表的最早的锈菌资料。早期开拓性的系统研究由刘慎谔和王云章合作进行，王云章在北京郊区、河北、山东等地广泛采集；刘慎谔于 1931～1933 年由中国北京经内蒙古、新疆和青藏高原至印度，采集了大量植物标本，其中有不少锈菌标本。1934～1936 年两人合作连续发表了 6 篇《中国锈菌研究之材料》，共记载锈菌 210 种（包括一些新种）。这是我国早期最重要的有关锈菌的文献（Liou & Wang 1934，1935a，1935b，1935c，1935d，1936）。戴芳澜 20 世纪 20 年代在华南，1937～1945 年在云南（主要在大理和昆明）等地开展过有关锈菌的调查，在他 1947 年发表的《中国西部锈菌的研究》中记载了锈菌 213 种，包括 25 个新种。戴芳澜在他的一生中共发表了 40 余个锈菌新种（Tai 1936-1937，1947；Tai & Cheo 1937；戴芳澜 1973，1979）。邓叔群的工作也值得提起，他在 1932～1947 年采集了不少锈菌标本，发表了约 50 个我国锈菌新记录种和新种，并建立了桂玲锈菌属（*Kweilingia*）（Teng & Ou 1937；Teng 1938，1939，1940，1947；邓叔群 1963）。

半个多世纪以来，王云章一直从事锈菌分类研究，贡献卓著（Wang 1938，1949；王云章 1965；王云章等 1980，1985，1987；王云章和魏淑霞 1983），其专著以《中国锈菌索引》（王云章 1951）和《中国禾本科植物锈菌分类研究》（王云章和魏淑霞 1983）最为重要。王云章和臧穆（1983）主编了《西藏真菌》，其中记载了西藏锈菌 25 属 111 种。任玮在昆明附近开展调查，1956 年发表了《昆明附近的森林植物锈菌》一文，记载了昆明附近乔灌木上的锈菌共 26 种，包括一个新种（任玮 1956）。邵力平主要从事森林锈菌的分类及病理研究，侧重于东北针叶树的锈菌（邵力平 1980，1988，1990；邵力平和鞠国柱 1979；邵力平等 1979，1980，1989；Shao et al. 1991）。赵震宇侧重研究荒漠植物上的锈菌，他的论著对于研究中亚荒漠地区的锈菌有重要的参考价值（赵震宇 1980，1981，1985；赵震宇和郭庆元 2012；赵震宇和姜本华 1986；Zhao & Zhuang 2007，2009）。景耀及其合作者从事的是有关针叶树上的锈菌生活史和寄主范围的研究，对锈菌的分类和锈病的防治有重要参考价值（景耀和王培新 1988；Jing & Wang 1991；景耀等 1985；Jing et al. 1995）。陈瑞青致力于台湾锈菌的研究，特别是在禾本科植物上锈菌的研究方面，增补了不少新资料（Chen 1980；Chen & Koyama 1980；Chen et al. 1980）。王云章的学生魏淑霞、庄剑云和李滨在西藏、新疆、云南、横断山地区、秦岭、大兴安岭、海南等地进行了广泛的区系调查和采集，其中许多地区过去从未涉足过，发表了不少区系调查报告。由庄剑云、魏淑霞和王云章（1998，2003，2005，2012）编写的《中国真菌志 锈菌目》已出版四卷，尚有三卷待出版。郭林侧重研究胶锈菌属和单胞锈菌属，她在湖北神农架采集标本达 3 个月，发表了关于神农架锈菌的考察报告（王云章和郭林 1985；Guo & Wang 1986；郭林 1989）。曹支敏侧重研究秦岭地区的锈菌，发表了数篇调查报告（曹支敏和李振岐 1999；曹支敏等 1996；Cao et al. 2000a，2000b，2000c）。薛煜侧重研究东北地区的锈菌（薛煜 1992，1995；薛煜和邵力平 1995）。刘铁志多年采集内蒙古锈菌标本，足迹遍及内蒙古所有地区，连续发表了数篇研究报告，正在编写《内蒙古锈菌志》（Liu & Zhuang 2016；刘铁志和庄剑云 2018；刘铁志等 2004，2006，2014a，2014b，2017；Liu et al. 2016a，2016b；杨晓坡等 2018）。田呈明和梁英梅侧重研究膨痂锈菌属、盖痂锈菌属和杨柳科植物上的栅锈菌属锈菌（Tian et al. 2003，2004）。徐彪师从赵震宇，主要研究新疆锈菌，发表了数篇研究报告（徐彪 2011；徐彪等 2008a，2008b；Xu et al. 2013），正在编写《新疆锈菌志》。其他有关锈菌分类、形态、生活史和寄主范围研究的我国文献较重要的还有周以良（1955）、谌谟美（1979，1982，1984）、尚衍重和裴明浩（1984）、吴兴邦等（1987）、弓明钦（1988）、尚衍重等（1990）、刘伟成等（1991）、刘振钦和孙良发（1991）、潘学仁和薛煜（1991，1992）、刘伟成（1993）、喻璋和任国兰（1993）、周彤燊和陈玉惠（1994）等。

黑　粉　菌

黑粉菌是重要的植物病原菌，可引起农作物和经济植物严重病害，造成严重损失。例如，小麦矮腥黑粉菌（*Tilletia controversa* J.G. Kühn）是最重要的植物病原真菌检疫对象，可以引起小麦绝收。黑粉菌某些种是美味蔬菜，如茭白黑粉菌（*Ustilago esculenta* Henn.）。茭白黑粉菌在我国的种植面积逐年扩大，人们的需求量逐年增加。幼嫩的玉米黑粉菌［*Ustilago maydis*（DC.）Corda］被称为“玉米蘑菇”，在墨西哥具有很长的食用历史。有的黑粉菌有药用价值，具有重要的开发利用前景。中国古代，人们很早就用黑粉菌治病。例如，寄生在小麦上的小麦黑粉菌，被制成“麦奴丸”，主治热烦。黑粉菌某些种类由于可以像酵母菌一样在培养基上快速生长，被用于分子生物学等研究。例如，玉米黑粉菌和花药微球黑粉菌［*Microbotryum violaceum*（Pers.）G. Deml & Oberw.］是遗传学家和分子生物学家有用的典型生物，用于研究真核系统遗传学和真菌的致病机理。且玉米黑粉菌全基因序列已经在 2006 年公布。在系统演化上，黑粉菌是担子菌中非常重要的类群，可以与寄主植物协同演化。

庄剑云　郭　林
2018 年 3 月

目　　录

锈菌纲 **Urediniomycetes** D. Hawksw., B. Sutton & Ainsw.

锈菌目 Uredinales G. Winter

查科锈菌科 **Chaconiaceae** Cummins & Y. Hirats.

栅痂锈菌属

Aplopsora Mains, Amer. J. Bot. 8: 442. 1921.

忍冬栅痂锈菌

Aplopsora lonicerae Tranzschel, Conspectus Uredinalium URSS p. 347. 1939.

黑龙江（HL）；日本、俄罗斯。

Azbukina & Zhuang 2011。

蜡痂锈菌属

Ceraceopsora Kakish., T. Sato & S. Sato, Mycologia 76: 969. 1984.

胡颓子蜡痂锈菌

Ceraceopsora elaeagni Kakish., T. Sato & S. Sato, Mycologia 76: 969. 1984.

四川（SC）；日本。

［新记录，标本保存于中国科学院菌物标本馆（HMAS）］

查科锈菌属

Chaconia Juel, Bih. K. Svenska Vetensk. Akad. Handl. Afd. 3. 23 (10): 12. 1897.

巴氏查科锈菌

Chaconia butleri (Syd. & P. Syd.) Mains, Bull. Torrey Bot. Club 65: 628. 1938.

Blastospora butleri Syd. & P. Syd., in Sydow, Sydow & Butler, Annls. Mycol. 10 (3): 266. 1912.

海南（HI）；印度。

Zhuang & Wei 2011。

拟鞘锈菌属

Goplana Racib., Parasit. Alg. Pilze Java's 2: 24. 1900.

奇异拟鞘锈菌

Goplana mirabilis Racib., Bull. Int. Acad. Sci. Lett. Cracovie Cl. Sci. Math. Nat. Sér. B, Sci. Nat. 3: 357. 1909.

西藏（XZ）；印度尼西亚。

Zhuang 1986a。

驼孢锈菌属

Hemileia Berk. & Broome, Gard. Chron. London p. 1157. 1869.

鱼骨木驼孢锈菌

Hemileia canthii Berk. & Broome, J. Linn. Soc. Bot. 14 (no. 74): 93. 1875.

海南（HI）；亚洲热带、非洲热带。

Zhuang & Wei 2011。

咖啡驼孢锈菌

Hemileia vastatrix Berk. & Broome, Gard. Chron. London p. 1157. 1869.

云南（YN）、台湾（TW）、海南（HI）；世界热带。

王云章 1951；戴芳澜 1979；陈振佳 1998。

倒吊笔驼孢锈菌

Hemileia wrightiae (Racib.) Racib., in Sydow & Sydow, Monogr. Uredin. 3 (2): 218. 1914.

Hemileiopsis wrightiae Racib., Parasit. Alg. Pilze Java's 1: 26. 1900.

台湾（TW）、海南（HI）；印度尼西亚、斯里兰卡。

王云章 1951；戴芳澜 1979；Zhuang & Wei 2001b。

无眠单胞锈菌属

Maravalia Arthur, Bot. Gaz. 73: 60. 1922.

无色无眠单胞锈菌

Maravalia achroa (Syd. & P. Syd.) Arthur & Cummins, Philipp. J. Sci. C, Bot. 61: 468. 1937.

Uromyces achrous Syd. & P. Syd., in Sydow, Sydow & Butler, Annls. Mycol. 5: 491. 1907.

贵州（GZ）、西藏（XZ）、福建（FJ）、台湾（TW）、海南（HI）；印度、菲律宾、琉球群岛。

王云章 1951；戴芳澜 1979；Zhuang 1983，1986a；Zhuang & Wei 2001b。

紫檀无眠单胞锈菌

Maravalia pterocarpi (Thirum.) Thirum., Bull. Torrey Bot. Club 76: 339-342. 1949.

Mainsia pterocarpi Thirum., Mycologia 39 (2): 234. 1947.

云南（YN）；印度、尼泊尔、菲律宾。

Zhuang & Wei 2012。

赭痂锈菌属

Ochropsora Dietel, Ber. Deutsch. Bot. Ges. 13: 401. 1895.

白面子树赭痂锈菌

Ochropsora ariae (Fuckel) Ramsb., Trans. Brit. Mycol. Soc.

4: 337. 1914.
西藏（XZ）、福建（FJ）、台湾（TW）；欧亚温带。
王云章 1951；戴芳澜 1979；Zhuang 1983；Zhuang & Wei 2001a，2005。

大山赭痂锈菌

Ochropsora daisenensis T. Hiratsuka & Uchida, in Hiratsuka, Sci. Bull. Agric. Home Econ. & Eng. Div., Univ. Ryukyus 7: 216. 1960.
Uredo panacis Syd. & P. Syd., Annls. Mycol. 1: 22. 1903
陕西（SN）、四川（SC）、云南（YN）、广西（GX）；印度（锡金）、日本。
王云章 1951；戴芳澜 1979；Zhuang & Wei 1999a，2005。

紫藤赭痂锈菌

Ochropsora kraunhiae Dietel, Bot. Jb. 37: 106. 1905.
陕西（SN）；日本。
Cao et al. 2000a；Zhuang & Wei 2005。

南部赭痂锈菌

Ochropsora nambuana (Henn.) Dietel, Annls. Mycol. 6: 228. 1908.
甘肃（GS）、宁夏（NX）、西藏（XZ）；日本。
Zhuang & Wei 2005; Zhuang & Wang 2006; 沈瑞清等 2007。

周丝单胞锈菌属

Olivea Arthur, Mycologia 9 (2): 60. 1917.

羽萼木周丝单胞锈菌

Olivea colebrookiana Thirum. & Yadav, in Yadav & Thirum., Indian Phytopathol. 8: 144. 1955.
Uredo colebrookiae Barclay, J. Asiat. Soc. Bengal, Pt. 2, Nat. Hist. 60: 227. 1891.
云南（YN）；印度。
王云章 1951；戴芳澜 1979；Zhuang & Wei 2001b。

柚木周丝单胞锈菌

Olivea tectonae (T.S. Ramakr. & K. Ramakr.) J.L. Mulder & I.A.S. Gibson, CMI Descriptions of Pathogenic Fungi and Bacteria no. 365. 1973.
Uredo tectonae Racib., Parasit. Alg. Pilze Java's 1: 28. 1900.
Chaconia tectonae T.S. Ramakr. & K. Ramakr., Indian Phytopath. 2: 19. 1949.
Olivea tectonae Thirum., Curr. Sci. 18: 178. 1949 (nom. nud.).
云南（YN）、台湾（TW）、海南（HI）；亚洲热带。
戴芳澜 1979；Zhuang & Wei 2001b。

金锈菌科 Chrysomyxaceae Liro

金锈菌属

Chrysomyxa Unger, Beitr. vergleich. Pathologie p. 24. 1840.

冷杉金锈菌

Chrysomyxa abietis (Wallr.) Unger, Beitr. vergleich. Pathologie p. 24. 1840.
Blennoria abietis Wallr., Allg. Forst-u. Jagdztg. 17: 65. 1834.
陕西（SN）；欧亚温带。
曹支敏等 1996；Cao 2000a；Zhuang & Wei 2005。

变形金锈菌

Chrysomyxa deformans (Dietel) Jacz., Mitt. Leningrader Forst. 33: 131. 1926.
Barclayella deformans Dietel, Hedwigia 29: 266. 1890.
新疆（XJ），喜马拉雅山脉；哈萨克斯坦。
王云章等 1985；Zhuang 1989b；Zhuang & Wei 2005；Xu et al. 2013。

迪特尔金锈菌

Chrysomyxa dietelii Syd. & P. Syd., Annls. Mycol. 5 (6): 502. 1907.
云南（YN）、西藏（XZ），喜马拉雅山脉。
王云章 1951；戴芳澜 1979；Zhuang 1986a；臧穆等 1996。

喜马拉雅金锈菌

Chrysomyxa himalensis Barclay, Scientific Mem. by Med. Officers of Army of India 5: 79. 1890.
西藏（XZ），喜马拉雅山脉。
王云章和臧穆 1983。

油杉金锈菌

Chrysomyxa keteleeriae (F.L. Tai) Y.C. Wang & R.S. Peterson, Acta Mycol. Sin. 1 (1): 16. 1982.
Cronartium keteleeriae F.L. Tai, Farlowia 3: 96. 1947.
云南（YN）。
王云章 1951；戴芳澜 1979。

科马罗夫金锈菌

Chrysomyxa komarovii Tranzschel, Conspectus Uredinalium URSS p. 313. 1939.
黑龙江（HL）；俄罗斯。
Zhuang & Wei 2002b。

杜香金锈菌

Chrysomyxa ledi (Alb. & Schwein.) de Bary, Bot. Ztg. 37: 809. 1879.
Uredo ledi Alb. & Schwein., Consp. Fung. p. 125. 1805.
黑龙江（HL）、内蒙古（NM）、台湾（TW）；北温带。
戴芳澜 1979；Zhuang & Wei 2001b，2002b。

珍珠状金锈菌

Chrysomyxa perlaria B. Li, Acta Mycol. Sin. Suppl. 1: 160. 1986.
四川（SC）。
Li 1986a；臧穆等 1996。

鹿蹄草金锈菌

Chrysomyxa pyrolata (Schwein.) G. Winter, Rabenh. Krypt.-Fl. Edn 2 1 (1): 250. 1882.

Aecidium pyrolatum Schwein., Syn. Fung. Amer. Bor. no. 2893. 1834.

Chrysomyxa pyrolae Rostrup, Bot. Centralbl. 5: 127. 1881. (based on uredinia)

内蒙古（NM）、甘肃（GS）、新疆（XJ）、东北（具体地点不详）；北温带。

王云章 1951；邓叔群 1963；戴芳澜 1979；Zhuang & Wei 2005；Zhuang & Wang 2006；Xu et al. 2013。

祁连金锈菌

Chrysomyxa qilianensis Y.C. Wang, X.B. Wu & B. Li, Acta Mycol. Sin. 6 (2): 87. 1987.

甘肃（GS）。

王云章等 1987；Zhuang & Wei 2005；Zhuang & Wang 2006。

杜鹃金锈菌

Chrysomyxa rhododendri (DC.) de Bary, Bot. Ztg. 37: 809. 1879.

Chrysomyxa ledi var. *rhododendri* (de Bary) Savile, Can. J. Bot. 33: 491. 1955.

黑龙江（HL）、吉林（JL）、内蒙古（NM）、河北（HEB）、北京（BJ）、台湾（TW）；奥地利。

王云章 1951；戴芳澜 1979；小五台山菌物科学考察队 1997；Zhuang & Wei 2002b。

束梗金锈菌

Chrysomyxa stilbi Y.C. Wang, M.M. Chen & L. Guo, in Wang, Han, Wei & Guo, Acta Microbiol. Sin. 20 (1): 16. 1980. (as "stilbae")

Stilbechrysomyxa stilbae (Y.C. Wang, M.M. Chen & S.X. Guo) M.M. Chen, Scientia Silvae Sinicae 20: 269. 1984.

西藏（XZ）；日本、苏联。

王云章等 1980；王云章和臧穆 1983；谌谟美 1984；Zhuang 1986a。

琥珀金锈菌

Chrysomyxa succinea (Sacc.) Tranzschel, Conspectus Uredinalium URSS p. 70, 314. 1939.

Stilbechrysomyxa succinea (Sacc.) M.M. Chen, Scientia Silvae Sinicae 20: 268. 1984.

Gloeosporium succineum Sacc., Michelia 2 (no. 6): 146. 1880.

陕西（SN）、甘肃（GS）、青海（QH）、四川（SC）、西藏（XZ）、台湾（TW）；欧亚温带。

戴芳澜 1979；Zhuang 1986a；谌谟美 1984；曹支敏等 1996；Cao 2000a；Zhuang & Wei 2001b，2005；Zhuang & Wang 2006。

乌饭树金锈菌

Chrysomyxa taihaensis Hirats. f. & Hashioka, Trans. Tottori Soc. Agric. Sci. 5: 238. 1935.

云南（YN）、西藏（XZ）、台湾（TW）。

王云章 1951；戴芳澜 1979；Zhuang 1986a；Zhuang & Wei 2001b。

云南铁杉金锈菌

Chrysomyxa tsugae-yunnanensis Teng, Bot. Bull. Acad. Sin. 1: 43. 1947.

四川（SC）。

邓叔群 1963；戴芳澜 1979。

伏鲁宁金锈菌

Chrysomyxa woroninii Tranzschel, Zentbl. Bakt. II. Abt. 11: 106. 1903.

黑龙江（HL）；亚寒带，亚洲、欧洲、北美洲寒带。

杜复等 1983；何秉章等 1995；Zhuang & Wei 2002b。

鞘金锈菌属

Diaphanopellis P.E. Crane, Mycologia 97: 539. 2005.

福氏鞘金锈菌

Diaphanopellis forrestii P.E. Crane, Mycologia 97: 539. 2005.

Aecidium rhododendri Barclay, Scientific Mem. by Med. Officers of Army of India 6: 71. 1891.

Aecidium sino-rhododendri M. Wilson, Notes Roy. Bot. Gard. Edinburgh 12: 261. 1921.

四川（SC）、云南（YN）、西藏（XZ），喜马拉雅山脉；尼泊尔。

Crane 2005。

鞘锈菌科 Coleosporiaceae Dietel

鞘锈菌属

Coleosporium Lév., Annls. Sci. Nat. Bot., sér. 3 8: 373. 1847.

乌头鞘锈菌

Coleosporium aconiti Thüm., Mycoth. Univ. Cent. 15: no. 1440. 1879.

甘肃（GS）、云南（YN）；俄罗斯。

王云章 1951；戴芳澜 1979；Zhuang & Wei 2005。

竹叶兰鞘锈菌

Coleosporium arundinae (Racib.) Syd. & P. Syd., Annls Mycol. 12 (2): 110. 1914.

Caeoma arundinae Racib., Parasit. Alg. Pilze Java's 2: 31. 1900.

云南（YN）、西藏（XZ）、台湾（TW）；印度尼西亚。

王云章 1951；戴芳澜 1979；Zhuang 1986a；臧穆等 1996；Zhuang & Wei 2001b。

紫菀鞘锈菌

Coleosporium asterum (Dietel) Syd. & P. Syd., Annls. Mycol. 12 (2): 109. 1914.

Stichopsora asterum Dietel, Bot. Jb. 27 (4): 566. 1900.

Uredo solidaginis Schwein., Schr. Naturf. Ges. Leipzig 1: 70.

1822.

Coleosporium solidaginis (Schwein.) Thüm., Bull. Torrey Bot. Club 6: 216. 1878.

Coleosporium pini-asteris Orish., Bot. Mag. Tokyo 24: 4. 1910.

黑龙江（HL）、吉林（JL）、辽宁（LN）、河北（HEB）、山西（SX）、山东（SD）、陕西（SN）、甘肃（GS）、青海（QH）、安徽（AH）、江苏（JS）、浙江（ZJ）、江西（JX）、湖南（HN）、湖北（HB）、四川（SC）、重庆（CQ）、贵州（GZ）、云南（YN）、西藏（XZ）、福建（FJ）、台湾（TW）、广东（GD）、广西（GX）、海南（HI）；亚洲（东部）、北美洲。

王云章 1951；戴芳澜 1979；王云章和臧穆 1983；杜复等 1983；Zhuang 1983，1986a；郭林 1989；Zhuang & Wei 1994，2003，2005；臧穆等 1996；魏淑霞和庄剑云 1997；曹支敏等 1996；Cao 2000a；Zhang et al. 1997；Zhuang & Wang 2006。

白芨鞘锈菌

Coleosporium bletiae Dietel, Hedwigia 37: 216. 1898.

江西（JX）、贵州（GZ）、云南（YN）、西藏（XZ）、台湾（TW）；印度、日本、尼泊尔、菲律宾。

王云章 1951；戴芳澜 1979；Zhuang 1986a；Zhuang & Wei 1994。

风铃草鞘锈菌

Coleosporium campanulae J.J. Kichx, Flore Crypt. Flandres 2: 54. 1867.

Coleosporium campanulae (Pers.) Lév., Ann. Sci. Nat. Bot. Ser. 3 8: 375. 1847. (based on uredinia)

黑龙江（HL）、河北（HEB）、陕西（SN）、江西（JX）、湖北（HB）、云南（YN）、西藏（XZ）、福建（FJ）；北温带。

王云章 1951；戴芳澜 1979；Zhuang 1983，1986a；郭林 1989；臧穆等 1996；魏淑霞和庄剑云 1997；Zhuang & Wei 2001b，2002b。

金挖耳鞘锈菌

Coleosporium carpesii Sacc., Riv. Accad. di Padova 24: 208. 1874.

陕西（SN）、江苏（JS）、湖南（HN）、湖北（HB）、四川（SC）、重庆（CQ）、贵州（GZ）、云南（YN）、西藏（XZ）、福建（FJ）、台湾（TW）、广西（GX）；北温带。

王云章 1951；戴芳澜 1979；Zhuang 1983，1986a；郭林 1989；臧穆等 1996；魏淑霞和庄剑云 1997；Zhang et al. 1997；Cao et al. 2000a；Zhuang & Wei 2005。

周氏鞘锈菌

Coleosporium cheoanum Cummins, Mycologia 42 (6): 788. 1950.

贵州（GZ）、福建（FJ）。

王云章 1951；戴芳澜 1979；Zhuang 1983。

升麻鞘锈菌

Coleosporium cimicifugatum Kom., in Jaczewski, Komarov & Tranzschel, Fungi Rossiae Exsiccati no. 175. 1899.

Coleosporium cimicifugatum Thüm., Bull. Soc. Imp. Nat. Moscou 53: 222. 1878. (based on uredinia)

黑龙江（HL）、吉林（JL）、辽宁（LN）、内蒙古（NM）、河北（HEB）、陕西（SN）、甘肃（GS）、青海（QH）、湖北（HB）、重庆（CQ）、云南（YN）、西藏（XZ）；日本、俄罗斯。

王云章 1951；戴芳澜 1979；Zhuang 1986a；郭林 1989；臧穆等 1996；魏淑霞和庄剑云 1997；Zhang et al. 1997；Cao et al. 2000a；Zhuang & Wei 2001b，2005；Zhuang & Wang 2006。

铁线莲鞘锈菌

Coleosporium clematidis Barclay, Journal of the Asiatic Society of Bengal 59 (2): 89. 1890.

黑龙江（HL）、吉林（JL）、辽宁（LN）、河北（HEB）、山西（SX）、山东（SD）、河南（HEN）、陕西（SN）、宁夏（NX）、甘肃（GS）、安徽（AH）、江苏（JS）、浙江（ZJ）、湖南（HN）、湖北（HB）、四川（SC）、重庆（CQ）、贵州（GZ）、云南（YN）、西藏（XZ）、台湾（TW）、广西（GX）；印度、日本、尼泊尔、菲律宾、俄罗斯、朝鲜半岛。

王云章 1951；邓叔群 1963；戴芳澜 1979；王云章和臧穆 1983；Zhuang 1986a；郭林 1989；Zhuang & Wei 1994，1999a，2005；臧穆等 1996；曹支敏等 1996；Cao 2000a；魏淑霞和庄剑云 1997；Zhang et al. 1997。

女萎鞘锈菌

Coleosporium clematidis-apiifoliae Dietel, Bot. Jb. 28 (3): 287. 1901.

黑龙江（HL）、吉林（JL）、辽宁（LN）、河北（HEB）、陕西（SN）、安徽（AH）、湖北（HB）、四川（SC）、贵州（GZ）、云南（YN）、福建（FJ）、台湾（TW）；日本、朝鲜半岛。

王云章 1951；戴芳澜 1979；Zhuang 1983；郭林 1989；Cao et al. 2000a；Zhuang & Wei 2001b。

赪桐鞘锈菌

Coleosporium clerodendri Dietel, Bot. Jb. 27 (4): 566. 1900.

陕西（SN）、甘肃（GS）、安徽（AH）、湖北（HB）、贵州（GZ）、福建（FJ）、台湾（TW）、香港（HK）；印度尼西亚、日本、朝鲜半岛。

王云章 1951；邓叔群 1963；戴芳澜 1979；曹支敏等 1996；Cao 2000a；Zhuang & Wei 2001b，2005。

杜仲鞘锈菌

Coleosporium eucommiae F.X. Chao & P.K. Chi, Fungal Diseases of Cultivated Medicinal Plants in Guangdong Province p. 136. 1994 (as “eucommi”).

广东（GD）。

戚佩坤 1994。

鸡矢藤鞘锈菌

Coleosporium eupaederiae L. Guo, in Anon., Fungi and Lichens of Shennongjia. Mycological and Lichenological Expedition to Shennongjia p. 110. 1989.

Coleosporium paederiae Dietel ex Hirats. f., Scientific Bull. Agric. Home Econ. & Eng. Div., Univ. Ryukyus 7: 214. 1960 non *Coleosporium paederiae* Dietel, Annls. Mycol. 7: 355. 1909. (based on uredinia).

陕西（SN）、四川（SC）、贵州（GZ）、云南（YN）；日本、菲律宾。

王云章 1951；戴芳澜 1979；曹支敏等 1996；Cao 2000a；Zhang et al. 1997；Zhuang & Wei 2005。

泽兰鞘锈菌

Coleosporium eupatorii Hirats. f., Trans. Sapporo Nat. Hist. Soc. 9: 221.1927.

安徽（AH）、江苏（JS）、贵州（GZ）、西藏（XZ）、台湾（TW）、广西（GX）；日本、朝鲜半岛。

王云章 1951；邓叔群 1963；戴芳澜 1979；Zhuang 1983；魏淑霞和庄剑云 1997；Zhuang & Wei 2005。

虎耳草鞘锈菌

Coleosporium fauriae Syd. & P. Syd., Annls. Mycol. 12 (2): 160. 1914.

云南（YN）；日本。

王云章 1951；戴芳澜 1979。

老鹳草鞘锈菌

Coleosporium geranii Pat., Rev. Mycol. (Toulouse) 12: 135. 1890.

四川（SC）、云南（YN）、西藏（XZ）。

王云章 1951；戴芳澜 1979；王云章和臧穆 1983；潘学仁和薛煜 1991；臧穆等 1996。

堀鞘锈菌

Coleosporium horianum Henn., Hedwigia 40 (Beibl.): 25. 1901.

Coleosporium campanumeae Dietel, Bot. Jb. 37: 106. 1905.

黑龙江（HL）、吉林（JL）、辽宁（LN）、陕西（SN）、安徽（AH）、江苏（JS）、浙江（ZJ）、江西（JX）、四川（SC）、台湾（TW）、广西（GX）、海南（HI）；日本、俄罗斯、朝鲜半岛。

王云章 1951；邓叔群 1963；戴芳澜 1979；杜复等 1983；Zhuang & Wei 1999a，2001，2005。

旋覆花鞘锈菌

Coleosporium inulae Rabenh., Bot. Ztg. 9: 455. 1851.

贵州（GZ）、云南（YN）、广西（GX）、香港（HK）；欧亚温带。

王云章 1951；戴芳澜 1979；臧穆等 1996；Zhuang & Wei 2001b。

红芽大戟鞘锈菌

Coleosporium knoxiae (Henn.) Syd. & P. Syd., Annls. Mycol. 12 (2): 109. 1914.

Uredo knoxiae Henn., Hedwigia 47: 252. 1908.

台湾（TW）；菲律宾。

王云章 1951；戴芳澜 1979。

野丁香鞘锈菌

Coleosporium leptodermidis (Barclay) P. Syd. & Syd., Monogr. Uredin. 3 (3): 635. 1915.

Melampsora leptodermidis Barclay, Descr. List Ured. Simla 3: 86. 1891.

云南（YN）、西藏（XZ）；印度、尼泊尔。

王云章 1951；戴芳澜 1979；Zhuang 1986a；Zhuang & Wei 1994，2005；臧穆等 1996。

橐吾鞘锈菌

Coleosporium ligulariae Thüm., Bull. Soc. Imp. Nat. Moscou 52 (1): 140. 1877.

黑龙江（HL）、吉林（JL）、辽宁（LN）、内蒙古（NM）、河北（HEB）、山西（SX）、山东（SD）、陕西（SN）、甘肃（GS）、安徽（AH）、江苏（JS）、浙江（ZJ）、湖南（HN）、四川（SC）、重庆（CQ）、贵州（GZ）、云南（YN）、西藏（XZ）、广西（GX）；俄罗斯；欧洲。

王云章 1951；邓叔群 1963；戴芳澜 1979；王云章和臧穆 1983；Zhuang 1986a；郭林 1989；Zhuang & Wei 1994，2002b，2005；Zhang et al. 1997；Cao et al. 2000a；Zhuang & Wang 2006。

忍冬鞘锈菌

Coleosporium lonicerae Y.Z. Wang & S.X. Wei, in Wang, Han, Wei & Guo, Acta Microbiol. Sin. 20 (1): 17. 1980.

西藏（XZ）。

王云章等 1980；王云章和臧穆 1983；Zhuang 1986a。

地笋鞘锈菌

Coleosporium lycopi Syd. & P. Syd., Annls. Mycol. 11 (5): 402. 1913.

黑龙江（HL）、陕西（SN）、宁夏（NX）、甘肃（GS）、四川（SC）、西藏（XZ）、福建（FJ）、台湾（TW）；日本、俄罗斯、朝鲜半岛。

Zhang et al. 1997；Zhuang & Wei 2001b，2002b，2005；Zhuang & Wang 2006。

山萝花鞘锈菌

Coleosporium melampyri (Rebent.) P. Karst., Bidrag Kännedom Finlands Natur Folk 31: 62. 1879.

Uredo melampyri Rebent., Prodromus Florae Neomarchicae p. 355. 1804. (telia present)

吉林（JL）、浙江（ZJ）；欧亚温带。

王云章 1951；邓叔群 1963；戴芳澜 1979。

蚂蚱腿子鞘锈菌

Coleosporium myripnois Y.C. Wang & J.Y. Zhuang, in Wang, Zhuang & Li, Acta Mycol. Sin. 2 (1): 5. 1983. (as "*myripnoidis*")
Coleosporium pertyae Miura ex S. Ito & Muray., Trans. Sapporo Nat. Hist. Soc. 17: 165. 1943. (based on uredinia)
Uredo pertyae (Miura ex S Ito & Muray.) S. Kaneko, Rep. Tottori Mycol. Inst. 19: 137. 1981.
陕西（SN）、甘肃（GS）、四川（SC）、福建（FJ）；日本。
Zhuang 1983；王云章等 1983；臧穆等 1996；Cao et al. 2000a；Zhuang & Wei 2005。

新蟹甲草鞘锈菌

Coleosporium neocacaliae Saho, Trans. Mycol. Soc. Japan 7 (2, 3): 59. 1966.
黑龙江（HL）、吉林（JL）、陕西（SN）；日本、俄罗斯、朝鲜半岛。
Cao et al. 2000a；Zhuang & Wei 2005。

马先蒿鞘锈菌

Coleosporium pedicularis F.L. Tai, Farlowia 3: 100. 1947. (as "*pedicularidis*")
陕西（SN）、青海（QH）、四川（SC）、重庆（CQ）、云南（YN）、西藏（XZ）；尼泊尔。
王云章 1951；戴芳澜 1979；王云章和臧穆 1983；Zhuang & Wei 1994，2003，2005；Zhang et al. 1997。

具梗鞘锈菌

Coleosporium pedunculatum S. Kaneko, Rep. Tottori Mycol. Inst. 15: 18. 1977.
陕西（SN）；日本、俄罗斯、韩国。
Cao et al. 2000a。

黄檗鞘锈菌

Coleosporium phellodendri Kom., in Jaczewski, Komarov & Tranzschel, Fungi Rossiae Exsiccati no. 274. 1899.
黑龙江（HL）、吉林（JL）、陕西（SN）、四川（SC）、福建（FJ）、海南（HI）；日本、俄罗斯、朝鲜半岛。
王云章 1951；戴芳澜 1979；Zhuang 1983；魏淑霞和庄剑云 1997；Zhang et al. 1997；Cao et al. 2000a；Zhuang & Wei 2001b，2005。

糙苏鞘锈菌

Coleosporium phlomidis Z.M. Cao & Z.Qi Li, in Cao, Li & Zhuang, Mycosystema 19 (1): 16. 2000.
陕西（SN）。
Cao et al. 2000a；Zhuang & Wei 2005。

偃松鞘锈菌

Coleosporium pini-pumilae Azbukina, Nov. Sist. Niz. Rast. 1968 (5): 146. 1968.
黑龙江（HL）；日本、俄罗斯。
薛煜 1995。

香茶菜鞘锈菌

Coleosporium plectranthi Barclay, J. Asiat. Soc. Bengal, Pt. 2, Nat. Hist. 59: 89. 1890.
Coleosporium perillae Dietel & P. Syd., Hedwigia 38 (Beibl.): 141. 1899.
黑龙江（HL）、吉林（JL）、辽宁（LN）、陕西（SN）、宁夏（NX）、甘肃（GS）、新疆（XJ）、江苏（JS）、江西（JX）、湖南（HN）、湖北（HB）、四川（SC）、重庆（CQ）、贵州（GZ）、云南（YN）、西藏（XZ）、福建（FJ）、台湾（TW）、广西（GX）；印度、日本、菲律宾、俄罗斯、朝鲜半岛。
王云章 1951；邓叔群 1963；戴芳澜 1979；王云章和臧穆 1983；Zhuang 1983，1986a；郭林 1989；Zhuang & Wei 1994，2001a，2005；臧穆等 1996；魏淑霞和庄剑云 1997；曹支敏等 1996；Cao 2000a；Zhang et al. 1997；Zhuang & Wang 2006；Xu et al. 2013。

鸡蛋花鞘锈菌

Coleosporium plumeriae Pat., Bull. Soc. Mycol. Fr. 18 (2): 178. 1902.
台湾（TW）、广东（GD）、广西（GX）、海南（HI）、香港（HK）；西印度群岛；亚洲热带、中美洲、南美洲、大洋洲。
严进等 2006。

假风铃草鞘锈菌

Coleosporium pseudocampanulae S. Kaneko, Kakish. & Y. Ono, Cryptogams of the Himalayas 2. Central and Eastern Nepal 2: 87. 1990.
西藏（XZ）；尼泊尔。
Zhuang & Wei 1994。

白头翁鞘锈菌

Coleosporium pulsatillae (F. Strauss) Lév., Ann. Sci. Nat. Bot. Sér. 3 8: 373. 1847.
Uredo tremellosa var. *pulsatillae* F. Strauss, Ann. Wetter. Gesellsch. Ges. Naturk. 2: 89. 1810.
黑龙江（HL）、吉林（JL）、辽宁（LN）、内蒙古（NM）、河北（HEB）、山西（SX）、山东（SD）、陕西（SN）、江苏（JS）、云南（YN）；欧洲。
王云章 1951；邓叔群 1963；戴芳澜 1979；魏淑霞和庄剑云 1997；Zhuang & Wei 2005；刘铁志等 2006。

风毛菊鞘锈菌

Coleosporium saussureae Thüm., Beiträge zur Pilzflora Siberiens 4: 212. 1880.
黑龙江（HL）、吉林（JL）、辽宁（LN）、山东（SD）、陕西（SN）、安徽（AH）、江苏（JS）、湖北（HB）、四川（SC）、贵州（GZ）、云南（YN）、西藏（XZ）、福建（FJ）、台湾（TW）、广东（GD）、广西（GX）；日本、俄罗斯、朝鲜半岛。
王云章 1951；戴芳澜 1979；王云章和臧穆 1983；Zhuang 1983；郭林 1989；魏淑霞和庄剑云 1997；Zhang et al.

1997；Zhuang & Wei 2002b，2005。

千里光鞘锈菌

Coleosporium senecionis J.J. Kichx, Flore Cryptogamique des Flandres 2: 53. 1867.

吉林（JL）、辽宁（LN）、四川（SC）、云南（YN）、西藏（XZ）、台湾（TW）；北温带。

王云章 1951；戴芳澜 1979；Zhuang 1986a；Zhuang & Wei 1994；臧穆等 1996。

麻花头鞘锈菌

Coleosporium serratulae Y.C. Wang & B. Li, in Wang, Zhuang & Li, Acta Mycol. Sin. 2 (1): 5. 1983.

吉林（JL）。

王云章等 1983。

中国鞘锈菌

Coleosporium sinicum Mu Wang & J.Y. Zhuang, Nova Hedwigia 81 (3-4): 540. 2005.

河北（HEB）。

Wang & Zhuang 2005。

山牛蒡鞘锈菌

Coleosporium synuricola Y. Xue & L.P. Shao, Acta Mycol. Sin. 14 (4): 248. 1995.

Uredo synuri Azbukina, Komarov. Chten. 19: 31. 1972.

黑龙江（HL）；日本、俄罗斯、朝鲜半岛。

薛煜和邵力平 1995。

台湾鞘锈菌

Coleosporium taiwanense S. Kaneko, Rep. Tottori Mycol. Inst. 15: 25. 1977.

台湾（TW）。

Kaneko 1981。

吴茱萸鞘锈菌

Coleosporium telioevodiae L. Guo, in Anon., Fungi and Lichens of Shennongjia. Mycological and Lichenological Expedition to Shennongjia p. 112. 1989.

Coleosporium evodiae Dietel, Annls. Mycol. 7: 355. 1909. (based on uredinia)

Coleosporium evodiae Dietel ex Hirats. f., Scientific Bull. Agric. Home Econ. & Eng. Div., Univ. Ryukyus 7: 213. 1960.

陕西（SN）、安徽（AH）、贵州（GZ）、福建（FJ）、台湾（TW）、广西（GX）、海南（HI）；日本。

郭林 1989；曹支敏等 1996；Cao 2000a；Zhuang & Wei 1999a，2001，2005。

款冬鞘锈菌

Coleosporium tussilaginis (Pers.) Lév., in Orbigny, Dict. Univ. Hist. Nat. 12: 786. 1849. (sensu stricto)

Uredo tussilaginis Pers., Syn. Meth. Fung. 1: 218. 1801. (telia present)

陕西（SN）；欧亚温带。

Zhuang & Wei 2005。

斑鸠菊鞘锈菌

Coleosporium vernoniae Berk. & M.A. Curtis, in Berkeley, Grevillea 3 (no. 26): 57. 1874.

云南（YN）、西藏（XZ）；西印度群岛；北美洲（南部）、南美洲。

戴芳澜 1979；Zhuang 1986a；Zhuang & Wei 1994，1999a，2001b。

堇菜鞘锈菌

Coleosporium violae Cummins, Mycologia 42 (6): 787. 1950.

湖南（HN）、贵州（GZ）。

王云章 1951；戴芳澜 1979。

花椒鞘锈菌

Coleosporium xanthoxyli Dietel & P. Syd., in Dietel, Hedwigia 37: 217. 1898.

河南（HEN）、陕西（SN）、甘肃（GS）、安徽（AH）、江苏（JS）、浙江（ZJ）、湖南（HN）、湖北（HB）、四川（SC）、贵州（GZ）、云南（YN）、西藏（XZ）、台湾（TW）、广西（GX）、海南（HI）；印度、日本、朝鲜半岛。

王云章 1951；邓叔群 1963；戴芳澜 1979；杜复等 1983；Zhuang 1986a；魏淑霞和庄剑云 1997；Zhuang & Wei 1999a，2001，2005；Cao et al. 2000a；Zhuang & Wang 2006。

臧氏鞘锈菌

Coleosporium zangmui Y.C. Wang & S.X. Wei, in Wang, Han, Wei & Guo, Acta Microbiol. Sin. 20 (1): 17. 1980.

Coleosporium myriactidis Syd., Annls. Mycol. 35: 229. 1937. (based on uredinia)

西藏（XZ），喜马拉雅山脉；尼泊尔。

王云章等 1980；王云章和臧穆 1983；Zhuang 1986a；Zhuang & Wei 1994。

柱锈菌科 Cronartiaceae Dietel

柱锈菌属

Cronartium Fr., Observ. Mycol. 1: 220. 1815.

软垂柱锈菌

Cronartium flaccidum (Alb. & Schwein.) G. Winter, Hedwigia 19: 55. 1880.

Sphaeria flaccida Alb. & Schwein., Consp. Fung. p. 31. 1805.

Cronartium asclepiadeum Fr., Observationes Mycologicae 1: 220. 1815.

Cronartium gentianeum Thüm., Österr. Bot. Z. 28: 193. 1878.

Cronartium delawayi Pat., Revue Mycol. Toulouse 8: 80. 1886.

Cronartium himalayense Bagchee, Indian Forest Rec., Bot. 18: 14. 1933.

辽宁（LN）、内蒙古（NM）、陕西（SN）、新疆（XJ）、安徽（AH）、江苏（JS）、云南（YN）、西藏（XZ）、台湾（TW）；欧亚温带。

王云章 1951；戴芳澜 1979；王云章和臧穆 1983；臧穆等 1996；曹支敏等 1996；Cao 2000a；魏淑霞和庄剑云 1997；Zhuang & Wei 2001a，2005；赵震宇和郭庆元 2012。

东方柱锈菌

Cronartium orientale S. Kaneko, Mycoscience 41 (2): 116. 2000.

Cronartium quercuum auct. non Miyabe ex Shirai, in Wang, Index Uredinearum Sinensium p. 21. 1951; Teng, Fungi of China p. 321. 1963; Tai, Sylloge Fungorum Sinicorum p. 440. 1979; Wang & Zang, Fungi of Xizang (Tibet) p. 35. 1983; Zang et al., Fungi of Hengduan Mountains p. 84. 1996.

黑龙江（HL）、内蒙古（NM）、陕西（SN）、甘肃（GS）、湖北（HB）、重庆（CQ）、云南（YN）、福建（FJ）、台湾（TW）、广西（GX）、海南（HI）；日本、俄罗斯、朝鲜半岛。

王云章 1951；邓叔群 1963；戴芳澜 1979；王云章和臧穆 1983；Zhuang 1986a；郭林 1989；臧穆等 1996；魏淑霞和庄剑云 1997；Zhang et al. 1997；Zhuang & Wei 1999a，2001，2005；Zhuang & Wang 2006。

茶藨子生柱锈菌

Cronartium ribicola J.C. Fisch., Hedwigia 11: 182. 1872.

陕西（SN）、甘肃（GS）、新疆（XJ）、湖北（HB）、四川（SC）、西藏（XZ）、台湾（TW）；北温带。

王云章 1951；戴芳澜 1979；王云章和臧穆 1983；Zhuang 1986a，1999；郭林 1989；Zhuang & Wei 1994，2001a，2005；臧穆等 1996；魏淑霞和庄剑云 1997；Zhang et al. 1997；Xu et al. 2013。

栅锈菌科 Melampsoraceae Dietel

栅锈菌属

Melampsora Castagne, Observ. Uréd. 2: 18. 1843.

杉杨栅锈菌

Melampsora abietis-populi S. Imai, Trans. Sapporo Nat. Hist. Soc. 17: 164. 1943.

黑龙江（HL）、陕西（SN）、湖北（HB）；日本。

郭林 1989；Zhang et al. 1997；Cao et al. 2000a；Tian et al. 2003；Zhuang & Wei 2005。

石栗栅锈菌

Melampsora aleuritidis Cummins, Mycologia 42: 782. 1950.

贵州（GZ）、云南（YN）。

王云章 1951；戴芳澜 1979。

葱杨栅锈菌

Melampsora allii-populina Kleb., Z. PflKrankh. PflSchutz 12: 25. 1902.

新疆（XJ）；欧洲至中亚。

Zhuang 1989a；Tian et al. 2003；Zhuang & Wei 2005；赵震宇和郭庆元 2012；Xu et al. 2013。

三蕊柳栅锈菌

Melampsora amygdalinae Kleb., in Pringsheim, Jb. Wiss. Bot. 34: 352. 1900.

吉林（JL）、内蒙古（NM）、宁夏（NX）；欧洲。

Zhuang & Wei 2002b，2005。

罗布麻栅锈菌

Melampsora apocyni Tranzschel, Scripta Bot. Hort. Univ. Petrop. 12: 237. 1896.

陕西（SN）、新疆（XJ）；俄罗斯、高加索地区；中亚。

王云章 1951；戴芳澜 1979；Zhuang 1989a；贾菊生和胡守智 1994；魏淑霞和庄剑云 1997；Zhuang & Wei 2005；Xu et al. 2013。

黄花柳栅锈菌

Melampsora capraearum Thüm., Mitt. Ver. Österr. 2: 34, 36. 1879.

Melampsora laricis-capraearum Kleb., Forst. Naturw. Zeitschr. 6: 469. 1897.

内蒙古（NM）、陕西（SN）、青海（QH）、新疆（XJ）、西藏（XZ）；欧亚温带。

王云章 1951；戴芳澜 1979；王云章和臧穆 1983；王云章等 1985；臧穆等 1996；庄剑云 1985；Zhuang 1986b；曹支敏等 1996；Cao 2000a；Zhuang & Wei 2001b，2003，2005；Xu et al. 2013。

白屈菜白皮柳栅锈菌

Melampsora chelidonii-pierotii T. Matsumoto, Bot. Mag. Tokyo 40: 46. 1926.

吉林（JL）、陕西（SN）、安徽（AH）；日本。

Zhao et al. 2013。

鞘锈状栅锈菌

Melampsora coleosporioides Dietel, Bot. Jb. 32: 50. 1902.

内蒙古（NM）、陕西（SN）、甘肃（GS）、新疆（XJ）、江西（JX）、西藏（XZ）、福建（FJ）、台湾（TW）、香港（HK）；日本、俄罗斯。

王云章 1951；邓叔群 1963；戴芳澜 1979；王云章和臧穆 1983；杜复等 1983；Zhuang 1983，1999；臧穆等 1996；魏淑霞和庄剑云 1997；曹支敏等 1996；Cao 2000a；Zhuang & Wei 2005；刘铁志等 2006；Zhuang & Wang 2006；Xu et al. 2013。

叶生栅锈菌

Melampsora epiphylla Dietel, Bot. Jb. 32: 50. 1902.

黑龙江（HL）、内蒙古（NM）、陕西（SN）；日本、俄罗斯。
戴芳澜 1979；Cao et al. 2000a；Zhuang & Wei 2002b，2005。

柳叶栅锈菌

Melampsora epitea Thüm., Mitt. Ver. Österr. 2: 38, 40. 1879.
Melampsora arctica Rostrup, Meddel. Grønland 3: 535. 1888.
Melampsora laricis-epitea Kleb., Z. PflKrankh. PflSchutz 9: 88. 1899.
Melampsora ribesii-purpureae Kleb., Pringsheims Jb. Wissenschaftl. Botanik 35: 667. 1901.
Melampsora confluens H.S. Jacks., Mem. Brooklyn Bot. Gard. 1: 210. 1918.
Melampsora salicis-cupularis Y.C. Wang, Contr. Inst. Bot. Natl. Acad. Peiping 6: 225. 1949.
Melampsora salicis-viminalis Y.C. Wang & L. Guo, in Wang et al., Acta Microbiol. Sin. 20: 18. 1980.
黑龙江（HL）、吉林（JL）、内蒙古（NM）、陕西（SN）、宁夏（NX）、甘肃（GS）、青海（QH）、新疆（XJ）、四川（SC）、云南（YN）、西藏（XZ）、台湾（TW）；欧亚温带。
王云章 1951；戴芳澜 1979；田泽君等 1980；Zhuang 1986a，1989b，1999；王云章等 1985；Zhuang & Wei 1994，2001，2003，2005；曹支敏等 1996；Cao 2000a；Zhang et al. 1997；Zhuang & Wang 2006；Xu et al. 2013。

大戟栅锈菌

Melampsora euphorbiae (C. Schub.) Castagne, Observ. Uréd. 2: 18. 1843.
Xyloma euphorbiae C. Schub., in Finicus, Fl. Geg. Dresd. 2: 31. 1832.
Melampsora euphorbiae-dulcis G.H. Otth, Mitth. Naturf. Ges. Bern 1868: 70. 1868.
内蒙古（NM）、山西（SX）、陕西（SN）、宁夏（NX）、甘肃（GS）、青海（QH）、新疆（XJ）、湖北（HB）、重庆（CQ）、西藏（XZ）、海南（HI）；亚洲、欧洲、非洲、北美洲。
王云章 1951；戴芳澜 1979；Zhuang 1986a，1989b，1999；郭林 1989；Zhuang & Wei 1994，2001，2003，2005；李晓虹和刘德容 1995；臧穆等 1996；魏淑霞和庄剑云 1997；Zhang et al. 1997；刘铁志等 2006；Zhuang & Wang 2006；Xu et al. 2013。

低矮栅锈菌

Melampsora humilis Dietel, Bot. Jb. 32: 50. 1902.
内蒙古（NM）、河北（HEB）；日本、俄罗斯。
Zhao et al. 2013。

金丝桃栅锈菌

Melampsora hypericorum G. Winter, in Rabenhorst, Deutschlands Kryptogammen-Flora Ed. 2 1 (1): 241. 1882.
内蒙古（NM）、陕西（SN）、甘肃（GS）、四川（SC）；欧亚温带。
王云章 1951；邓叔群 1963；戴芳澜 1979；Cao et al. 2000a；刘铁志等 2006；Zhuang & Wei 2005；Zhuang & Wang 2006。

山桐子栅锈菌

Melampsora idesiae Miyabe, Bot. Mag. Tokyo 11: 45. 1897.
陕西（SN）、四川（SC）、贵州（GZ）、福建（FJ）；日本。
王云章 1951；邓叔群 1963；戴芳澜 1979；Zhuang 1983；曹支敏等 1996；Cao 2000a；Zhang et al. 1997；Zhuang & Wei 2005。

上高地栅锈菌

Melampsora kamikotica S. Kaneko & Hirats. f., in Hiratsuka & Kaneko, Rep. Tottori Mycol. Inst. 20: 3. 1982.
内蒙古（NM）；日本。
刘文霞等 2006。

草野栅锈菌

Melampsora kusanoi Dietel, Bot. Jb. 37: 104. 1905.
黑龙江（HL）、内蒙古（NM）、陕西（SN）、甘肃（GS）、青海（QH）、新疆（XJ）、湖北（HB）、四川（SC）、重庆（CQ）、贵州（GZ）、台湾（TW）；日本、尼泊尔、俄罗斯、朝鲜半岛。
王云章 1951；戴芳澜 1979；田泽君等 1980；Zhuang 1989b；郭林 1989；臧穆等 1996；魏淑霞和庄剑云 1997；Zhang et al. 1997；Cao et al. 2000a；Zhuang & Wei 2001b，2003，2005；刘铁志等 2006；Zhuang & Wang 2006；Xu et al. 2013。

落叶松五蕊柳栅锈菌

Melampsora laricis-pentandrae Kleb., Forst. Naturw. Zeitschr. 6: 470. 1897.
黑龙江（HL）、新疆（XJ）；日本。
Zhuang & Wei 2005。

松杨栅锈菌

Melampsora laricis-populina Kleb., Z. PflKrankh. PflSchutz 12: 32. 1902.
Melampsora multa Y.Z. Shang, M.H. Pei & Z.W. Yuan, Acta Mycol. Sin. Suppl. 1: 180. 1987.
黑龙江（HL）、吉林（JL）、内蒙古（NM）、陕西（SN）、宁夏（NX）、甘肃（GS）、青海（QH）、新疆（XJ）、四川（SC）、云南（YN）、西藏（XZ）；欧亚温带。
王云章 1951；戴芳澜 1979；裴明浩和尚衍重 1984；Zhuang 1986b，1999；臧穆等 1996；曹支敏等 1996；Cao 2000a；魏淑霞和庄剑云 1997；Zhuang & Wei 2001b，2005；刘铁志等 2006；Zhuang & Wang 2006；Xu et al. 2013；Tian et al. 2003。

亚麻栅锈菌

Melampsora lini (Ehrenb.) Lév., Annls Sci. Nat. Bot., sér. 38: 376. 1847.

Xyloma lini Ehrenb., Sylvae Mycologicae Berolinenses p. 27. 1818.

河北（HEB）、山西（SX）、青海（QH）、新疆（XJ）、云南（YN）；世界各地。

王云章 1951；戴芳澜 1979；Zhuang & Wei 2003，2005；赵震宇和郭庆元 2012。

马氏栅锈菌

Melampsora magnusiana G.H. Wagner, Öst. Bot. Z. 46: 273. 1896.

吉林（JL）、内蒙古（NM）、陕西（SN）、宁夏（NX）、新疆（XJ）、湖北（HB）、四川（SC）；欧亚温带。

田泽君等 1980；魏淑霞和庄剑云 1997；Zhang et al. 1997；Cao et al. 2000a；Zhuang & Wei 2005；Xu et al. 2013。

小堆栅锈菌

Melampsora microsora Dietel, Bot. Jb. 32: 50. 1902.

陕西（SN）、湖北（HB）；日本。

郭林 1989；Cao et al. 2000a。

白杨栅锈菌

Melampsora populnea (Pers.) P. Karst., Bidr. Känn. Finl. Nat. Folk 31: 53. 1879.

Sclerotium populinum Pers., Observ. Mycol. 2: 25. 1800.

Uredo aecidioides DC., in Lamarck & de Candolle, Fl. Franç. Edn 3 2: 236. 1805.

Melampsora laricis R. Hartig, Allg. Forst-u. Jagdztg. Frankfurt p. 326. 1885.

Melampsora aecidioides (DC.) J. Schröt., in Cohn, Krypt.-Fl. Schlesien 3.1 (17-24): 362. 1889.

Melampsora rostrupii G.H. Wagner, Öst. Bot. Z. 46: 274. 1896.

Melampsora laricis-tremulae Kleb., Forst. Naturw. Zeitschr. 6: 470. 1897.

黑龙江（HL）、内蒙古（NM）、陕西（SN）、甘肃（GS）、青海（QH）、新疆（XJ）、四川（SC）、西藏（XZ）；欧亚温带。

王云章 1951；戴芳澜 1979；田泽君等 1980；尚衍重和裴明浩 1984；Zhuang 1986a，1989b，1999；Zhuang & Wei 1994，2005；曹支敏等 1996；Cao 2000a；Tian et al. 2003；刘铁志等 2006；Zhuang & Wang 2006；赵震宇和郭庆元 2012；Xu et al. 2013。

灰胡杨栅锈菌

Melampsora pruinosae Tranzschel, in Tranzschel & Serebrianikow, Mycotheca Rossica no. 265. 1912.

陕西（SN）、宁夏（NX）、甘肃（GS）、新疆（XJ）；俄罗斯；中亚、欧洲。

赵震宇 1980；Zhuang 1989b；王生荣 1997；Tian et al. 2003；Zhuang & Wei 2005；赵震宇和郭庆元 2012；Xu et al. 2013。

茶藨蒿柳栅锈菌

Melampsora ribesii-viminalis Kleb., Pringsheims Jb. Wissenschaftl. Botanik 34: 363. 1900.

黑龙江（HL）、内蒙古（NM）；欧亚温带。

Zhuang & Wei 2002b。

蓖麻栅锈菌

Melampsora ricini Pass. ex E.A. Noronha, Agron. Lusit. 14: 229, 242. 1952.

四川（SC）、云南（YN）、台湾（TW）；南亚、南欧、非洲。

王云章 1951；戴芳澜 1979；臧穆等 1996；Zhuang & Wei 2001b。

白柳栅锈菌

Melampsora salicis-albae Kleb., Pringsheims Jb. Wissenschaftl. Botanik 35: 679. 1901.

Melampsora allii-salicis-albae Kleb., Z. PflKrankh. PflSchutz 12: 19. 1902.

山西（SX）、陕西（SN）、甘肃（GS）、新疆（XJ）、四川（SC）、西藏（XZ）；欧亚温带。

王云章 1951；戴芳澜 1979；Zhuang 1989b；李晓虹和刘德容 1995；魏淑霞和庄剑云 1997；Zhuang & Wei 2005；Zhuang & Wang 2006；赵震宇和郭庆元 2012；Xu et al. 2013。

云南柳栅锈菌

Melampsora salicis-cavaleriei F.L. Tai, Farlowia 3: 102. 1947.

四川（SC）、云南（YN）、西藏（XZ）。

王云章 1951；戴芳澜 1979。

沃氏柳栅锈菌

Melampsora salicis-warburgii Sawada, Dept. Agric. Gov. Res. Inst. Formosa, Rept. 51: 47. 1931.

台湾（TW）。

戴芳澜 1979。

圣约翰尼斯栅锈菌

Melampsora sancti-johannis Barclay, Journal of the Asiatic Society of Bengal 59 (2): 84. 1890.

西藏（XZ）；印度、尼泊尔。

Zhuang 1986a。

六月雪栅锈菌

Melampsora serissicola Y.Z. Shang, R.X. Li & D.S. Wang, Acta Mycol. Sin. 9 (2): 109. 1990.

内蒙古（NM）。

尚衍重等 1990。

狼毒栅锈菌

Melampsora stellerae Teich, Bull. de l'Univ. de l'Asiae Centrale 19: 181. 1934.

内蒙古（NM）、陕西（SN）、宁夏（NX）、青海（QH）、四川（SC）、西藏（XZ）；俄罗斯（西伯利亚）；中亚。

王云章 1951；戴芳澜 1979；王云章和臧穆 1983；Zhuang & Wei 2003，2005；刘铁志等 2006。

秦岭栅锈菌

Melampsora tsinlingensis Z.M. Cao & J.Y. Zhuang, in Cao, Li & Zhuang, Mycosystema 19 (1): 19. 2000.

陕西（SN）。

Cao et al. 2000a；Zhuang & Wei 2005。

北海道栅锈菌

Melampsora yezoensis Miyabe & T. Matsumoto, Trans. Sapporo Nat. Hist. Soc. 6 (1): 29. 1915.

陕西（SN）、四川（SC）、重庆（CQ）、福建（FJ）；日本。

王云章 1951；戴芳澜 1979；Zhuang 1983；臧穆等 1996；Zhang et al. 1997；Cao et al. 2000a；Zhuang & Wei 2005。

吉永栅锈菌

Melampsora yoshinagai Henn., Hedwigia 42 (Beibl.): 108. 1903.

甘肃（GS）、西藏（XZ）、福建（FJ）、台湾（TW）、广西（GX）；日本、尼泊尔、菲律宾。

王云章 1951；邓叔群 1963；戴芳澜 1979；Zhuang 1983；Zhuang & Wei 1994，1999a，2001a，2005；Zhuang & Wang 2006。

小内格尔锈菌科 Mikronegeriaceae Cummins & Y. Hirats.

囊孢锈菌属

Blastospora Dietel, Annls. Mycol. 6 (3): 222. 1908.

伊藤囊孢锈菌

Blastospora itoana Togashi & Onuma, Bot. Mag. Tokyo 45: 6 (extr.). 1931.

陕西（SN）、甘肃（GS）、四川（SC）、西藏（XZ）、台湾（TW）；日本、尼泊尔。

戴芳澜 1979；谌谟美 1979；王云章和臧穆 1983；Zhuang & Wei 1994，2005；曹支敏等 1996；Cao 2000a；Zhang et al. 1997。

菝葜囊孢锈菌

Blastospora smilacis Dietel, Annls. Mycol. 6 (3): 223. 1908.

Caeoma makinoi Kusano, Bot. Mag. Tokyo 17: 15. 1903.

吉林（JL）、辽宁（LN）、陕西（SN）、江西（JX）、云南（YN）、西藏（XZ）。

王云章 1951；戴芳澜 1979；王云章和臧穆 1983；Cao et al. 2000a；Zhuang & Wei 2005。

层锈菌科 **Phakopsoraceae** Cummins & Hirats. f.

蜡锈菌属

Cerotelium Arthur, Bull. Torrey Bot. Club 33: 30. 1906.

刀豆蜡锈菌

Cerotelium canavaliae Arthur, Bull. Torrey Bot. Club 33: 30. 1906.

Dietelia canavaliae (Arthur) P. Syd. & Syd., Monographia Uredinearum 3: 525. 1915.

台湾（TW）；刚果（金）、刚果（布）、波多黎各。

Zhuang & Wei 2001b。

榕蜡锈菌

Cerotelium fici (E.J. Butler) Arthur ex Cummins, Supplement to Arthur's Manual of the Rust in United States and Canada p. 2A. 1962.

Uredo fici Castagne, Pl. Crypt. Nord France 3 Edn 34: no. 1662. 1848.

Kuehneola fici E.J. Butler, Annls. Mycol. 12: 76. 1914.

Cerotelium fici (Castagne) Arthur, Bull. Torrey Bot. Club 44: 509. 1917.

云南（YN）、台湾（TW）、广西（GX）、香港（HK）；世界热带。

王云章 1951；Zhuang & Wei 1999a，2001。

奇异蜡锈菌

Cerotelium peregrinum (Syd., P. Syd. & E.J. Butler) Arthur, Bull. Torrey Bot. Club 44: 510. 1917.

Kuehneola peregrina P. Syd. & Syd. & E.J. Butler, in Sydow & Sydow, Monogr. Uredin. 3 (2): 322. 1914.

云南（YN）；印度。

Zhuang & Wei 2012。

桶孢锈菌属

Crossopsora Syd. & P. Syd., Annls. Mycol. 16: 243. 1918.

五月茶桶孢锈菌

Crossopsora antidesmae-dioicae Arthur & Cummins, Philipp. J. Sci. 61: 474. 1936.

Cronartium antidesmae-dioicae Syd. & P. Syd., Annls. Mycol. 14: 259. 1916.

福建（FJ）；印度尼西亚、日本、菲律宾、琉球群岛。

王云章 1951；邓叔群 1963；戴芳澜 1979。

野桐桶孢锈菌

Crossopsora malloti (Racib.) Cummins, Mycologia 32: 372. 1940.

西藏（XZ）、台湾（TW）；印度尼西亚、菲律宾、巴布亚新几内亚。

Zhuang & Wei 2001b。

豆腐柴桶孢锈菌

Crossopsora premnae (Petch) P. Syd. & Syd., Annls. Mycol.

16: 243. 1918.

Cronartium premnae Petch, Ann. Roy. Bot. Gard. Peradeniya 5: 240. 1912.

台湾（TW）；日本、斯里兰卡。

戴芳澜 1979；Zhuang & Wei 2001b。

泽田桶孢锈菌

Crossopsora sawadae (Syd. & P. Syd.) Arthur & Cummins, Philipp. J. Sci. 61: 473. 1936.

Cronartium sawadae Syd. & P. Syd., Annls. Mycol. 12: 109. 1914.

台湾（TW）；菲律宾。

王云章 1951；戴芳澜 1979；Zhuang & Wei 2001b。

垫锈菌属

Dasturella Mundk. & Khesw., Mycologia 35: 202. 1943.

神奇垫锈菌

Dasturella divina (Syd.) Mundk. & Khesw., Mycologia 35: 203. 1943.

Angiopsora divina Syd., Annls. Mycol. 34: 71. 1936.

台湾（TW）、海南（HI）；亚洲热带。

王云章 1951；Chen et al. 1980；Zhuang & Wei 2001b。

桂玲锈菌属

Kweilingia Teng, Sinensia 11: 124. 1940.

簕竹桂玲锈菌

Kweilingia bambusae (Teng) Teng, Sinensia 11: 124. 1940.

Chrysomyxa bambusae Teng, Sinensia 9: 226. 1938.

广西（GX）、海南（HI）。

王云章 1951；邓叔群 1963；戴芳澜 1979；Zhuang & Wei 2001b。

异内锈菌属

Monosporidium Barclay, J. Asiat. Soc. Bengal, Pt. 2, Nat. Hist. 56: 367. 1887.

雀儿舌头异内锈菌

Monosporidium andrachnis Barclay, J. Asiat. Soc. Bengal, Pt. 2, Nat. Hist. 56: 371. 1887.

西藏（XZ）；印度。

王云章和臧穆 1983；Zhuang 1986a。

润楠异内锈菌

Monosporidium machili (Henn.) T. Sato, Fourth International Mycological Congress Abstracts p. 51. 1990.

Aecidium machili Henn., Hedwigia 41 (Beibl.): 21. 1902.

陕西（SN）、甘肃（GS）、湖北（HB）、四川（SC）、云南（YN）、西藏（XZ）、福建（FJ）、广西（GX）、海南（HI）；日本、菲律宾。

Zhuang 1983，1986a；臧穆等 1996；魏淑霞和庄剑云 1997；Zhuang & Wei 1999a，2005；曹支敏等 1996；Cao 2000a；Zhang et al. 1997；Zhuang & Wang 2006。

假伞锈菌属

Nothoravenelia Dietel, Annls. Mycol. 8 (3): 310. 1910.

日本假伞锈菌

Nothoravenelia japonica Dietel, Annls. Mycol. 8 (3): 310. 1910.

黑龙江（HL）、吉林（JL）、辽宁（LN）、河北（HEB）、北京（BJ）、江西（JX）、湖南（HN）、福建（FJ）；日本、俄罗斯、朝鲜半岛。

王云章 1951；戴芳澜 1979；Zhuang 1983；小五台山菌物科学考察队 1997。

层锈菌属

Phakopsora Dietel, Ber. Dt. Bot. Ges. 13: 333. 1895.

蛇葡萄层锈菌

Phakopsora ampelopsidis Dietel & P. Syd., in Dietel, Hedwigia 37: 217. 1898.

Physopella ampelopsidis (Dietel & P. Syd.) Cummins & Ramachar, Mycologia 50: 742. 1958.

陕西（SN）、甘肃（GS）、安徽（AH）、湖北（HB）、四川（SC）、重庆（CQ）、贵州（GZ）、云南（YN）、西藏（XZ）、福建（FJ）、台湾（TW）、广东（GD）、广西（GX）、海南（HI）；亚洲、美洲热带和亚热带。

王云章 1951；戴芳澜 1979；王云章和臧穆 1983；Zhuang 1983，1986a；郭林 1989；Zhuang & Wei 1994，2001a，2005；魏淑霞和庄剑云 1997；Zhang et al. 1997；Zhuang & Wang 2006。

蒿层锈菌

Phakopsora artemisiae Hirats. f., J. Jap. Bot. 3: 298. 1927.

陕西（SN）、宁夏（NX）、安徽（AH）、江苏（JS）、江西（JX）、贵州（GZ）、云南（YN）、西藏（XZ）、福建（FJ）、台湾（TW）；日本、俄罗斯。

王云章 1951；戴芳澜 1979；Zhuang 1983，1986a；Zhuang & Wei 1994，2005；魏淑霞和庄剑云 1997；Cao et al. 2000a。

刺果藤层锈菌

Phakopsora byttneriae Cummins & Jørst., in Jørstad, Ark. Bot. Ser. 2 3: 592. 1956.

海南（HI）；马达加斯加。

Zhuang & Wei 2001b。

周氏层锈菌

Phakopsora cheoana Cummins, Mycologia 42: 784. 1950.

贵州（GZ）。

王云章 1951；戴芳澜 1979。

围层锈菌

Phakopsora cingens (Syd. & P. Syd.) Hirats. f., Bot. Mag.

Tokyo 50: 2. 1936.
Melampsora cingens Syd. & P. Syd., Annls. Mycol. 9 (2): 143. 1911.
台湾（TW）、广东（GD）、广西（GX）、海南（HI）、香港（HK）；印度、印度尼西亚、菲律宾。
王云章 1951；戴芳澜 1979；Zhuang & Wei 1999a，2001。

菊层锈菌

Phakopsora compositarum T. Miyake, Bot. Mag. Tokyo 27: 43. 1913.
河北（HEB）、北京（BJ）、陕西（SN）、四川（SC）、重庆（CQ）。
王云章 1951；戴芳澜 1979；魏淑霞和庄剑云 1997；Zhang et al. 1997；Cao et al. 2000a；Zhuang & Wei 2005。

扁平层锈菌

Phakopsora compressa (Mains) Buriticá & J.F. Hennen, in Buriticá, Revta ICNE Instit. Cienc. Nat. Ecol. 5 (2): 179. 1994.
Angiopsora compressa Mains, Mycologia 26: 129. 1934.
Physopella compressa (Mains) Cummins & Ramachar, Mycologia 50: 742. 1959.
台湾（TW）、海南（HI）；美洲热带。
Zhuang & Wei 2001b。

厚壳树层锈菌

Phakopsora ehretiae Hirats., Bot. Mag. Tokyo 14: 93. 1900.
Schroeteriaster ehretiae Syd., P. Syd. & Butler, Annls. Mycol. 10 (3): 270. 1912.
福建（FJ）、台湾（TW）；印度、印度尼西亚、日本、巴布亚新几内亚。
王云章 1951；戴芳澜 1979；Zhuang 1983；Zhuang & Wei 2001b。

地胆草层锈菌

Phakopsora elephantopi Hirats. f., Bot. Mag. Tokyo 49: 854. 1935. (as "*elephantopodis*")
台湾（TW）、海南（HI）；斯里兰卡。
王云章 1951；戴芳澜 1979；Zhuang & Wei 2001b。

真葡萄层锈菌

Phakopsora euvitis Y. Ono, Mycologia 92 (1): 160. 2000.
Aecidium meliosmae-myrianthae Henn. & Shirai, in Hennings, Bot. Jb. 28 (3): 265. 1901.
安徽（AH）、江苏（JS）、贵州（GZ）、福建（FJ）、台湾（TW）、广西（GX）、香港（HK）；美国；亚洲（东部和东南部）。
王云章 1951；邓叔群 1963；戴芳澜 1979。

直立榕层锈菌

Phakopsora fici-erectae S. Ito & Y. Otani ex S. Ito & Muray., Trans. Sapporo Nat. Hist. Soc. 18 (3-4): 85. 1949.
江西（JX）、福建（FJ）、台湾（TW）；世界热带、亚热带。
王云章 1951；戴芳澜 1979；Zhuang 1983；Zhuang & Wei 2001b。

台湾层锈菌

Phakopsora formosana Syd. & P. Syd., Annls. Mycol. 12 (2): 109. 1914.
西藏（XZ）、台湾（TW）、广西（GX）；印度、菲律宾、巴布亚新几内亚、琉球群岛。
王云章 1951；邓叔群 1963；戴芳澜 1979；Zhuang & Wei 2001b。

算盘子层锈菌

Phakopsora glochidii (Syd. & P. Syd.) Arthur, Bull. Torrey Bot. Club 44: 508. 1917.
Schroeteriaster glochidii Syd. & P. Syd., Annls. Mycol. 12 (2): 108. 1914.
云南（YN）、台湾（TW）；日本、菲律宾。
王云章 1951；戴芳澜 1979。

棉层锈菌

Phakopsora gossypii (Arthur) Hirats. f., Uredinological Studies p. 266. 1955.
Cerotelium gossypii Arthur, Bull. Torrey Bot. Club 44: 510. 1917.
云南（YN）、台湾（TW）、广东（GD）、广西（GX）、海南（HI）；亚洲热带、美洲热带。
王云章 1951；戴芳澜 1979；Zhuang & Wei 1999a，2001。

扁担杆层锈菌

Phakopsora grewiae Cummins, Bull. Torrey Bot. Club 72: 206. 1945.
Uredo grewiae Pat. & Hariot, J. Bot. 14: 237. 1900.
陕西（SN）、湖北（HB）、四川（SC）、云南（YN）、台湾（TW）、广西（GX）；亚洲热带和亚热带、非洲热带。
王云章 1951；戴芳澜 1979；魏淑霞和庄剑云 1997；Zhang et al. 1997；Zhuang & Wei 1999a，2005。

汉氏层锈菌

Phakopsora handsfordii Cummins, Bull. Torrey Bot. Club 70: 523. 1943.
广西（GX）、海南（HI）；非洲热带。
Zhuang & Wei 2001b。

不全层锈菌

Phakopsora incompleta (Syd. & P. Syd.) Cummins, Mycologia 42 (6): 786. 1950.
Puccinia incompleta Syd. & P. Syd., Annls. Mycol. 10 (3): 261. 1912.
贵州（GZ）、福建（FJ）、台湾（TW）、广东（GD）、广西（GX）、海南（HI）、香港（HK）；亚洲热带、非洲热带。
王云章 1951；戴芳澜 1979；王云章和魏淑霞 1983；Zhuang 1983；Zhuang & Wei 2001b。

伊藤层锈菌

Phakopsora itoana Hirats. f. & Tanaka, in Hiratsuka, Bot. Mag. Tokyo 42: 503. 1928.

湖北（HB）；日本。

郭林 1989。

木姜子层锈菌

Phakopsora litseae J.Y. Zhuang, Acta Mycol. Sin. 5 (2): 78. 1986.

西藏（XZ）。

Zhuang 1986a。

野桐层锈菌

Phakopsora malloti Cummins, Mycologia 42 (6): 783. 1950.

贵州（GZ）、台湾（TW）。

王云章 1951；戴芳澜 1979。

曼加洛尔层锈菌

Phakopsora mangalorica T.S. Ramakr. & Sundaram, in Ramakrishnan, Proc. Indian Acad. Sci. Sect. B 35: 118. 1952.

Uredo desmodii-pulchelli Syd. & P. Syd., Österr. Bot. Z. 52: 184. 1902.

台湾（TW）、广东（GD）；亚洲热带。

王云章 1951；戴芳澜 1979；Zhuang & Wei 2001b。

泡花树层锈菌

Phakopsora meliosmae Kusano, Bot. Mag. Tokyo 18: 148. 1904.

Physopella meliosmae (Kusano) Cummins & Ramachar, Mycologia 50: 743. 1958.

陕西（SN）、安徽（AH）、湖北（HB）、四川（SC）、贵州（GZ）、西藏（XZ）、台湾（TW）、海南（HI）；日本。

王云章 1951；戴芳澜 1979；Zhuang 1986a；郭林 1989；Zhuang & Wei 1994，2005；臧穆等 1996；Zhang et al. 1997；Cao et al. 2000a。

西田层锈菌

Phakopsora nishidana S. Ito, in Ito & Homma, Trans. Sapporo Nat. Hist. Soc. 15: 117. 1938.

陕西（SN）、江西（JX）、湖南（HN）、贵州（GZ）、福建（FJ）、台湾（TW）、海南（HI）；世界热带和亚热带。

王云章 1951；戴芳澜 1979；Zhuang 1983；魏淑霞和庄剑云 1997；Zhuang & Wei 2005。

豆薯层锈菌

Phakopsora pachyrhizi Syd. & P. Syd., Annls. Mycol. 12 (2): 108. 1914.

Uromyces sojae (Henn.) Syd. & P. Syd., in Sydow, Sydow & Butler, Annls mycol. 4(5): 429. 1906.

吉林（JL）、河北（HEB）、河南（HEN）、陕西（SN）、甘肃（GS）、安徽（AH）、浙江（ZJ）、江西（JX）、湖南（HN）、四川（SC）、贵州（GZ）、云南（YN）、西藏（XZ）、福建（FJ）、台湾（TW）、广东（GD）、广西（GX）；日本、俄罗斯；亚洲、非洲热带和亚热带、大洋洲。

王云章 1951；戴芳澜 1979；Zhuang 1983，1986a；臧穆等 1996；魏淑霞和庄剑云 1997；Zhang et al. 1997；Zhuang & Wei 2005；Zhuang & Wang 2006。

叶下珠层锈菌

Phakopsora phyllanthi Dietel, Annls. Mycol. 8: 469. 1910.

台湾（TW）、海南（HI）；印度、菲律宾。

Zhuang & Wei 2001b。

点状层锈菌

Phakopsora punctiformis (Barclay & Dietel) Dietel, Ber. Deutsch. Bot. Ges. 13: 333. 1895.

Melampsora punctiformis Barclay & Dietel, Hedwigia 29: 267. 1890.

贵州（GZ）、云南（YN）；印度。

王云章 1951；戴芳澜 1979。

被覆层锈菌

Phakopsora tecta H.S. Jacks. & Holw., in Jackson, Mycologia 18 (4): 148. 1926.

台湾（TW）、广东（GD）、广西（GX）、海南（HI）、香港（HK）；亚洲热带、南美洲热带。

王云章 1951；戴芳澜 1979；Zhuang & Wei 1999a，2001。

葡萄层锈菌

Phakopsora vitis P. Syd., Hedwigia 38 (Beibl.): 141. 1899.

Phakopsora ampelopsidis auct. non Dietel & P. Syd., in Liou & Wang, Contr. Inst. Bot. Natl. Acad. Peiping 3: 403. 1935.

Physopella ampelopsidis auct. non Cummins & Ramachar: Zhuang, Acta Mycol. Sin. 5: 78. 1986.

安徽（AH）、西藏（XZ）、台湾（TW）、香港（HK）；亚洲热带和亚热带。

王云章 1951；Zhuang 1986a。

枣层锈菌

Phakopsora zizyphi-vulgaris Dietel, Annls. Mycol. 8 (3): 469. 1910.

河北（HEB）、北京（BJ）、山东（SD）、陕西（SN）、甘肃（GS）、安徽（AH）、江苏（JS）、湖北（HB）、四川（SC）、贵州（GZ）、云南（YN）、台湾（TW）、广西（GX）。

王云章 1951；邓叔群 1963；戴芳澜 1979；魏淑霞和庄剑云 1997；曹支敏等 1996；Cao 2000a；Zhuang & Wei 2001b，2005；Zhuang & Wang 2006。

壳锈菌属

Physopella Arthur, Résult. Sci. Congr. Bot. Wien 1905: 338. 1906.

克莱门斯壳锈菌

Physopella clemensiae (Arthur & Cummins) Cummins &

Ramachar, Mycologia 50: 742. 1959.

Angiopsora clemensiae Arthur & Cummins, Philipp. J. Sci. 59: 438. 1936.

台湾（TW）、海南（HI）；印度、菲律宾。

Zhuang & Wei 2001b。

马唐壳锈菌

Physopella digitariae (Cummins) Cummins & Ramachar, Mycologia 50: 742. 1958.

Angiopsora digitariae Cummins, Bull. Torrey Bot. Club 83: 222. 1956.

台湾（TW）。

戴芳澜 1979；王云章和魏淑霞 1983。

平塚壳锈菌

Physopella hiratsukae (Syd.) Cummins & Ramachar, Mycologia 50: 742. 1958.

Angiopsora hiratsukae Syd., Annls. Mycol. 34: 70. 1936.

台湾（TW）。

王云章 1951；戴芳澜 1979。

两型锈菌属

Pucciniostele Tranzschel & Kom., Trudy S. Petersb. Obschch. Est. Otd. Bot. 30: 138. 1899.

克拉克两型锈菌

Pucciniostele clarkiana (Barclay) Dietel, Bot. Jb. 27: 564. 1899.

陕西（SN）、安徽（AH）、湖北（HB）、云南（YN）、西藏（XZ）；印度、日本。

王云章 1951；戴芳澜 1979；Zhuang 1986a；郭林 1989；Zhuang & Wei 1994，2001a，2005；臧穆等 1996；魏淑霞和庄剑云 1997。

东北两型锈菌

Pucciniostele mandshurica Dietel, Annls. Mycol. 2 (1): 21. 1904.

黑龙江（HL）、吉林（JL）、河北（HEB）、陕西（SN）、湖北（HB）、四川（SC）；日本、俄罗斯、朝鲜半岛。

王云章 1951；戴芳澜 1979；杜复等 1983；郭林 1989；臧穆等 1996；Zhang et al. 1997；Zhuang & Wei 2005。

梯孢锈菌属

Scalarispora Buriticá & J.F. Hennen, Revta Acad. Colomb. Cienc. Exact. Fís. Nat. 19 (no. 72): 61. 1994.

桥冈梯孢锈菌

Scalarispora hashiokai (Hirats. f.) Buriticá & J.F. Hennen, Revta Acad. Colomb. Cienc. Exact. Fís. Nat. 19 (no. 72): 61. 1994.

Cerotelium hashiokai Hirats. f., J. Jap. Bot. 13: 248. 1937.

Pucciniostele hashiokai (Hirats. f.) Cummins, Mycologia 42 (6): 790. 1950.

贵州（GZ）、福建（FJ）、台湾（TW）、广西（GX）；日本。

王云章 1951；戴芳澜 1979；Zhuang 1983。

多胞锈菌科 Phragmidiaceae Corda

白单胞锈菌属

Gerwasia Racib., Bull. Int. Acad. Sci. Lett. Cracovie C.R. Séanc. Ann. 1909: 270. 1909.

蔷薇白单胞锈菌

Gerwasia rosae F.L. Tai, Farlowia 3: 103. 1947.

安徽（AH）、湖南（HN）、湖北（HB）、贵州（GZ）、云南（YN）、福建（FJ）、广西（GX）。

Zhuang 1983；庄剑云等 2012。

悬钩子白单胞锈菌

Gerwasia rubi Racib., Bull. Int. Acad. Sci. Lett. Cracovie Cl. Sci. Math. Nat. Sér. B, Sci. Nat. 3: 271. 1909.

江西（JX）、湖南（HN）、四川（SC）、贵州（GZ）、云南（YN）、西藏（XZ）、福建（FJ）、台湾（TW）、广东（GD）、广西（GX）、海南（HI）；印度尼西亚、日本、尼泊尔、菲律宾。

Zhuang 1983；Zhuang & Wei 1999a；庄剑云等 2012。

裸双胞锈菌属

Gymnoconia Lagerh., Tomsø Mus. Aarsh. 16: 140. 1894.

悬钩子裸双胞锈菌多疣变种

Gymnoconia peckiana var. **verrucosa** (N. Zhang) J.Y. Zhuang & S.X. Wei, in W.Y. Zhuang, Fungi of Northwestern China p. 242. 2005.

Puccinia peckiana Howe, in Peck, Rep. (Ann.) N.Y. St. Mus. Nat. Hist. 25: 114. 1873.

Arthuriomyces peckianus var. *verrucosus* N. Zhang, in Zhang et al., Mycotaxon 61: 52. 1997.

陕西（SN）、宁夏（NX）。

Zhang et al. 1997；Cao et al. 2000a；庄剑云等 2012。

戟孢锈菌属

Hamaspora Körn., Hedwigia 16: 22. 1877.

极尖戟孢锈菌

Hamaspora acutissima P. Syd. & Syd., Monogr. Uredin. 3 (1): 80. 1912.

江西（JX）、贵州（GZ）、云南（YN）、福建（FJ）、台湾（TW）、广西（GX）、海南（HI）；印度尼西亚、菲律宾、澳大利亚。

Teng 1939；王云章 1951；戴芳澜 1979；Zhuang 1983；Zhuang & Wei 2005；庄剑云等 2012。

本格特戟孢锈菌

Hamaspora benguetensis Syd. apud Syd. & Petrak, Ann. Mycol. 29: 158. 1931.

安徽（AH）、四川（SC）、贵州（GZ）、云南（YN）、西藏（XZ）、福建（FJ）、台湾（TW）、广东（GD）、海南（HI）；菲律宾。

王云章 1951；戴芳澜 1979；臧穆等 1996；Zhuang & Wei 2001b；庄剑云等 2012。

桥冈戟孢锈菌

Hamaspora hashiokai Hirats. f., in Hiratsuka & Hashioki, Bot. Mag. Tokyo 49: 521. 1935.

重庆（CQ）、台湾（TW）。

王云章 1951；戴芳澜 1979；Zhang et al. 1997；Zhuang & Wei 2001b；庄剑云等 2012。

尼泊尔戟孢锈菌

Hamaspora nepalensis Durrieu, Mycotaxon 2 (1): 206. 1975.

西藏（XZ）；尼泊尔。

庄剑云等 2012。

中国戟孢锈菌

Hamaspora sinica F.L. Tai & C.C. Cheo, Bull. Chin. Bot. Soc. 3: 54. 1937.

湖南（HN）、四川（SC）、贵州（GZ）、福建（FJ）。

王云章 1951；戴芳澜 1979；Zhuang 1983；庄剑云等 2012。

平良戟孢锈菌

Hamaspora tairai Hirats. f., Jubilee Publication in Commemoration of the Sixtieth Birthdays of Prof. Tochinai and Prof. Fukushi p. 131. 1955.

湖北（HB）。

戴芳澜 1979；庄剑云等 2012。

台湾戟孢锈菌

Hamaspora taiwaniana Hirats. f. & Hashioka, J. Tokyo Agric. Coll. 4: 199. 1935.

台湾（TW）。

王云章 1951；戴芳澜 1979；Zhuang & Wei 2001b；庄剑云等 2012。

无眠多胞锈菌属

Kuehneola Magnus, Bot. Zbl. 74: 169. 1898.

奇异无眠多胞锈菌

Kuehneola aliena P. Syd. & Syd. & E.J. Butler, in Sydow & Sydow, Monogr. Uredin. 3 (2): 322. 1914.

海南（HI）；印度、斯里兰卡。

Zhuang & Wei 2001b；庄剑云等 2012。

紫珠无眠多胞锈菌

Kuehneola callicarpae Syd., Annls. Mycol. 26 (5/6): 420. 1928.

陕西（SN）、浙江（ZJ）、福建（FJ）、广东（GD）、广西（GX）；日本、菲律宾。

王云章 1951；戴芳澜 1979；Zhuang 1983；曹支敏等 1996；Cao 2000a；Zhuang & Wei 1999a，2005；庄剑云等 2012。

日本无眠多胞锈菌

Kuehneola japonica (Dietel) Dietel, Annls. Mycol. 10 (2): 205. 1912.

Phragmidium japonicum Dietel, Bot. Jb. 27 (4): 567. 1899.

福建（FJ）、台湾（TW）；日本。

王云章 1951；戴芳澜 1979；Zhuang 1983；庄剑云等 2012。

锦葵生无眠多胞锈菌

Kuehneola malvicola Arthur, N. Amer. Fl. 7 (3): 187. 1912.

台湾（TW）；美洲热带。

王云章 1951；戴芳澜 1979；庄剑云等 2012。

沃氏无眠多胞锈菌

Kuehneola warburgiana (Henn.) Y. Ono, Mycotaxon 121: 208. 2012.

Caeoma warburgiana Henn., in Warburg, Monsunia 1: 4. 1899.

Caeoma rosae-bracteatae Sawada, Report of the Department of Agriculture, Government Research Institute of Formosa 86: 131. 1943.

浙江（ZJ）、福建（FJ）。

Ono 2012。

多胞锈菌属

Phragmidium Link, Mag. Gesell. Naturf. Freunde, Berlin 7: 30. 1816.

尖头多胞锈菌

Phragmidium acuminatum (Fr.) Cooke, Handbook of British Fungi p. 490. 1871.

Aregma acuminata Fr., Observ. Mycol. 1: 226. 1815.

内蒙古（NM）、新疆（XJ）；欧亚大陆（北部）。

Zhuang 1989a；Zhuang & Wei 2005；庄剑云等 2012。

安德森多胞锈菌

Phragmidium andersonii Shear, Bull. Torrey Bot. Club 29: 453. 1902.

内蒙古（NM）、甘肃（GS）、青海（QH）、新疆（XJ）、四川（SC）、西藏（XZ）；北温带。

Wei 1988；Zhuang & Wei 2005；庄剑云等 2012；Xu et al. 2013。

北极多胞锈菌

Phragmidium arcticum Lagerh. ex Liro, Bidr. Känned. Finl. Nat. Folk 65: 419. 1908.

内蒙古（NM）、甘肃（GS）；北温带（北部）。

魏淑霞和庄剑云 1997；Zhuang & Wei 2005；庄剑云等 2012。

阿里山多胞锈菌

Phragmidium arisanense Hirats. f. & Hashioka, Trans. Sapporo Nat. Hist. Soc. 13 (2-3): 137. 1934.

陕西（SN）、台湾（TW）。

Chen 1980；Wei 1988；Cao et al. 2000a；魏淑霞和庄剑云 1997；Zhuang & Wei 2001b，2005；庄剑云等 2012。

巴克利多胞锈菌

Phragmidium barclayi Dietel, Hedwigia 29: 264. 1890.

西藏（XZ），喜马拉雅山脉。

Zhuang & Wei 1994；庄剑云等 2012。

短柄多胞锈菌

Phragmidium brevipedicellatum Hirats. f., Trans. Sapporo Nat. Hist. Soc. 13 (3): 135. 1934.

吉林（JL）、河南（HEN）、陕西（SN）、甘肃（GS）、青海（QH）、新疆（XJ）、云南（YN）；日本。

王云章 1951；戴芳澜 1979；Wei 1988；Zhuang & Wei 2005；庄剑云等 2012。

鳞茎状多胞锈菌

Phragmidium bulbosum (Fr.) Schltdl., Fl. Berol. 2: 156. 1824.

Phragmidium rubi (Pers.) G. Winter, Pilze Deutschl. 1: 230. 1884.

Aregma bulbosum Fr., Syst. Mycol. 3 (2): 497. 1832.

Puccinia mucronata β rubi Pers., Syn. Meth. Fung. 1: 230. 1801.

新疆（XJ）；欧洲、北非至中亚。

Zhuang 1989a；Zhuang & Wei 2005；庄剑云等 2012；Xu et al. 2013。

巴特勒多胞锈菌

Phragmidium butleri Syd. & P. Syd., Annls. Mycol. 5 (6): 501. 1907.

西藏（XZ），喜马拉雅山脉。

Zhuang 1986a；Wei 1988；Zhuang & Wei 1994；庄剑云等 2012。

朝鲜悬钩子多胞锈菌

Phragmidium coreanum L. Guo, in Anon., Fungi and Lichens of Shennongjia. Mycological and Lichenological Expedition to Shennongjia p. 121. 1989.

陕西（SN）、浙江（ZJ）、湖南（HN）、湖北（HB）、四川（SC）、重庆（CQ）、贵州（GZ）、云南（YN）。

Cao et al. 2000a；庄剑云等 2012。

台湾多胞锈菌

Phragmidium formosanum Hirats. f, Jap. J. Bot. 7: 274. 1935.

台湾（TW）。

王云章 1951；戴芳澜 1979；庄剑云等 2012。

纺锤状多胞锈菌

Phragmidium fusiforme J. Schröt., Abh. Schles. Ges. Vaterl. Kult. Abth. Naturwiss. 48: 24. 1870.

黑龙江（HL）、吉林（JL）、内蒙古（NM）、陕西（SN）、甘肃（GS）、新疆（XJ）、湖北（HB）、四川（SC）、重庆（CQ）、西藏（XZ）；北温带。

Zhuang 1986a，1989b；Wei 1988；Zhang et al. 1997；Zhuang & Wei 2005；刘铁志等 2006；Zhuang & Wang 2006；Xu et al. 2013。

灰色多胞锈菌

Phragmidium griseum Dietel, Bot. Jb. 32: 49. 1903.

黑龙江（HL）、吉林（JL）、辽宁（LN）、内蒙古（NM）、河北（HEB）、北京（BJ）、山西（SX）、陕西（SN）、宁夏（NX）、湖北（HB）、西藏（XZ）、台湾（TW）；日本、俄罗斯、朝鲜半岛。

王云章 1951；戴芳澜 1979；Wei 1988；Zhuang & Wei 2001b，2005；刘铁志等 2006；庄剑云等 2012。

汉德尔多胞锈菌

Phragmidium handelii Petr., Meddn Göteb. Bot. Trädg. 17: 121. 1947.

甘肃（GS）、湖北（HB）、云南（YN）。

王云章 1951；戴芳澜 1979；庄剑云等 2012。

桥冈多胞锈菌

Phragmidium hashiokai Hirats. f., in Hiratsuka & Hashioka, Trans. Tottori Soc. Agric. Sci. 5: 238. 1935.

台湾（TW）。

戴芳澜 1979；Wei 1988；庄剑云等 2012。

喜马拉雅多胞锈菌

Phragmidium himalense J.Y. Zhuang, Acta Mycol. Sin. 5: 81. 1986.

西藏（XZ）。

Wei 1988；庄剑云等 2012。

平塚多胞锈菌

Phragmidium hiratsukanum S.X. Wei, Mycosystema 1: 201. 1988.

台湾（TW）；日本。

Wei 1988；庄剑云等 2012。

堪察加多胞锈菌

Phragmidium kamtschatkae (H.W. Anderson) Arthur & Cummins, Mycologia 25 (5): 401. 1933.

Puccinia kamtschatkae H.W. Anderson, J. Mycol. 6 (3): 125. 1891.

Teloconia kamtschatkae (H.W. Anderson) Hirats. f., Bot. Mag. Tokyo 57: 283. 1943.

新疆（XJ）；欧亚大陆（北部）。

王云章 1951；Wei 1988；Zhuang & Wei 2005；庄剑云等 2012；Xu et al. 2013。

漫山多胞锈菌

Phragmidium montivagum Arthur, Torreya 9: 24. 1909.

黑龙江（HL）、吉林（JL）、内蒙古（NM）、北京（BJ）、陕西（SN）、甘肃（GS）、青海（QH）、新疆（XJ）、西藏（XZ）；日本、俄罗斯、朝鲜半岛；北美洲。

王云章 1951；戴芳澜 1979；Wei 1988；Cao et al. 2000a；Zhuang & Wei 2005；Zhuang & Wang 2006；庄剑云等 2012；Xu et al. 2013。

短尖多胞锈菌

Phragmidium mucronatum (Pers.) Schltdl., Flora Berolinensis 2: 156. 1924.

内蒙古（NM）、北京（BJ）、山西（SX）、山东（SD）、陕西（SN）、甘肃（GS）、新疆（XJ）、江苏（JS）、湖北（HB）、四川（SC）、云南（YN）、西藏（XZ）；世界各地。

王云章 1951；戴芳澜 1979；Wei 1988；臧穆等 1996；魏淑霞和庄剑云 1997；Zhuang & Wei 2005；庄剑云等 2012。

多隔多胞锈菌

Phragmidium multiseptatum J.Y. Zhuang & S.X. Wei, Mycosystema 28 (5): 624. 2009.

四川（SC）。

Zhuang & Wei 2009b；庄剑云等 2012。

纳布多胞锈菌

Phragmidium nambuanum Dietel, Annls. Mycol. 6 (3): 227. 1908.

陕西（SN）、甘肃（GS）、浙江（ZJ）、湖北（HB）、四川（SC）、重庆（CQ）、云南（YN）、台湾（TW）；日本。

王云章 1951；戴芳澜 1979；Wei 1988；Cao et al. 2000a；Zhuang & Wei 2001b，2005；庄剑云等 2012。

八室多胞锈菌

Phragmidium octoloculare Barclay, J. Asiatic Soc. Bengal 60: 221. 1891.

西藏（XZ）；印度、尼泊尔。

Zhuang & Wei 2009a；庄剑云等 2012。

冲多胞锈菌

Phragmidium okianum Hara, Notes on Parasitic Fungi Collected in Korea and Manchuria p. 31. 1928.

吉林（JL）；日本。

王云章 1951；戴芳澜 1979；庄剑云等 2012。

乳突多胞锈菌

Phragmidium papillatum Dietel, Hedwigia 29: 25. 1890.

黑龙江（HL）、吉林（JL）、辽宁（LN）、内蒙古（NM）、河北（HEB）、北京（BJ）、山西（SX）、甘肃（GS）；日本、俄罗斯、朝鲜半岛。

王云章 1951；戴芳澜 1979；臧穆等 1996；Zhuang & Wei 2005；刘铁志等 2006；Zhuang & Wang 2006。

少室多胞锈菌

Phragmidium pauciloculare P. Syd. & Syd., Monogr. Uredin. 3 (1): 138. 1912.

山东（SD）、陕西（SN）、安徽（AH）、江苏（JS）、浙江（ZJ）、江西（JX）、湖南（HN）、四川（SC）、云南（YN）、台湾（TW）；日本、俄罗斯、朝鲜半岛。

王云章 1951；戴芳澜 1979；邓叔群 1963；Wei 1988；郭林 1989；臧穆等 1996；魏淑霞和庄剑云 1997；Cao et al. 2000a；Zhuang & Wei 2005；庄剑云等 2012。

委陵菜多胞锈菌

Phragmidium potentillae (Pers.) P. Karst., Bidr. Känn. Finl. Nat. Folk 31: 49. 1879.

Puccinia potentillae Pers., Syn. Meth. Fung. 1: 229. 1801.

黑龙江（HL）、吉林（JL）、辽宁（LN）、内蒙古（NM）、河北（HEB）、北京（BJ）、山西（SX）、山东（SD）、河南（HEN）、陕西（SN）、宁夏（NX）、甘肃（GS）、青海（QH）、新疆（XJ）、安徽（AH）、江苏（JS）、四川（SC）、云南（YN）、西藏（XZ）；北温带。

王云章 1951；戴芳澜 1979；Wei 1988；Zhuang & Wei 1994，2003，2005；Cao et al. 2000a；刘铁志等 2006；Zhuang & Wang 2006；庄剑云等 2012；Xu et al. 2013。

粗壮多胞锈菌

Phragmidium robustum J.Y. Zhuang & S.X. Wei, Mycosystema 28 (5): 625. 2009.

四川（SC）、云南（YN）。

Zhuang & Wei 2009a；庄剑云等 2012。

多花蔷薇多胞锈菌

Phragmidium rosae-multiflorae Dietel, Hedwigia 44: 132. 1905.

北京（BJ）、河南（HEN）、陕西（SN）、青海（QH）、新疆（XJ）、安徽（AH）、江苏（JS）、上海（SH）、浙江（ZJ）、江西（JX）、湖北（HB）、四川（SC）、重庆（CQ）、云南（YN）、福建（FJ）、台湾（TW）；日本。

王云章 1951；Teng 1939，1963；戴芳澜 1979；Zhuang 1983；Wei 1988；臧穆等 1996；魏淑霞和庄剑云 1997；Zhuang & Wei 2005；庄剑云等 2012。

峨眉蔷薇多胞锈菌

Phragmidium rosae-omeiensis S.X. Wei, Mycosystema 1: 194. 1988.

四川（SC）。

Wei 1988；庄剑云等 2012。

桉叶悬钩子多胞锈菌

Phragmidium rubi-eucalypti S.X. Wei, Mycosystema 1: 205. 1988.

四川（SC）。

Wei 1988；庄剑云等 2012。

覆盆子多胞锈菌

Phragmidium rubi-idaei (DC.) P. Karst., Bidr. Känn. Finl. Nat. Folk 31: 52. 1879.

Puccinia rubi-idaei DC., in de Candolle & Lamarck, Fl. Franç. Edn 3 5/6: 54. 1815.

黑龙江（HL）、陕西（SN）、新疆（XJ）；北温带。

Wei 1988；Zhuang 1989a；魏淑霞和庄剑云 1997；Zhuang & Wei 2005；庄剑云等 2012；Xu et al. 2013。

香莓多胞锈菌

Phragmidium rubi-oldhami Togashi & Y. Maki, in Hiratsuka, Trans. Sapporo Nat. Hist. Soc. 13 (3): 138. 1934.

陕西（SN）、甘肃（GS）、青海（QH）、湖北（HB）、四川（SC）、重庆（CQ）、西藏（XZ）；日本。

Zhuang & Wei 2009a；庄剑云等 2012。

锅莓多胞锈菌

Phragmidium rubi-thunbergii Kusano, Bot. Mag. Tokyo 18: 148. 1904.

浙江（ZJ）；日本。

王云章 1951；邓叔群 1963；戴芳澜 1979；Wei 1988；庄剑云等 2012。

陕西多胞锈菌

Phragmidium shensianum F.L. Tai & C.C. Cheo, Bull. Chin. Bot. Soc. 3: 57. 1937.

山西（SX）、河南（HEN）、陕西（SN）、甘肃（GS）、青海（QH）、新疆（XJ）。

戴芳澜 1979；魏淑霞和庄剑云 1997；曹支敏等 1996；Zhuang & Wei 2005；Zhuang & Wang 2006；庄剑云等 2012。

西康多胞锈菌

Phragmidium sikangense Petr., Meddn Göteb. Bot. Trädg. 17: 123. 1947.

四川（SC）。

王云章 1951；戴芳澜 1979；Wei 1988；庄剑云等 2012。

西藏多胞锈菌

Phragmidium tibeticum J.Y. Zhuang & S.X. Wei, Mycosystema 28 (5): 627. 2009.

西藏（XZ）。

Zhuang & Wei 2009a；庄剑云等 2012。

小瘤多胞锈菌

Phragmidium tuberculatum Jul. Müll., Ber. Dt. Bot. Ges. 3: 391. 1885.

内蒙古（NM）、河北（HEB）、北京（BJ）、山西（SX）、陕西（SN）、甘肃（GS）、青海（QH）、新疆（XJ）、湖北（HB）、四川（SC）、重庆（CQ）、云南（YN）、西藏（XZ）；欧亚温带。

Wei 1988；Zhuang 1989b，1999；Zhuang & Wei 1994，2005；曹支敏等 1996；Cao 2000a；Zhuang & Wang 2006；Xu et al. 2013；庄剑云等 2012。

糙孢锈菌属

Trachyspora Fuckel, Bot. Ztg. 19: 250. 1861.

内侵糙孢锈菌

Trachyspora intrusa (Grev.) Arthur, Manual of the Rusts in the United States & Canada p. 97. 1934.

Uredo intrusa Grev., Fl. Edin. p. 436. 1824.

新疆（XJ）、四川（SC）、西藏（XZ）；亚洲、欧洲、非洲、北美洲。

Zhuang 1988；庄剑云等 2012；Xu et al. 2013。

拟多胞锈菌属

Xenodochus Schltdl., Linnaea 1: 237. 1826.

煤色拟多胞锈菌

Xenodochus carbonarius Schltdl., Linnaea 1: 237. 1826.

黑龙江（HL）、吉林（JL）、内蒙古（NM）、河北（HEB）、北京（BJ）、陕西（SN）、新疆（XJ）、四川（SC）、重庆（CQ）；北温带。

王云章 1951；戴芳澜 1979；郭林 1989；魏淑霞和庄剑云 1997；Zhang et al. 1997；Zhuang 1999；Cao et al. 2000a；Zhuang & Wei 2005；刘铁志等 2006；庄剑云等 2012；Xu et al. 2013。

小拟多胞锈菌

Xenodochus minor Arthur, N. Amer. Fl. 7 (3): 182. 1912.

内蒙古（NM）、陕西（SN）、甘肃（GS）；日本、俄罗斯、美国。

戴芳澜 1979；魏淑霞和庄剑云 1997；Zhuang & Wei 2005；Zhuang & Wang 2006；庄剑云等 2012。

帽孢锈菌科 Pileolariaceae Cummins & Y. Hirats.

帽孢锈菌属

Pileolaria Castagne, Observ. Uréd. 1: 22. 1842.

短柄帽孢锈菌

Pileolaria brevipes Berk. & Ravenel, in Berkeley, Grevillea 3 (no. 26): 58. 1874.

台湾（TW）；日本；北美洲。

Zhuang & Wei 2001b；庄剑云等 2012。

黄栌帽孢锈菌

Pileolaria cotini-coggygriae F.L. Tai & C.C. Cheo, Bull. Chin. Bot. Soc. 3: 59. 1937.

北京（BJ）、河南（HEN）、陕西（SN）、四川（SC）。

戴芳澜 1979；魏淑霞和庄剑云 1997；曹支敏等 1996；Cao 2000a；Zhuang & Wei 2005；庄剑云等 2012。

漆树帽孢锈菌

Pileolaria klugkistiana (Dietel) Dietel, Annls Mycol. 19 (5-6): 301. 1921.

Uromyces klugkistianus Dietel, Bot. Jb. 27 (4): 570. 1899.

辽宁（LN）、陕西（SN）、安徽（AH）、江苏（JS）、江西（JX）、湖南（HN）、湖北（HB）、四川（SC）、重庆（CQ）、贵州（GZ）、云南（YN）、西藏（XZ）、福建（FJ）、台湾（TW）、广东（GD）、广西（GX）；日本、尼泊尔、朝鲜半岛。

王云章 1951；邓叔群 1963；戴芳澜 1979；Zhuang 1983；郭林 1989；魏淑霞和庄剑云 1997；Zhang et al. 1997；Zhuang & Wei 1994，2001a，2005；Cao et al. 2000a；庄剑云等 2012。

黄连木帽孢锈菌

Pileolaria pistaciae F.L. Tai & C.T. Wei, Sinensia 4: 108. 1933.

山东（SD）、安徽（AH）、江苏（JS）、浙江（ZJ）、江西（JX）、台湾（TW）；日本。

王云章 1951；邓叔群 1963；戴芳澜 1979；Zhuang & Wei 2001b；庄剑云等 2012。

白井帽孢锈菌

Pileolaria shiraiana (Dietel & P. Syd.) S. Ito, J. Coll. Agr. Imp. Univ. 11: 273. 1922.

Uromyces shiraianus Dietel & P. Syd., Hedwigia 37: 213. 1898.

陕西（SN）、安徽（AH）、浙江（ZJ）、江西（JX）、湖南（HN）、贵州（GZ）、云南（YN）、福建（FJ）、台湾（TW）、广东（GD）、广西（GX）、海南（HI）；日本、俄罗斯、朝鲜半岛。

王云章 1951；邓叔群 1963；戴芳澜 1979；臧穆等 1996；Zhuang & Wei 2005；庄剑云等 2012。

笃耨香帽孢锈菌

Pileolaria terebinthi Castagne, Observ. Uréd. 1: 22. 1842.

安徽（AH）、云南（YN）；西亚、欧洲。

邓叔群 1963；戴芳澜 1979；庄剑云等 2012。

柄锈菌科 **Pucciniaceae** Chevall.

内锈菌属

Endophyllum Lév., Mém. Soc. Linn. Paris 4: 208. 1825.

艾纳香内锈菌

Endophyllum blumeae (Henn.) F. Stevens & Mendiola, Philipp. Agric. 20 (1): 5. 1931.

Aecidium blumeae Henn., Hedwigia 47: 252. 1908.

台湾（TW）；马来西亚、菲律宾、巴布亚新几内亚。

王云章 1951；戴芳澜 1979；Zhuang & Wei 2001b。

常山内锈菌

Endophyllum dichroae Racib., Bull. Int. Acad. Sci. Lett. Cracovie Cl. Sci. Math. Nat. Sér. B, Sci. Nat. 3: 274. 1909.

云南（YN）；印度尼西亚。

Zhuang & Wei 2001b；庄剑云等 2012。

宽叶胡颓子内锈菌

Endophyllum elaeagni-latifoliae (Petch) Gokhale, Thirum. & Patel, Curr. Sci. 24 (4): 126. 1955.

Aecidium elaeagni-latifoliae Petch, Ann. R. Bot. Gdns Peradeniya 4: 302. 1909.

江苏（JS）、浙江（ZJ）；印度、斯里兰卡。

庄剑云等 2012。

去雄内锈菌

Endophyllum emasculatum Arthur & Cummins, Philipp. J. Sci. 61: 475. 1936.

Aecidium securinegae Sawada, Trans. Nat. Hist. Soc. Formosa 33: 100. 1943. (nom. nud.)

台湾（TW）；菲律宾。

王云章 1951；戴芳澜 1979；庄剑云等 2012。

台湾内锈菌

Endophyllum formosanum (Syd. & P. Syd.) Hirats. f. & S. Kaneko, in Hiratsuka, Kaneko & Nagasawa, Rep. Tottori Mycol. Inst. 18: 161. 1980.

Aecidium formosanum Syd. & P. Syd., Annls Mycol. 11 (1): 56. 1913.

台湾（TW）、海南（HI）；印度、印度尼西亚、菲律宾、斯里兰卡。

Zhuang & Wei 2001b；庄剑云等 2012。

山黄皮内锈菌

Endophyllum griffithsiae Racib., Parasit. Alg. Pilze Java's 1: 20. 1900.

广东（GD）、广西（GX）、海南（HI）；印度尼西亚。

王云章 1951；戴芳澜 1979；Zhuang & Wei 2001b；庄剑云等 2012。

肯氏内锈菌

Endophyllum kaernbachii (Henn.) F. Stevens & Mendiola, Philipp. Agric. 20: 7. 1931.

Aecidium kaernbachii Henn., Bot. Jb. 15 (Beibl. 33): 5. 1892.

台湾（TW）、海南（HI）；印度、印度尼西亚、菲律宾、泰国、越南、巴布亚新几内亚。

王云章 1951；戴芳澜 1979；邓叔群 1963；庄剑云等 2012。

马氏内锈菌

Endophyllum maheshwarii Hard. Singh & Jalan, Indian Phytopath. 18: 32. 1965.

Aecidium schisandrae J.Y. Zhuang, Acta Mycol. Sin. 5 (3): 148. 1986.

陕西（SN）、湖北（HB）、四川（SC）、重庆（CQ）、西藏（XZ）；印度。

Zhuang 1986a；Zhuang & Wei 1994，2001a，2005；曹支敏

等 1996；Cao 2000b；庄剑云等 2012。

鸡矢藤内锈菌

Endophyllum paederiae (Dietel) F. Stevens & Mendiola, Philipp. Agr. 20: 11. 1931.

Aecidium paederiae Dietel, Hedwigia 36: 297. 1897.

陕西（SN）、湖南（HN）、云南（YN）、福建（FJ）、广东（GD）、广西（GX）、海南（HI）；日本、菲律宾。

魏淑霞和庄剑云 1997；Zhuang & Wei 1999a，2001，2005；庄剑云等 2012。

表生内锈菌

Endophyllum superficiale (P. Karst. & Roum.) F. Stevens & Mendiola, Philipp. Agric. 20: 13. 1931.

Aecidium superficiale P. Karst. & Roum., Revue Mycol. Toulouse 12: 78. 1890.

云南（YN）、台湾（TW）、广西（GX）、海南（HI）；印度尼西亚、菲律宾、越南。

Zhuang & Wei 2001b；庄剑云等 2012。

胶锈菌属

Gymnosporangium R. Hedw. ex DC., in Lamarck & de Candolle, Fl. Franç. Edn 3 2: 216. 1805.

亚洲胶锈菌

Gymnosporangium asiaticum Miyabe ex G. Yamada, Shokubutsu Byorigaku (Pl. Path) Tokyo Hakubunkwan 37 (9): 304-306. 1904.

Gymnosporangium japonicum Dietel & P. Syd., Hedwigia 38 (Beibl.): 141. 1899.

Gymnosporangium haraeanum Syd. & P. Syd., Annls Mycol. 10 (4): 405. 1912.

辽宁（LN）、内蒙古（NM）、河北（HEB）、北京（BJ）、山西（SX）、山东（SD）、河南（HEN）、陕西（SN）、宁夏（NX）、新疆（XJ）、安徽（AH）、江苏（JS）、浙江（ZJ）、江西（JX）、湖北（HB）、四川（SC）、贵州（GZ）、云南（YN）、福建（FJ）、台湾（TW）、广东（GD）；日本、美国、朝鲜半岛。

王云章和郭林 1985；郭林 1989；臧穆等 1996；魏淑霞和庄剑云 1997；Zhang et al. 1997；曹支敏等 1996；Cao 2000b；Zhuang & Wei 2001b，2005；庄剑云等 2012。

大西洋胶锈菌

Gymnosporangium atlanticum Guyot & Malençon, Trav. Inst. Sci. Chérifien Sér. Bot. Biol. Veg. 11: 15. 1957.

新疆（XJ）；北非。

Zhao & Zhuang 2009；庄剑云等 2012；Xu et al. 2013。

珊瑚胶锈菌

Gymnosporangium clavariiforme (Wulfen) DC., in Lamarck & de Candolle, Fl. Franç. Edn 3 2: 217. 1805.

Tremella clavariiformis Wulfen, in Jacquin, Collnea Bot. 2: 174. 1791.

吉林（JL）、甘肃（GS）、云南（YN）、西藏（XZ）；北温带。

王云章 1951；戴芳澜 1979；王云章和郭林 1985；臧穆等 1996；庄剑云等 2012。

困惑胶锈菌

Gymnosporangium confusum Plowr., Monograph Brit. Ured. p. 232. 1889.

陕西（SN）、新疆（XJ）、四川（SC）、云南（YN）、西藏（XZ）；欧亚温带、北非。

王云章和郭林 1985；赵震宇和姜本华 1986；Zhuang 1989a；Zhuang & Wei 1994，2005；庄剑云等 2012；Xu et al. 2013。

牛角状胶锈菌

Gymnosporangium corniforme Sawada, Report of the Department of Agriculture, Government Research Institute of Formosa 35: 34. 1928.

台湾（TW）。

戴芳澜 1979；王云章和郭林 1985；庄剑云等 2012。

角状胶锈菌

Gymnosporangium cornutum Arthur ex F. Kern, Bull. N.Y. Bot. Gard 7: 444. 1911.

内蒙古（NM）、宁夏（NX）、四川（SC）；北温带。

王云章和郭林 1985；Zhuang & Wei 2005；庄剑云等 2012。

坎宁安胶锈菌

Gymnosporangium cunninghamianum Barclay, Scientific Mem. by Med. Officers of Army of India 5: 78. 1890.

湖北（HB）、西藏（XZ），喜马拉雅山脉。

戴芳澜 1979；郭林 1989；Zhuang & Wei 1994；庄剑云等 2012。

台湾胶锈菌

Gymnosporangium formosanum Hirats. f. & Hashioka, Bot. Mag. Tokyo 49: 21. 1935.

台湾（TW）。

王云章 1951；戴芳澜 1979；王云章和郭林 1985；庄剑云等 2012。

梭孢胶锈菌

Gymnosporangium fusisporum E. Fisch., Mitt. Naturf. Ges. Bern 3: 58. 1918.

新疆（XJ）、西藏（XZ）；欧亚温带、北非。

赵震宇和姜本华 1986；Zhuang 1989b；Zhuang & Wei 2005；庄剑云等 2012；Xu et al. 2013。

高又曼胶锈菌

Gymnosporangium gaeumannii H. Zogg, Ber. Schweiz. Bot. Ges. 59: 426. 1949.

新疆（XJ）；中欧、北美洲。

王云章和郭林 1985；赵震宇和姜本华 1986；Zhuang & Wei

2005；庄剑云等 2012；Xu et al. 2013。

球状胶锈菌

Gymnosporangium globosum (Farl.) Farl., Bot. Gaz. 11 (9): 236. 1886.

Gymnosporangium fuscum var. *globosum* Farl., The Gymnosporangia of Cedar-apples of the U.S. p. 34. 1880.

新疆（XJ）；北美洲。

赵震宇和姜本华 1986。

日本胶锈菌

Gymnosporangium japonicum P. Syd., Hedwigia 38 (Beibl.): 141. 1899.

陕西（SN）、江苏（JS）、江西（JX）；日本。

王云章 1951；邓叔群 1963；戴芳澜 1979；王云章和郭林 1985；庄剑云等 2012。

东洋胶锈菌

Gymnosporangium nipponicum G. Yamada, Mem. Tottori Agric. Coll. 3 (2): 143. 1935.

青海（QH）、新疆（XJ）；日本。

戴芳澜 1979；王云章和郭林 1985；

帕德马拉胶锈菌

Gymnosporangium padmarense Balf.-Browne, Bull. Br. Mus. Nat. Hist. Bot. 1: 205. 1955.

新疆（XJ），喜马拉雅山脉。

赵震宇和姜本华 1986。

戴氏胶锈菌

Gymnosporangium taianum F. Kern, Mem. N. Y. Bot. Gdn 10 (5): 307. 1964.

云南（YN）。

王云章和郭林 1985；庄剑云等 2012。

天山胶锈菌

Gymnosporangium tianschanicum Z.Y. Zhao & J.Y. Zhuang, Mycosystema 26 (3): 322. 2007.

新疆（XJ）。

Zhao & Zhuang 2007；庄剑云等 2012；Xu et al. 2013。

青城山胶锈菌

Gymnosporangium tsingchenense C.T. Wei, Bot. Bull. Acad. Sin. 1: 210. 1947.

浙江（ZJ）、四川（SC）。

王云章和郭林 1985；庄剑云等 2012。

突厥斯坦胶锈菌

Gymnosporangium turkestanicum Tranzschel, Conspectus Uredinalium URSS p. 77. 1939.

新疆（XJ）；哈萨克斯坦、乌兹别克斯坦。

赵震宇和姜本华 1986；Zhuang & Wei 2005；庄剑云等 2012；赵震宇和郭庆元 2012；Xu et al. 2013。

小克恩锈菌属

Kernella Thirum., Mycologia 41 (1): 97. 1949.

樟生小克恩锈菌

Kernella lauricola (Thirum.) Thirum., Mycologia 41 (1): 97. 1949.

Kernia lauricola Thirum., Mycologia 38 (6): 685. 1947.

Kernella lauricola var. *phoebes* Q.X. Ge & T. Xu, Acta Mycol. Sin. 2 (4): 210. 1983.

浙江（ZJ）；印度。

葛起新和徐同 1983；庄剑云等 2012。

罩膜双胞锈菌属

Miyagia Miyabe ex Syd. & P. Syd., Annls. Mycol. 11 (2): 107. 1913.

香青罩膜双胞锈菌

Miyagia anaphalidis Miyabe, in Sydow & Sydow, Annls. Mycol. 11 (2): 107. 1913.

山西（SX）、河南（HEN）、陕西（SN）、宁夏（NX）、甘肃（GS）、湖北（HB）、四川（SC）、云南（YN）、西藏（XZ）；日本、尼泊尔、俄罗斯。

王云章 1951；戴芳澜 1979；Zhuang 1986a；Zhuang & Wei 1994，2005；臧穆等 1996；魏淑霞和庄剑云 1997；Zhang et al. 1997；Cao et al. 2000b；Zhuang & Wang 2006；庄剑云等 2012。

大孢罩膜双胞锈菌

Miyagia macrospora Hirats. f., Mem. Tottori Agric. Coll. 7: 35. 1943.

陕西（SN）、云南（YN）、西藏（XZ）、台湾（TW）；尼泊尔。

戴芳澜 1979；Zhuang 1986a；Zhuang & Wei 1994，2001；Cao et al. 2000b；庄剑云等 2012。

柄锈菌属

Puccinia Pers., Neues Mag. Bot. 1: 118. 1794.

阿部柄锈菌

Puccinia abei Hirats. f., J. Jap. Bot. 13: 249. 1937.

黑龙江（HL）、吉林（JL）、辽宁（LN）、内蒙古（NM）；日本。

王云章 1951；戴芳澜 1979；王云章和魏淑霞 1983；刘伟成等 1991；庄剑云等 1998。

截形柄锈菌

Puccinia abrupta Dietel & Holw., in Dietel, Hedwigia 37: 208. 1898.

云南（YN）。

Zhuang & Wei 2002a。

截形柄锈菌银胶菊生变种

Puccinia abrupta var. **partheniicola** (H.S. Jacks.) Parmelee, Can. J. Bot. 45: 2293. 1957.

Puccinia partheniicola H.S. Jacks., Mycologia 24: 166. 1932.

云南（YN）；墨西哥至南美洲。

庄剑云等 2003。

苘麻柄锈菌

Puccinia abutilonis Berk. & Broome, J. Linn. Soc. Bot. 14 (no. 74): 91. 1875.

云南（YN）、台湾（TW）；印度、印度尼西亚、斯里兰卡、毛里求斯、索马里、南非。

王云章 1951；戴芳澜 1979；庄剑云等 2003。

酸模柄锈菌

Puccinia acetosae (Schumach.) Körn., Hedwigia 15: 184. 1876.

Uredo acetosae Schumach., Enum. Pl. 2: 231. 1803.

黑龙江（HL）、吉林（JL）、辽宁（LN）、内蒙古（NM）、陕西（SN）、甘肃（GS）、新疆（XJ）、江苏（JS）、云南（YN）、台湾（TW）；北温带。

王云章 1951；戴芳澜 1979；Li 1988；刘伟成等 1991；Zhuang 1999；Cao et al. 2000b；Zhuang & Wei 2005；Zhuang & Wang 2006；Xu et al. 2013。

酸模柄锈菌直根酸模变种

Puccinia acetosae var. **thyrsiflori** T.Z. Liu & J.Y. Zhuang, Mycosystema 35: 551. 2016.

内蒙古（NM）。

Liu & Zhuang 2016。

鲜卑芨芨草柄锈菌

Puccinia achnatheri-sibirici Y.C. Wang, Acta Phytotax. Sin. 10: 291. 1965.

黑龙江（HL）、吉林（JL）、辽宁（LN）、内蒙古（NM）、河北（HEB）、河南（HEN）、青海（QH）；日本。

王云章 1965；刘伟成等 1991；庄剑云等 1998；刘铁志等 2004；Zhuang & Wei 2005。

顶羽菊柄锈菌

Puccinia acroptili P. Syd. & Syd., Monogr. Uredin. 1 (1): 4. 1902.

内蒙古（NM）、宁夏（NX）、甘肃（GS）、青海（QH）、新疆（XJ）；伊朗、美国。

戴芳澜 1979；魏淑霞和王云章 1986；Zhuang 1989b；Zhuang & Wei 2003，2005；庄剑云等 2003；Zhuang & Wang 2006；赵震宇和郭庆元 2012；Xu et al. 2013。

沙参柄锈菌

Puccinia adenophorae Dietel, Annls. Mycol. 28 (3/4): 276. 1930.

陕西（SN）、湖北（HB）、台湾（TW）；日本、俄罗斯、朝鲜半岛。

王云章 1951；戴芳澜 1979；郭林 1989；庄剑云等 2003；Zhuang & Wei 2005。

阿迪卡里柄锈菌

Puccinia adhikarii Y. Ono, in Watanabe & Hagiwara, Cryptogams of the Himalayas 3: 90. 1995.

云南（YN）、西藏（XZ）；尼泊尔。

庄剑云等 1998。

致密柄锈菌

Puccinia adjuncta Mitter, Annls. Mycol. 35 (3/4): 223. 1937.

安徽（AH）、云南（YN）；印度。

王云章 1951；戴芳澜 1979；魏淑霞和王云章 1986；刘伟成等 1991；魏淑霞和庄剑云 1997；庄剑云等 2003。

五福花柄锈菌

Puccinia adoxae R. Hedw., in Lamarck & de Candolle, Fl. Franç. Edn 3 2: 220. 1805.

新疆（XJ）；北温带。

王云章 1951；戴芳澜 1979；庄剑云等 2003；Zhuang & Wei 2005；Xu et al. 2013。

羊角芹柄锈菌

Puccinia aegopodii (F. Strauss) Röhl., Deutschlands Flora, Ed. 2 3 (3): 131. 1813.

Uredo aegopodii F. Strauss, Ann. Wetter. Ges. 2: 101. 1810.

青海（QH）、新疆（XJ）；欧亚温带。

Zhuang & Wei 1999c；庄剑云等 2003。

獐茅柄锈菌

Puccinia aeluropodis H. Richt., J. Mycol. 11 (3): 114. 1905.

河北（HEB）、天津（TJ）、宁夏（NX）、新疆（XJ）；阿塞拜疆、印度、伊拉克、哈萨克斯坦、土库曼斯坦、突尼斯。

王云章和魏淑霞 1983；庄剑云等 1998；Zhuang & Wei 2005；Xu et al. 2013。

匀壁柄锈菌

Puccinia aequitatis Cummins, Bull. Torrey Bot. Club 76: 35. 1949.

广西（GX）。

王云章 1951；戴芳澜 1979；Zhuang 1990a；庄剑云等 2003。

夏柄锈菌

Puccinia aestivalis Dietel, Bot. Jb. 34: 585. 1905.

湖北（HB）、西藏（XZ）、台湾（TW）；印度尼西亚、日本、巴布亚新几内亚。

庄剑云 1984；Zhuang 1986b；庄剑云等 1998。

纤毛鹅观草柄锈菌

Puccinia agropyri-ciliaris F.L. Tai & C.T. Wei, Sinensia 4: 110. 1933.

陕西（SN）、江苏（JS）；日本、朝鲜半岛。

王云章 1951；戴芳澜 1979；王云章和魏淑霞 1983；庄剑云等 1998；Zhuang & Wei 2005。

冰草生柄锈菌

Puccinia agropyricola Hirats. f., Bot. Mag. Tokyo 64: 221. 1951.

黑龙江（HL）、河北（HEB）、河南（HEN）、陕西（SN）、青海（QH）、浙江（ZJ）；日本、朝鲜半岛。

王云章和魏淑霞 1983；庄剑云等 1998；Cao et al. 2000b；

Zhuang & Wei 2003，2005。

剪股颖生柄锈菌

Puccinia agrostidicola F.L. Tai, Farlowia 3: 115. 1947.

河北（HEB）、甘肃（GS）、新疆（XJ）。

王云章 1951；戴芳澜 1979；王云章和魏淑霞 1983；Zhuang 1989b；庄剑云等 1998；Cao et al. 2000b；Zhuang & Wei 2005；Zhuang & Wang 2006；Xu et al. 2013。

兔儿风柄锈菌

Puccinia ainsliaeae P. Syd. & Syd., Monogr. Uredin. 1 (1): 6. 1902.

陕西（SN）、安徽（AH）、江苏（JS）、西藏（XZ）、福建（FJ）、台湾（TW）；印度、日本、尼泊尔。

王云章 1951；戴芳澜 1979；Zhuang 1983，1986b；魏淑霞和王云章 1986；Zhuang & Wei 1994，2005；Cao et al. 2000b。

白柄锈菌

Puccinia albescens Plowr., Monograph Brit. Ured. p. 153. 1889.

内蒙古（NM）；俄罗斯（西伯利亚至远东地区）；欧洲。

杨晓坡等 2018。

阿丽索娃柄锈菌

Puccinia alisovae Tranzschel, Conspectus Uredinalium URSS p. 304. 1939.

吉林（JL）；俄罗斯。

Li 1989；庄剑云等 2003。

葱柄锈菌

Puccinia allii (DC.) Rudolphi, Linnaea 4: 392. 1829.

Xyloma allii DC., Fl. Fr. 6: 156. 1815.

中国各地；世界各地。

王云章 1951；邓叔群 1963；戴芳澜 1979；Zhuang 1983，1989a；庄剑云等 1998。

高山柄锈菌

Puccinia alpina Fuckel, Jahrb. Nassauisch. Ver. Nat. 27-28: 13. 1873.

四川（SC）；欧亚温带。

臧穆等 1996；庄剑云等 2003。

极高蓟柄锈菌

Puccinia altissimorum Savile, Can. J. Bot. 47: 1579. 1970.

湖北（HB）；美国。

魏淑霞和王云章 1986；庄剑云等 2003。

多被银莲花柄锈菌

Puccinia anemones-raddeanae S. Ito, Miyabe Festschrift p. 6. 1913.

甘肃（GS）；日本。

Zhao & Zhuang 2009。

当归柄锈菌

Puccinia angelicae (Schumach.) Fuckel, Jahrb. Nass. Ver. Nat. 23-24: 52. 1869.

Uredo angelicae Schumach., Enum. Pl. Saell. 2: 233. 1803.

陕西（SN）、新疆（XJ）；北温带。

戴芳澜 1979；Li 1989；Zhuang 1989b，1999；魏淑霞和庄剑云 1997；庄剑云等 2003。

当归生柄锈菌

Puccinia angelicicola Henn., Hedwigia 32: 107. 1903.

吉林（JL）、安徽（AH）；日本。

王云章 1951；戴芳澜 1979；Li 1989；庄剑云等 2003。

安徽柄锈菌

Puccinia anhweiana Cummins, Mycologia 43 (1): 88. 1951.

安徽（AH）。

戴芳澜 1979；庄剑云等 1998。

金线草柄锈菌

Puccinia antenori J.Y. Zhuang & Y.C. Wang, Acta Mycol. Sin. 4 (4): 218. 1985.

江西（JX）、福建（FJ）。

Zhuang & Wang 1985；Li 1988；庄剑云等 2003。

青森柄锈菌

Puccinia aomoriensis Syd. & P. Syd., Annls. Mycol. 11 (2): 104. 1913.

黑龙江（HL）、吉林（JL）、辽宁（LN）、北京（BJ）、陕西（SN）、甘肃（GS）；日本、朝鲜半岛。

王云章 1951；戴芳澜 1979；Zhuang 1988；庄剑云等 1998；Zhuang & Wei 2001b，2005；Zhuang & Wang 2006。

隐秘柄锈菌

Puccinia aphanicondra Lindr., Acta Soc. Sci. Fenn. 22: 86. 1902.

新疆（XJ）；亚美尼亚。

Zhao & Zhuang 2009。

落花生柄锈菌

Puccinia arachidis Speg., Anal. Soc. Cient. Argent. 17 (2): 90. 1884.

山东（SD）、福建（FJ）、广东（GD）、海南（HI）；美国、西印度群岛；亚洲、非洲、南美洲、大洋洲。

Zhuang 1983；庄剑云等 2003。

北极柄锈菌

Puccinia arctica Lagerh., in Sydow & Sydow, Monogr. Uredin. 1: 349. 1902.

青海（QH）、新疆（XJ）；俄罗斯；中亚、北欧。

Zhuang & Wei 2001b，2005；庄剑云等 2003；Xu et al. 2013。

蚤缀柄锈菌

Puccinia arenariae (Schumach.) G. Winter, Hedwigia 19: 35.

1880.
Uredo arenariae Schumach., Enum. Pl. 2: 232. 1802.
Puccinia stellariicola Cummins, Mycologia 43 (1): 81. 1951.
陕西（SN）、新疆（XJ）、安徽（AH）、江苏（JS）、浙江（ZJ）、湖北（HB）、云南（YN）、西藏（XZ）、台湾（TW）、广西（GX）；北温带。
王云章 1951；戴芳澜 1979；Zhuang 1989b；Zhuang & Wei 1994，2005；Zhang et al. 1997；Xu et al. 2013。

银色柄锈菌

Puccinia argentata (Schultz) G. Winter, Hedwigia 19: 38. 1880.
Aecidium argentatum Schultz, Prodr. Fl. Starg. p. 454. 1806.
黑龙江（HL）、吉林（JL）、辽宁（LN）、内蒙古（NM）、陕西（SN）、宁夏（NX）、新疆（XJ）、贵州（GZ）、台湾（TW）；北温带。
王云章 1951；戴芳澜 1979；刘伟成等 1991；Cao et al. 2000b；庄剑云等 2003；Zhuang & Wei 2005；Xu et al. 2013。

三芒草柄锈菌

Puccinia aristidae Tracy, J. Mycol. 7 (3): 281. 1893.
新疆（XJ）；北非至中亚。
赵震宇 1981；庄剑云等 1998。

凯氏蒿柄锈菌

Puccinia artemisiae-keiskeanae Miura, in Sydow & Sydow, Annls. Mycol. 11 (2): 95. 1913.
黑龙江（HL）、吉林（JL）、内蒙古（NM）、河北（HEB）、宁夏（NX）、甘肃（GS）；日本、俄罗斯、朝鲜半岛。
王云章 1951；戴芳澜 1979；魏淑霞和庄剑云 1997；Zhuang & Wei 2001b，2005；庄剑云等 2003；刘铁志等 2004；Zhuang & Wang 2006。

荩草生柄锈菌

Puccinia arthraxonicola Z.M. Cao & J.Y. Zhuang, in Cao, Li & Zhuang, Mycosystema 19 (2): 182. 2000.
陕西（SN）。
Cao et al. 2000b；Zhuang & Wei 2005。

荩草柄锈菌

Puccinia arthraxonis P. Syd., Syd. & Butler, Annls. Mycol. 5: 499. 1907.
湖南（HN）、云南（YN）、福建（FJ）；印度、埃塞俄比亚。
王云章 1951；戴芳澜 1979；王云章和魏淑霞 1983；庄剑云等 1998。

纤毛荩草柄锈菌

Puccinia arthraxonis-ciliaris Cummins, Uredineana 4: 16. 1953.
四川（SC）、贵州（GZ）、云南（YN）、西藏（XZ）、福建（FJ）、台湾（TW）；印度、日本、菲律宾、毛里求斯、乌干达、巴布亚新几内亚。
戴芳澜 1979；Zhuang 1983；王云章和魏淑霞 1983；庄剑云等 1998。

野古草柄锈菌

Puccinia arundinellae Barclay, Descr. List Ured. Simla 2: 245. 1889.
河北（HEB）、北京（BJ）、山东（SD）、江苏（JS）、浙江（ZJ）、江西（JX）、湖南（HN）、四川（SC）、贵州（GZ）、云南（YN）、福建（FJ）、广西（GX）；印度、缅甸、南非。
王云章 1951；戴芳澜 1979；王云章和魏淑霞 1983；Zhuang 1983，1999；庄剑云等 1998。

畸穗野古草柄锈菌

Puccinia arundinellae-anomalae Dietel, Bot. Jb. 37: 100. 1905.
吉林（JL）、辽宁（LN）、河北（HEB）、北京（BJ）、山东（SD）、安徽（AH）、江苏（JS）、浙江（ZJ）、江西（JX）、湖南（HN）、四川（SC）、云南（YN）、西藏（XZ）、福建（FJ）、广东（GD）；日本。
王云章 1951；戴芳澜 1979；邓叔群 1963；王云章和魏淑霞 1983；Zhuang 1983；Zhuang & Wei 1994；庄剑云等 1998。

刺芒野古草柄锈菌

Puccinia arundinellae-setosae F.L. Tai, Farlowia 3: 114. 1947.
北京（BJ）、山东（SD）、湖南（HN）、四川（SC）、云南（YN）。
戴芳澜 1979；王云章和魏淑霞 1983；庄剑云等 1998。

芦竹柄锈菌

Puccinia arundinis-donacis T. Hirats., Scientific Bull. Agric. Home Econ. & Eng. Div., Univ. Ryukyus 5: 51. 1958.
云南（YN）；日本。
王云章和魏淑霞 1983；庄剑云等 1998。

细辛生柄锈菌

Puccinia asaricola F.L. Tai & C.C. Cheo, Bull. Chin. Bot. Soc. 3: 63. 1937.
贵州（GZ）。
王云章 1951；戴芳澜 1979；庄剑云等 2003。

细辛柄锈菌

Puccinia asarina Kunze, in Kunze & Schmidt, Mykologische Hefte 1: 70. 1817.
黑龙江（HL）、吉林（JL）、辽宁（LN）、内蒙古（NM）；北温带。
戴芳澜 1979；刘伟成等 1991；庄剑云等 2003。

天冬柄锈菌

Puccinia asparagi DC., in Lamarck & de Candolle, Fl. Franç. Edn 3 2: 595. 1805.
黑龙江（HL）、吉林（JL）、辽宁（LN）、内蒙古（NM）、新疆（XJ）；中亚、欧洲、北非、北美洲。
戴芳澜 1979；Zhuang 1989a，1999；刘伟成等 1991；庄剑云等 1998；Zhuang & Wei 2005；Xu et al. 2013。

天门冬柄锈菌
Puccinia asparagi-lucidi Dietel, Bot. Jb. 32: 625. 1903.
江西（JX）、台湾（TW）；日本。
戴芳澜 1979；Zhuang 1989a；庄剑云等 1998。

车叶草柄锈菌
Puccinia asperulae-aparinis Picbauer, Prací Moravské Prirosvéd. Spolecn. 4: 492. 1927.
新疆（XJ）；俄罗斯（西伯利亚）、高加索地区；东欧、中欧。
Zhuang & Wei 2001b；庄剑云等 2003。

日本猬草柄锈菌
Puccinia asprellae-japonicae Hara, Trans. Agr. Soc. Shizuoka Pref. 286: 47. 1921.
青海（QH）；日本、俄罗斯。
庄剑云等 1998。

赛铁线莲柄锈菌
Puccinia atragenes W. Hausm., Erb. Critt. Ital. no. 550. 1861.
河北（HEB）、北京（BJ）、四川（SC）、西藏（XZ）；欧亚温带。
Zhuang 1991a；庄剑云等 2003。

黑棕柄锈菌
Puccinia atrofusca (Dudley & C.H. Thomps.) Holw., J. Mycol. 10 (5): 228. 1904.
Uromyces atrofuscus Dudley & C.H. Thomps., J. Mycol. 10 (2): 55. 1904.
吉林（JL）、辽宁（LN）、山西（SX）、甘肃（GS）、青海（QH）、新疆（XJ）、西藏（XZ）；日本、美国。
戴芳澜 1979；Zhuang 1986a，1988；Zhuang & Wei 1994，2003，2005；庄剑云等 1998；Zhuang & Wang 2006；Xu et al. 2013。

南方柄锈菌
Puccinia australis Körn., in Thümen, Fung. Austr. no. 842. 1873.
内蒙古（NM）、河北（HEB）、北京（BJ）、陕西（SN）、新疆（XJ）、江苏（JS）。
王云章 1951；邓叔群 1963；戴芳澜 1979；王云章和魏淑霞 1983；庄剑云等 1998。

华南柄锈菌
Puccinia austrosinensis J.Y. Zhuang & S.X. Wei, Mycosystema 30 (6): 855. 2011.
海南（HI）。
Zhuang & Wei 2011。

滇南柄锈菌
Puccinia austroyunnanica J.Y. Zhuang & S.X. Wei, Mycotaxon 78: 345. 2001.
云南（YN）。
Zhuang & Wei 2001b；庄剑云等 2003。

贝加尔柄锈菌
Puccinia baicalensis Tranzschel, Acta Inst. Bot. Acad. Sci. USSR Plant. Crypt. Ser. II 1: 269. 1933.
黑龙江（HL）、吉林（JL）、辽宁（LN）、内蒙古（NM）、陕西（SN）；日本、哈萨克斯坦、俄罗斯。
Li 1989；刘伟成等 1991；Cao et al. 2000b；庄剑云等 2003；Zhuang & Wei 2005。

竹生柄锈菌
Puccinia bambusicola S.X. Wei & J.Y. Zhuang, Mycosystema 3: 53. 1990.
湖南（HN）。
Wei & Zhuang 1990；庄剑云等 1998。

巴克利柄锈菌
Puccinia barclayi S. Ahmad, Monogr. Biol. Soc. Pakistan 1: 44. 1956.
湖北（HB）；印度、尼泊尔、巴基斯坦。
Zhuang & Wei 2000a；庄剑云等 2003。

白玉草柄锈菌
Puccinia behenis (DC.) G.H. Otth, Mitt. Nat. Ges. Bern 1870: 113. 1871.
Uredo behenis DC., Fl. Franç. 6: 63. 1815.
Puccinia gypsophilae T.N. Liou & Y.C. Wang, Contr. Inst. Bot. Nat. Acad. Peiping 3: 442. 1935.
黑龙江（HL）、吉林（JL）、辽宁（LN）、内蒙古（NM）、河北（HEB）、北京（BJ）、山西（SX）、山东（SD）、江苏（JS）、云南（YN）；欧亚大陆。
王云章 1951；戴芳澜 1979；刘伟成等 1991；庄剑云等 2003。

射干柄锈菌
Puccinia belamcandae Dietel, Annls. Mycol. 5 (1): 71. 1907.
黑龙江（HL）、吉林（JL）、辽宁（LN）、内蒙古（NM）、河北（HEB）、北京（BJ）、山东（SD）、贵州（GZ）、云南（YN）、台湾（TW）；日本。
戴芳澜 1979；Zhuang 1989a；刘伟成等 1991；庄剑云等 1998。

本格特柄锈菌
Puccinia benguetensis Syd. & P. Syd., Annls. Mycol. 15 (3/4): 174. 1917.
江苏（JS）、四川（SC）、福建（FJ）、台湾（TW）；菲律宾。
王云章和魏淑霞 1983；庄剑云等 1998。

边野喜山柄锈菌

Puccinia benokiyamensis Hirats. f., Trans. Sapporo Nat. Hist. Soc. 17: 25. 1941.

台湾（TW）、海南（HI）；琉球群岛。

Li 1988；庄剑云等 2003。

三叶小檗柄锈菌

Puccinia berberidis-trifoliae Dietel & Holw., Bot. Gaz. 31: 328. 1901.

湖北（HB）；墨西哥。

郭林 1989；Zhuang 1991a；庄剑云等 2003。

双孔柄锈菌

Puccinia biporosa J.Y. Zhuang, Mycosystema 1: 118. 1988.

陕西（SN）、西藏（XZ）。

Zhuang 1988；庄剑云等 1998；Cao et al. 2000b。

拳参柄锈菌

Puccinia bistortae (F. Strauss) DC., in de Candolle & Lamarck, Fl. Franç. Edn 3 6: 61. 1815.

Uredo bistortae F. Strauss, Ann. Wetter. Gesellsch. Ges. Naturk. 2: 103. 1811.

黑龙江（HL）、吉林（JL）、辽宁（LN）、内蒙古（NM）、河北（HEB）、北京（BJ）、山东（SD）、陕西（SN）、甘肃（GS）、青海（QH）、新疆（XJ）、四川（SC）、重庆（CQ）、西藏（XZ）；北温带。

王云章 1951；邓叔群 1963；戴芳澜 1979；Zhuang 1986a，1999；Li 1988；刘伟成等 1991；Zhang et al. 1997；Zhuang & Wei 1994，2001，2003，2005；庄剑云等 2003；刘铁志等 2004；Zhuang & Wang 2006；Xu et al. 2013。

西北柄锈菌

Puccinia boreo-occidentalis J.Y. Zhuang & S.X. Wei, Mycosystema 20 (4): 451. 2001.

新疆（XJ）。

Zhuang & Wei 2001b，2005；庄剑云等 2003；Xu et al. 2013。

山茄子柄锈菌

Puccinia brachybotrydis Kom., Fungi Rossiae Exsicc. no. 219. 1898.

黑龙江（HL）。

王云章 1951；戴芳澜 1979；庄剑云等 2003。

短柄草柄锈菌燕麦变种

Puccinia brachypodii var. **arrhenatheri** (Kleb.) Cummins & H.C. Greene, Mycologia 58: 709. 1966.

Puccinia perplexans f. *arrhenatheri* Kleb., Abh. Naturw. Ver. Bremen 12: 366. 1892.

内蒙古（NM）、新疆（XJ）、四川（SC）；世界各地。

庄剑云等 1998。

短柄草柄锈菌原变种

Puccinia brachypodii var. **brachypodii** G.H. Otth, Mitt. Naturf. Ges. Bern 1861: 82. 1861.

陕西（SN）、四川（SC）、云南（YN）；日本；欧洲。

王云章和魏淑霞 1983；庄剑云等 1998。

短柄草柄锈菌林地早熟禾变种

Puccinia brachypodii var. **poae-nemoralis** (G.H. Otth) Cummins & H.C. Greene, Mycologia 58: 705. 1966.

Puccinia poae-nemoralis G.H. Otth, Mitt. Naturf. Ges. Bern 1870: 113. 1871.

黑龙江（HL）、吉林（JL）、内蒙古（NM）、河北（HEB）、北京（BJ）、山西（SX）、陕西（SN）、宁夏（NX）、甘肃（GS）、青海（QH）、新疆（XJ）、江苏（JS）、浙江（ZJ）、湖北（HB）、四川（SC）、重庆（CQ）、云南（YN）、西藏（XZ）；世界各地。

Zhuang 1989b，1999；Zhuang & Wei 1994，2001；Zhang et al. 1997；庄剑云等 1998；Cao et al. 2000b；Zhuang & Wang 2006；赵震宇和郭庆元 2012；Xu et al. 2013。

非洲短柄草柄锈菌戴维斯变种

Puccinia brachypodii-phoenicoidis var. **davisii** Cummins & H.C. Greene, Mycologia 58: 719. 1966.

西藏（XZ）；美国。

Zhuang & Wei 1994；庄剑云等 1998。

短穗竹柄锈菌

Puccinia brachystachyicola I. Hino & Katum., Bull. Faculty of Agriculture, Yamaguchi University 11: 30. 1960.

江苏（JS）、浙江（ZJ）、重庆（CQ）。

Zhang et al. 1997；庄剑云等 1998。

短杆薹草柄锈菌

Puccinia breviculmis Dietel, Annls. Mycol. 5 (1): 72. 1907.

台湾（TW）；日本。

戴芳澜 1979；Zhuang 1988；庄剑云等 1998。

柴胡柄锈菌

Puccinia bupleuri F. Rudolphi, Linnaea 4: 514. 1829.

黑龙江（HL）、吉林（JL）、河北（HEB）、北京（BJ）、陕西（SN）、甘肃（GS）、新疆（XJ）、重庆（CQ）；欧亚温带。

王云章 1951；戴芳澜 1979；Li 1989；魏淑霞和庄剑云 1997；Zhang et al. 1997；庄剑云等 2003。

伯内特柄锈菌

Puccinia burnettii Griffiths, Bull. Torrey Bot. Club 29: 298. 1902.

新疆（XJ）；伊朗、俄罗斯、美国。

Zhuang 1989b；庄剑云等 1998；Zhuang & Wei 2005；Xu et al. 2013。

黄杨柄锈菌

Puccinia buxi DC., in de Candolle & Lamarck, Fl. Franç. Edn

3 6: 60. 1815.
重庆（CQ）；伊朗、日本、高加索地区；欧洲。
Zhang et al. 1997；庄剑云等 2003。

牛鞭草柄锈菌

Puccinia cacao McAlpine, Rusts of Australia p. 117. 1906.
北京（BJ）、江苏（JS）、四川（SC）、云南（YN）、台湾（TW）、广西（GX）；印度、日本、澳大利亚；非洲、南美洲。
王云章和魏淑霞 1983；庄剑云等 1998。

阿嘉菊柄锈菌牛蒡变种

Puccinia calcitrapae var. **bardanae** (Wallr.) Cummins, Mycotaxon 5: 402. 1977.
Puccinia inquinans bardanae Wallr., Fl. Crypt. Germ. 2: 219. 1833.
新疆（XJ）；欧洲、北美洲。
魏淑霞和王云章 1986；庄剑云等 2003。

阿嘉菊柄锈菌原变种

Puccinia calcitrapae var. **calcitrapae** DC., in Lamarck & de Candolle, Fl. Franç. Edn 3 2: 221. 1805.
黑龙江（HL）、吉林（JL）、辽宁（LN）、内蒙古（NM）、河北（HEB）、北京（BJ）、山西（SX）、陕西（SN）、甘肃（GS）、青海（QH）、新疆（XJ）、江西（JX）、西藏（XZ）、台湾（TW）；欧洲。
Zhuang 1986a，1989b，1999；魏淑霞和王云章 1986；刘伟成等 1991；Zhuang & Wei 1994，2005；魏淑霞和庄剑云 1997；刘铁志等 2004；Zhuang & Wang 2006；Xu et al. 2013。

阿嘉菊柄锈菌矢车菊变种

Puccinia calcitrapae var. **centaureae** (DC.) Cummins, Mycotaxon 5: 402. 1977.
Puccinia centaureae DC., in de Candolle & Lamarck, Fl. Franç. Edn 3 5: 59. 1815.
黑龙江（HL）、吉林（JL）、辽宁（LN）、内蒙古（NM）、河北（HEB）、北京（BJ）、山西（SX）、山东（SD）、河南（HEN）、陕西（SN）、甘肃（GS）、青海（QH）、新疆（XJ）、江苏（JS）、江西（JX）、四川（SC）、贵州（GZ）、云南（YN）、西藏（XZ）、台湾（TW）；北温带。
Zhuang 1986a，1989b；魏淑霞和王云章 1986；刘伟成等 1991；Zhuang & Wei 1994，2005；魏淑霞和庄剑云 1997；庄剑云等 2003；Zhuang & Wang 2006；Xu et al. 2013。

驴蹄草生柄锈菌

Puccinia calthicola J. Schröt., in Cohn, Beitr. Biol. Pfl. 3: 61. 1879.
吉林（JL）、西藏（XZ）；北温带。
王云章 1951；戴芳澜 1979；Zhuang 1991a；Zhuang & Wei 1994；庄剑云等 2003。

头巾状柄锈菌

Puccinia calumnata Syd. & P. Syd., Annls. Mycol. 11 (2): 102. 1913.
黑龙江（HL）、河北（HEB）、西藏（XZ）；日本、俄罗斯。
Li 1988；Zhuang & Wei 1994；庄剑云等 2003。

金钱豹柄锈菌

Puccinia campanumoeae Pat., Revue Mycol. Toulouse 8: 182. 1886.
云南（YN）；印度尼西亚。
庄剑云等 2003。

纵沟柄锈菌

Puccinia canaliculata (Schwein.) Lagerh., Tromsoe Mus. Aarsh 17: 51. 1894.
Sphaeria canaliculata Schwein., Trans. Amer. Phil. Soc. 2: 209. 1832.
黑龙江（HL）、北京（BJ）、山西（SX）、山东（SD）、陕西（SN）、安徽（AH）、江苏（JS）、云南（YN）、西藏（XZ）、福建（FJ）、台湾（TW）、广东（GD）、海南（HI）；北半球。
王云章 1951；邓叔群 1963；戴芳澜 1979；Zhuang 1988；庄剑云等 1998。

华贵柄锈菌

Puccinia cara Cummins, Bull. Torrey Bot. Club 76: 35. 1949.
广西（GX）。
王云章 1951；戴芳澜 1979；Zhuang 1990a；庄剑云等 2003。

薹草生柄锈菌

Puccinia caricicola Fuckel, Jb. Nassau. Ver. Naturk. 27-28: 16. 1873.
内蒙古（NM）、甘肃（GS）、新疆（XJ）；中欧至中亚。
庄剑云等 1998；Zhuang 1999；刘铁志等 2004；Zhuang & Wei 2005；Zhuang & Wang 2006；Xu et al. 2013。

薹草柄锈菌

Puccinia caricina DC., in de Candolle & Lamarck, Fl. Franç. Edn 3 5/6: 60. 1815.
Puccinia caricis Rebent., Prodromus Flarae Neomarchicae p. 356. 1804. Sensu ampl.
Puccinia limosae Magnus, Tagebl. Nat. Vers. München 50: 199. 1877.
黑龙江（HL）、吉林（JL）、内蒙古（NM）、北京（BJ）、陕西（SN）、宁夏（NX）、甘肃（GS）、青海（QH）、新疆（XJ）、西藏（XZ）、福建（FJ）；北温带。
Zhuang 1983，1986a，1988；Zhuang & Wei 2005；Zhuang & Wang 2006；Xu et al. 2013。

钝鳞薹草柄锈菌

Puccinia caricis-amblyolepis Homma, Trans. Sapporo Nat.

Hist. Soc. 15: 122. 1938.
黑龙江（HL）；俄罗斯。
庄剑云等 1998。

毛果薹草柄锈菌

Puccinia caricis-blepharicarpae Hirats. f., Trans. Sapporo Nat. Hist. Soc. 18 (3-4): 87. 1949.
四川（SC）；日本。
Zhang et al. 1997。

栗褐薹草柄锈菌

Puccinia caricis-brunneae Dietel, Annls. Mycol. 4 (4): 306. 1906.
四川（SC）；日本。
Zhuang & Wei 1996b；庄剑云等 1998。

蕨叶薹草柄锈菌

Puccinia caricis-filicinae Barclay, Journal of the Asiatic Society of Bengal 58 (2): 250. 1889.
四川（SC）、台湾（TW）、海南（HI）；印度、日本。
王云章 1951；邓叔群 1963；戴芳澜 1979；Zhuang 1988；庄剑云等 1998。

穹隆薹草柄锈菌

Puccinia caricis-gibbae Dietel, Annls. Mycol. 4 (4): 305. 1906.
西藏（XZ）、福建（FJ）；日本。
庄剑云 1985；Zhuang 1983，1986a，1988；庄剑云等 1998。

点叶薹草柄锈菌

Puccinia caricis-hancockianae J.Y. Zhuang & S.X. Wei, Mycosystema 16 (2): 81. 1997.
四川（SC）。
Zhuang & Wei 1997；庄剑云等 1998。

日本薹草柄锈菌

Puccinia caricis-japonicae Dietel, Annls. Mycol. 4 (4): 306. 1906.
陕西（SN）；日本。
Zhang et al. 1997；庄剑云等 1998；Zhuang & Wei 2005。

披针薹草柄锈菌

Puccinia caricis-lanceolatae Morim., J. Jap. Bot. 47 (4): 116. 1972.
陕西（SN）、福建（FJ）；日本。
Zhuang 1988；庄剑云等 1998；Cao et al. 2000b。

林氏薹草柄锈菌

Puccinia caricis-lingii J.Y. Zhuang, Mycosystema 1: 122. 1988.
福建（FJ）。
Zhuang 1988；庄剑云等 1998。

软薹草柄锈菌

Puccinia caricis-molliculae Syd. & P. Syd., Annls. Mycol. 11 (2): 105. 1913.
吉林（JL）；日本、萨哈林岛（库页岛）。
Zhuang 1988；庄剑云等 1998。

云雾薹草柄锈菌

Puccinia caricis-nubigenae Padwick & A. Khan, Mycol. Pap. 10: 8. 1944.
海南（HI）；印度。
Zhuang 1988；庄剑云等 1998。

疏毛薹草柄锈菌

Puccinia caricis-pilosae Miura, Trans. Sapporo Nat. Hist. Soc. 15: 123. 1938.
内蒙古（NM）；日本。
Zhuang 1988；庄剑云等 1998；Zhuang & Wei 2001a。

假毒麦薹草柄锈菌

Puccinia caricis-pseudololiaceae Homma, Trans. Sapporo Nat. Hist. Soc. 15: 124. 1938.
黑龙江（HL）、吉林（JL）；萨哈林岛（库页岛）。
Zhuang 1988；庄剑云等 1998。

根状柄薹草柄锈菌

Puccinia caricis-rhizopodae Miura, Trans. Sapporo Nat. Hist. Soc. 15: 125. 1938.
吉林（JL）；日本。
Zhuang 1988；庄剑云等 1998。

宽叶薹草柄锈菌

Puccinia caricis-siderostictae Dietel, Annls. Mycol. 5 (1): 72. 1907.
河北（HEB）、陕西（SN）、湖北（HB）；日本、俄罗斯、朝鲜半岛。
Zhuang 1988；庄剑云等 1998；Cao et al. 2000b。

桑伯格薹草柄锈菌

Puccinia caricis-thunbergii Homma, Trans. Sapporo Nat. Hist. Soc. 15: 123. 1938.
河北（HEB）；日本。
Zhuang 1988；庄剑云等 1998。

葛缕子生柄锈菌

Puccinia caricola J.Y. Zhuang, Acta Mycol. Sin. 8 (4): 262. 1989.
新疆（XJ）。
Zhuang 1989b；庄剑云等 2003；Zhuang & Wei 2005；Xu et al. 2013。

蒺藜草柄锈菌

Puccinia cenchri Dietel & Holw., in Holway, Bot. Gaz. 24: 28. 1897.
台湾（TW）；太平洋岛屿；非洲、美国南部至南美洲。
庄剑云等 1998。

积雪草柄锈菌
Puccinia centellae M.M. Chen, in Wang, Han, Wei & Guo, Acta Microbiol. Sin. 20 (1): 20. 1980.
西藏（XZ）。
王云章等 1980；Li 1989；庄剑云等 2003。

亚洲积雪草柄锈菌
Puccinia centellae-asiaticae Y.C. Wang & J.Y. Zhuang, in Wang, Zhuang & Li, Acta Mycol. Sin. 2 (1): 5. 1983.
福建（FJ）。
Zhuang 1983；王云章等 1983；Li 1989；庄剑云等 2003。

塞萨特柄锈菌
Puccinia cesatii J. Schröt., in Cohn, Beitr. Biol. Pfl. 3: 70. 1879.
内蒙古（NM）、河北（HEB）、北京（BJ）、山西（SX）、陕西（SN）、甘肃（GS）、江苏（JS）、贵州（GZ）、福建（FJ）、台湾（TW）；印度、伊朗、法国、意大利、埃及、墨西哥。
戴芳澜 1979；王云章和魏淑霞 1983；Zhuang 1983；庄剑云等 1998；刘铁志等 2004；Zhuang & Wei 2005；Zhuang & Wang 2006。

细叶芹柄锈菌
Puccinia chaerophylli Purton, Midland Flora 3: 303. 1821.
湖北（HB）、台湾（TW）；欧亚温带。
戴芳澜 1979；Li 1989；郭林 1989；庄剑云等 2003。

昌都柄锈菌
Puccinia changtuensis Y.C. Wang, Acta Phytotax. Sin. 10: 291. 1965.
四川（SC）、西藏（XZ）。
王云章和魏淑霞 1983；庄剑云等 2003。

铃子香柄锈菌
Puccinia chelonopsidis Balf.-Browne, Bull. Br. Mus. Nat. Hist. Bot. 1 (7): 207. 1955.
西藏（XZ）。
王云章和臧穆 1983；庄剑云等 2003。

金腰柄锈菌
Puccinia chrysosplenii Grev., in Smith, Engl. Fl. Fungi Edn 2 5 (2): 367. 1836.
吉林（JL）、四川（SC）；欧亚温带。
王云章 1951；戴芳澜 1979；庄剑云等 2003。

毒芹柄锈菌
Puccinia cicutae Lasch, in Klotzsch, Herb. Viv. Mycol. no. 787. 1845.
内蒙古（NM）、新疆（XJ）；北温带。
王云章 1951；戴芳澜 1979；Li 1989；庄剑云等 2003；刘铁志等 2004；Zhuang & Wei 2005；Xu et al. 2013。

樟柄锈菌
Puccinia cinnamomi F.L. Tai, Farlowia 3: 125. 1947.
四川（SC）。
王云章 1951；戴芳澜 1979；Zhuang 1990a；庄剑云等 2003。

樟生柄锈菌
Puccinia cinnamomicola Cummins, Bull. Torrey Bot. Club 76: 32. 1949.
四川（SC）、广西（GX）。
王云章 1951；戴芳澜 1979；Zhuang 1990a；庄剑云等 2003。

露珠草柄锈菌
Puccinia circaeae Pers., Neues Mag. Bot. 1: 119. 1794.
吉林（JL）、河北（HEB）、北京（BJ）、山西（SX）、甘肃（GS）、湖北（HB）、四川（SC）、云南（YN）、西藏（XZ）；北温带。
王云章 1951；戴芳澜 1979；Zhuang 1986a；Zhuang & Wei 1994，2005；庄剑云等 2003；Zhuang & Wang 2006。

橘黄柄锈菌
Puccinia citrina P. Syd. & Syd., Monogr. Uredin. 1 (4): 634. 1903.
西藏（XZ）、福建（FJ）、台湾（TW）、广西（GX）、海南（HI）；日本、菲律宾、泰国。
王云章 1951；邓叔群 1963；戴芳澜 1979；Zhuang 1989a；Zhuang & Wei 1994，1999a；庄剑云等 1998。

铁线莲生柄锈菌
Puccinia clematidicola F.L. Tai, Farlowia 3: 124. 1947.
四川（SC）、云南（YN）、西藏（XZ）。
王云章 1951；戴芳澜 1979；Zhuang 1991a；臧穆等 1996；庄剑云等 2003。

早田铁线莲柄锈菌
Puccinia clematidis-hayatae Sawada, Trans. Sapporo Nat. Hist. Soc. 17: 169. 1943.
台湾（TW）。
王云章 1951；戴芳澜 1979；庄剑云等 2003。

灯笼草柄锈菌
Puccinia clinopodii-polycephali S.X. Wei, Mycosystema 3: 44. 1990.
甘肃（GS）、四川（SC）、西藏（XZ）。
Wei 1990；庄剑云等 2003；Zhuang & Wei 2005；Zhuang & Wang 2006。

七筋菇柄锈菌
Puccinia clintoniae-udensis Bubák, Öst. Bot. Z. 50 (9): 319. 1900.
吉林（JL）、西藏（XZ）；俄罗斯。
王云章等 1980；Zhuang 1989a；庄剑云等 1998。

克林顿柄锈菌

Puccinia clintonii Peck, Ann. Rep. N.Y. St. Mus. Nat. Hist. 28: 61. 1876.
陕西（SN）；北温带。
戴芳澜 1979；Zhuang 1992；魏淑霞和庄剑云 1997；庄剑云等 2003；Zhuang & Wei 2005。

蓟柄锈菌

Puccinia cnici H. Mart., Prodr. Fl. Mosq. Edn 2: 226. 1817.
青海（QH）、新疆（XJ）；欧洲、北美洲。
魏淑霞和王云章 1986；Zhuang 1989b；庄剑云等 2003；Zhuang & Wei 2005；Xu et al. 2013。

蔬食蓟柄锈菌

Puccinia cnici-oleracei Pers., in Desmazières, Catal. Des Plantes Omis. p. 24. 1823.
黑龙江（HL）、吉林（JL）、辽宁（LN）、内蒙古（NM）、河北（HEB）、北京（BJ）、山东（SD）、河南（HEN）、陕西（SN）、甘肃（GS）、青海（QH）、新疆（XJ）、江苏（JS）、湖北（HB）、四川（SC）、重庆（CQ）、贵州（GZ）、云南（YN）、西藏（XZ）、福建（FJ）、台湾（TW）、广西（GX）；世界各地。
王云章 1951；戴芳澜 1979；Zhuang 1983，1989a；王云章和臧穆 1983；魏淑霞和王云章 1986；郭林 1989；刘伟成等 1991；Zhuang & Wei 1994，2001a，2005；Cao et al. 2000b；Zhuang & Wang 2006；Xu et al. 2013。

火把花柄锈菌

Puccinia colquhouniae S.X. Wei, Mycosystema 3: 44. 1990.
云南（YN）、西藏（XZ）。
Wei 1990；庄剑云等 2003。

火把花生柄锈菌

Puccinia colquhouniicola J.Y. Zhuang, in Zhuang & Wei, Mycosystema 7: 52. 1994.
西藏（XZ）。
Zhuang & Wei 1994；庄剑云等 2003。

密集柄锈菌

Puccinia congesta Berk. & Broome, J. Linn. Soc. Bot. 11 (no. 56): 91 [repr.]. 1871.
安徽（AH）、江西（JX）、湖南（HN）、贵州（GZ）、云南（YN）、西藏（XZ）、福建（FJ）、台湾（TW）、广西（GX）、海南（HI）；印度、印度尼西亚、日本、尼泊尔、菲律宾、斯里兰卡、越南。
王云章 1951；戴芳澜 1979；Zhuang 1983，1986a；Zhuang & Wei 1994，1999a，2003；Li 1988。

山稗柄锈菌

Puccinia constata Syd., Annls. Mycol. 29 (3/4): 149. 1931.
云南（YN）；菲律宾。
Zhuang 1988；庄剑云等 1998。

旋花柄锈菌

Puccinia convolvuli (Pers.) Castagne, Observ. Uréd. 1: 16. 1843.
Uredo betae var. *convolvuli* Pers., Syn. Meth. Fung. 1: 221. 1801.
北京（BJ）、山西（SX）、山东（SD）、陕西（SN）、宁夏（NX）、浙江（ZJ）、湖北（HB）、四川（SC）、贵州（GZ）、云南（YN）、台湾（TW）、海南（HI）；北温带。
王云章 1951；戴芳澜 1979；杜复等 1983；郭林 1989；臧穆等 1996；魏淑霞和庄剑云 1997；Cao et al. 2000b；庄剑云等 2003；Zhuang & Wei 2005。

冠柄锈菌燕麦变种

Puccinia coronata var. **avenae** W.P. Fraser & Ledingham, Sci. Agric. 13: 322. 1933.
北京（BJ）、陕西（SN）、甘肃（GS）、青海（QH）、湖北（HB）、四川（SC）、重庆（CQ）、贵州（GZ）、云南（YN）、台湾（TW）；世界各地。
王云章和魏淑霞 1983；庄剑云等 1998。

冠柄锈菌原变种

Puccinia coronata var. **coronata** Corda, Icon. Fung. 1: 6. 1837.
黑龙江（HL）、吉林（JL）、辽宁（LN）、内蒙古（NM）、河北（HEB）、北京（BJ）、山西（SX）、河南（HEN）、陕西（SN）、甘肃（GS）、青海（QH）、新疆（XJ）、江苏（JS）、湖北（HB）、四川（SC）、重庆（CQ）、贵州（GZ）、云南（YN）、西藏（XZ）、台湾（TW）；世界各地。
王云章 1951；戴芳澜 1979；王云章和魏淑霞 1983；Zhuang 1986a，1989b；刘伟成等 1991；Zhuang & Wei 1994，2005；Zhang et al. 1997；庄剑云等 1998；Cao et al. 2000b；Xu et al. 2013。

冠柄锈菌喜马拉雅变种

Puccinia coronata var. **himalensis** Barclay, Trans. Linn. Soc. London 3 (4): 227. 1891.
北京（BJ）、新疆（XJ）、湖北（HB）、四川（SC）、重庆（CQ）、西藏（XZ）；世界各地。
Zhuang 1989b；庄剑云等 1998。

冠痂柄锈菌

Puccinia coronopsora Cummins, Bull. Torrey Bot. Club 76: 36. 1949.
贵州（GZ）、广西（GX）。
王云章 1951；戴芳澜 1979；Zhuang 1990a；Zhuang & Wei 1999a；庄剑云等 2003。

蜡瓣花柄锈菌

Puccinia corylopsidis Cummins, Mycologia 43 (1): 83. 1951.
广西（GX）。
庄剑云等 2003。

垂头菊柄锈菌

Puccinia cremanthodii J.Y. Zhuang & S.X. Wei, Acta Mycol. Sin. 8 (4): 270. 1989.

青海（QH）。

Zhuang & Wei 1989，2003，2005；庄剑云等 2003。

还阳参柄锈菌

Puccinia crepidis J. Schröt., in Cohn, Krypt.-Fl. Schlesien 3.1 (17-24): 319. 1887.

黑龙江（HL）、新疆（XJ）；欧洲。

魏淑霞和王云章 1986；Xu et al. 2013。

黄鹌菜柄锈菌

Puccinia crepidis-japonicae (Lindr.) Dietel, Annls. Mycol. 6 (3): 226. 1908.

Uredo crepidis-japonicae Lindr., Acta Soc. Sci. Fenn. 22: 11. 1902.

北京（BJ）、甘肃（GS）、新疆（XJ）、湖南（HN）、云南（YN）、台湾（TW）；日本。

魏淑霞和王云章 1986；Zhuang 1989b；Cao et al. 2000b；庄剑云等 2003；Zhuang & Wei 2005；Zhuang & Wang 2006；Xu et al. 2013。

高山还阳参柄锈菌

Puccinia crepidis-montanae Magnus, Beitr. Kryptfl. Schweiz 2 (2): 212. 1904.

西藏（XZ）；欧洲、北美洲。

Zhuang & Wei 1994；庄剑云等 2003。

姜黄柄锈菌

Puccinia curcumae T.S. Ramakr. & Sundaram, Proc. Indian Acad. Sci. Pl. Sci. 38: 192. 1953.

四川（SC）；印度。

Zhuang & Wei 1996b；庄剑云等 1998。

狗牙根柄锈菌

Puccinia cynodontis Lacroix ex Desm., Pl. Crypt. Nord France 3 Edn no. 655. 1859.

Aecidium plantaginis Ces., Erb. Critt. Ital. Ser. 1, Fasc. 2: no. 247. 1859.

河北（HEB）、山西（SX）、山东（SD）、陕西（SN）、新疆（XJ）、江苏（JS）、贵州（GZ）、云南（YN）、福建（FJ）、台湾（TW）；世界各地。

王云章 1951；戴芳澜 1979；王云章和魏淑霞 1983；Zhuang 1983，1989b；庄剑云等 1998；Cao et al. 2000b；Zhuang & Wei 2005；Xu et al. 2013。

莎草柄锈菌

Puccinia cyperi Arthur, Bot. Gaz. 16: 226. 1891.

西藏（XZ）；美国南部至南美洲。

Zhuang 1986a；庄剑云等 1998。

德拉瓦柄锈菌

Puccinia delavayana Pat. & Har., Bull. Soc. Mycol. Fr. 21: 84. 1905.

云南（YN）。

戴芳澜 1979；庄剑云等 2003。

菊柄锈菌

Puccinia dendranthemae S.X. Wei & Y.C. Wang, Acta Mycol. Sin. Suppl. 1: 194. 1986.

四川（SC）。

魏淑霞和王云章 1986；庄剑云等 2003。

糙野青茅柄锈菌

Puccinia deyeuxiae-scabrescentis Y.C. Wang & S.X. Wei, in Wang, Han, Wei & Guo, Acta Microbiol. Sin. 20 (1): 20. 1980.

甘肃（GS）、西藏（XZ）。

王云章等 1980；王云章和魏淑霞 1983；庄剑云等 1998；Zhuang & Wang 2006。

龙常草柄锈菌

Puccinia diarrhenae Miyabe & S. Ito, J. Coll. Agr. Tohoku Imp. Univ. 3: 190. 1909.

陕西（SN）；日本、俄罗斯、朝鲜半岛。

王云章 1951；戴芳澜 1979；王云章和魏淑霞 1983；庄剑云等 1998。

狗肝菜柄锈菌

Puccinia diclipterae Syd. & P. Syd., Annls. Mycol. 12 (2): 106. 1914.

台湾（TW）、广东（GD）。

王云章 1951；戴芳澜 1979；Zhuang 1992；庄剑云等 2003。

迪特尔柄锈菌

Puccinia dieteliana P. Syd. & Syd., Hedwigia 37 (4): 215. 1898.

河南（HEN）、陕西（SN）、安徽（AH）、江苏（JS）、江西（JX）、湖南（HN）、湖北（HB）、四川（SC）、重庆（CQ）、贵州（GZ）、云南（YN）、福建（FJ）、台湾（TW）、广西（GX）；日本、俄罗斯、朝鲜半岛。

王云章 1951；邓叔群 1963；戴芳澜 1979；Zhuang 1983；郭林 1989；魏淑霞和庄剑云 1997；Zhang et al. 1997；庄剑云等 2003；Zhuang & Wei 2005。

异株薹草柄锈菌

Puccinia dioicae Magnus, Amt. Ber. 50 Versammt. D. Naturf. Ärzte München p. 199. 1877.

Puccinia extensicola Plowr., Monograph Brit. Ured. p. 181. 1889.

黑龙江（HL）、吉林（JL）、辽宁（LN）、内蒙古（NM）、河北（HEB）、北京（BJ）、山西（SX）、河南（HEN）、陕西（SN）、甘肃（GS）、新疆（XJ）、江苏（JS）、四川（SC）、西藏（XZ）、福建（FJ）；北温带。

王云章 1951；邓叔群 1963；戴芳澜 1979；庄剑云 1985；Zhuang 1983，1986a，1989b，1999；刘伟成等 1991；Zhuang & Wei 1994，2001a，2005；Zhang et al. 1997；庄剑云等 1998；Cao et al. 2000b；Zhuang & Wang 2006；Xu et al. 2013。

薯蓣柄锈菌

Puccinia dioscoreae Kom., in Jaczewski, Komarov & Tranzschel, Fungi Rossiae Exsicc. Fasc. 6 (nos 251-300): no. 269. 1899.

黑龙江（HL）、吉林（JL）、辽宁（LN）、内蒙古（NM）、北京（BJ）、陕西（SN）、甘肃（GS）、重庆（CQ）、云南（YN）、西藏（XZ）、海南（HI）；印度、日本、尼泊尔、俄罗斯。

戴芳澜 1979；刘伟成等 1991；Zhuang & Wei 1994，2005；Zhang et al. 1997；庄剑云等 1998；Cao et al. 2000b；刘铁志等 2004；Zhuang & Wang 2006。

双稃草生柄锈菌

Puccinia diplachnicola Dietel, Annls. Mycol. 8 (3): 308. 1910.

北京（BJ）、安徽（AH）、江苏（JS）、贵州（GZ）；日本、朝鲜半岛。

王云章 1951；戴芳澜 1979；王云章和魏淑霞 1983；庄剑云等 1998。

万寿竹柄锈菌

Puccinia dispori Syd., Annls. Mycol. 29 (3/4): 151. 1931.

四川（SC）、台湾（TW）；日本、菲律宾。

戴芳澜 1979；Zhuang 1989a；庄剑云等 1998。

多夫勒柄锈菌

Puccinia dovrensis A. Blytt, Skr. Christiana Vidensk.-Selsk. Forhandl. 6: 54. 1896.

Puccinia erigerontis-elongatae Y.C. Wang & S.J. Han, Acta Microb. Sin. 20: 20. 1980.

新疆（XJ）；欧亚。

Zhuang & Wei 1999c，2005；Xu et al. 2013。

二孔柄锈菌

Puccinia duplex Jørst., Ark. Bot. 4 (no. 8): 340. 1959.

四川（SC）。

Zhuang 1988；庄剑云等 1998。

毛蕊草柄锈菌

Puccinia duthiei Ellis & Tracy, Bull. Torrey Bot. Club 24: 283. 1897.

湖北（HB）、四川（SC）、贵州（GZ）、云南（YN）、福建（FJ）、台湾（TW）、广西（GX）；印度、南非、坦桑尼亚、澳大利亚。

王云章 1951；戴芳澜 1979；王云章和魏淑霞 1983；庄剑云等 1998。

蓝刺头柄锈菌

Puccinia echinopis DC., in de Candolle & Lamarck, Fl. Franç. Edn 3 5/6: 57. 1815.

新疆（XJ）；欧亚温带、北非。

戴芳澜 1979；魏淑霞和王云章 1986；Zhuang 1989b；庄剑云等 2003。

胡颓子柄锈菌

Puccinia elaeagni Yoshin., Annls. Mycol. 4 (4): 304. 1906.

湖北（HB）、贵州（GZ）；日本。

王云章 1951；戴芳澜 1979；郭林 1989；庄剑云等 2003；。

披碱草柄锈菌

Puccinia elymi Westend., Bull. Acad. R. Sci. Belg. Cl. Sci. 18 (2): 408. 1851.

黑龙江（HL）、吉林（JL）、内蒙古（NM）、北京（BJ）、甘肃（GS）、四川（SC）；日本；欧洲。

王云章和魏淑霞 1983；庄剑云等 1998；Zhuang & Wei 2001b，2005；刘铁志等 2004；Zhuang & Wang 2006。

仰卧爵床柄锈菌

Puccinia elytrariae Henn., Hedwigia 34: 320. 1895.

Puccinia shiraiana P. Syd., Hedwigia 38 (Beibl.): 141. 1899.

河北（HEB）、陕西（SN）、安徽（AH）、江苏（JS）、浙江（ZJ）、江西（JX）、湖南（HN）、湖北（HB）、四川（SC）、重庆（CQ）、贵州（GZ）、云南（YN）、福建（FJ）、台湾（TW）、广西（GX）、香港（HK）；日本、墨西哥、巴西。

王云章 1951；邓叔群 1963；戴芳澜 1979；Zhuang 1983，1992；郭林 1989；Zhuang & Wei 1999a，2005；庄剑云等 2003。

恩格尔柄锈菌

Puccinia engleriana Henn., Bot. Jb. 34: 40. 1904.

云南（YN）；印度、菲律宾、布隆迪、巴布亚新几内亚。

Zhuang & Wei 2012。

画眉草柄锈菌

Puccinia eragrostidis Petch, Ann. R. Bot. Gdns Peradeniya 6 (3): 209, 216. 1917.

山东（SD）、甘肃（GS）、云南（YN）、西藏（XZ）、广西（GX）；印度、尼泊尔、斯里兰卡。

王云章和魏淑霞 1983；Zhuang 1986a；Zhuang & Wei 1994，2005；庄剑云等 1998；Zhuang & Wang 2006。

苦郎树柄锈菌

Puccinia erebia Syd. & P. Syd., Philipp. J. Sci. 8: 475. 1913.

台湾（TW）、广东（GD）、香港（HK）；印度、印度尼西亚、菲律宾、琉球群岛。

王云章 1951；戴芳澜 1979；庄剑云等 2003。

独尾草柄锈菌

Puccinia eremuri Kom., Scripta Bot. Horti Univ. Imper. Petrop.

10: 30. 1895.
新疆（XJ）；哈萨克斯坦、俄罗斯。
徐彪等 2008a，2013；赵震宇和郭庆元 2012。

红柄柄锈菌

Puccinia erythropus Dietel, Bot. Jb. 37: 101. 1905.
北京（BJ）、陕西（SN）、甘肃（GS）、江苏（JS）、浙江（ZJ）、江西（JX）、湖南（HN）、四川（SC）、贵州（GZ）、福建（FJ）、台湾（TW）、广西（GX）、海南（HI）；日本、菲律宾、俄罗斯。
王云章 1951；戴芳澜 1979；王云章和魏淑霞 1983；Zhuang 1983；庄剑云等 1998；Zhuang & Wei 1999a，2005；Zhuang & Wang 2006。

吴茱萸柄锈菌

Puccinia evodiae-trichotomae J.Y. Zhuang, Mycosystema 4: 87. 1991.
海南（HI）。
Zhuang 1991b；庄剑云等 2003。

高大柄锈菌

Puccinia excelsa Barclay, Addit. Ured. of Simla p. 216. 1891.
内蒙古（NM）、陕西（SN）；印度。
曹支敏和李振岐 1999；Cao et al. 2000b；刘铁志等 2004。

耗损柄锈菌

Puccinia exhausta Dietel, Bot. Jb. 28 (3): 283. 1900.
陕西（SN）、湖北（HB）、四川（SC）、云南（YN）、西藏（XZ）、台湾（TW）；东亚及东南亚。
王云章 1951；戴芳澜 1979；Zhuang 1986a，1991a；郭林 1989；臧穆等 1996；魏淑霞和庄剑云 1997；Cao et al. 2000b；庄剑云等 2003；Zhuang & Wei 2005。

荞麦生柄锈菌

Puccinia fagopyricola Jørst., Nytt. Mag. Bot. 6: 137. 1958.
浙江（ZJ）、江西（JX）、湖南（HN）、四川（SC）、云南（YN）、西藏（XZ）、福建（FJ）、广西（GX）；印度、尼泊尔、朝鲜半岛。
戴芳澜 1979；Zhuang 1986a；Li 1988；Zhuang & Wei 1994，1999a；庄剑云等 2003。

锈色柄锈菌

Puccinia ferruginea Lév., in Gaudichaud-Beaupré, Voy. Bonité Fungi p. 204. 1846.
陕西（SN）、安徽（AH）、江苏（JS）、浙江（ZJ）、江西（JX）、湖南（HN）、湖北（HB）、四川（SC）、重庆（CQ）、贵州（GZ）、云南（YN）、福建（FJ）、台湾（TW）、广西（GX）；印度尼西亚、日本、菲律宾、泰国、巴布亚新几内亚。
王云章 1951；邓叔群 1963；戴芳澜 1979；Zhuang 1983，1989a；Zhang et al. 1997；庄剑云等 1998；Zhuang & Wei 2005。

准噶尔阿魏柄锈菌

Puccinia ferulae-songoricae Tranzschel & Erem., in Tranzschel, Conspectus Uredinalium URSS p. 305. 1939.
新疆（XJ）；哈萨克斯坦。
Wei & Zhuang 2001；庄剑云等 2003；Zhuang & Wei 2005。

狐茅柄锈菌

Puccinia festucae Plowr., Grevillea 21 (no. 100): 109. 1893.
陕西（SN）、甘肃（GS）、四川（SC）；印度、日本、美国、朝鲜半岛；欧洲。
邓叔群 1963；戴芳澜 1979；庄剑云等 1998；Cao et al. 2000c；Zhuang & Wei 2001b；Zhuang & Wang 2006。

羊茅柄锈菌

Puccinia festucae-ovinae F.L. Tai, Farlowia 3: 116. 1947.
北京（BJ）、陕西（SN）、云南（YN）。
王云章 1951；戴芳澜 1979；王云章和魏淑霞 1983；庄剑云等 1998；Zhuang & Wei 2005。

飘拂草柄锈菌

Puccinia fimbristylidis Arthur, Bull. Torrey Bot. Club 33: 28. 1906.
云南（YN）、西藏（XZ）、海南（HI）；印度、日本、乌干达、墨西哥、巴拿马、美国、巴西、哥伦比亚、巴布亚新几内亚、西印度群岛。
Zhuang 1986a，1988；庄剑云等 1998。

柔柄柄锈菌

Puccinia flaccida Berk. & Broome, J. Linn. Soc. Bot. 14 (no. 74): 91. 1873.
四川（SC）、贵州（GZ）、西藏（XZ）、台湾（TW）、海南（HI）；印度、日本、斯里兰卡。
王云章和魏淑霞 1983；Zhuang & Wei 1994；庄剑云等 1998。

黄柄柄锈菌

Puccinia flavipes Syd. & P. Syd., Annls. Mycol. 5 (6): 497. 1907.
台湾（TW）；印度、日本。
戴芳澜 1979；庄剑云等 1998。

异花草生柄锈菌

Puccinia fuirenicola Arthur ex Kern et al., Annls. Mycol. 31: 13 1933.
台湾（TW）；印度、印度尼西亚、斯里兰卡、泰国、南非、古巴、波多黎各、巴西。
戴芳澜 1979；庄剑云等 1998。

抚顺柄锈菌

Puccinia fushunensis Hara, J. Agric. Soc. Japan 31 (no. 361):

25. 1928.
辽宁（LN）。
庄剑云等 1998。

梭孢柄锈菌

Puccinia fusispora P. Syd. & Syd., Monogr. Uredin. 1 (3): 590. 1903.
吉林（JL）、重庆（CQ）、贵州（GZ）；日本。
王云章 1951；戴芳澜 1979；Zhang et al. 1997；庄剑云等 2003。

龙胆柄锈菌

Puccinia gentianae (F. Strauss) Röhl., Deutschlands Flora, Ed. 2 3 (3): 131. 1813.
Uredo gentianae F. Strauss, Ann. Wetter. Gesellsch. Ges. Naturk. 2: 102. 1811.
河北（HEB）、北京（BJ）、山西（SX）、陕西（SN）、甘肃（GS）、青海（QH）、新疆（XJ）、四川（SC）、云南（YN）、西藏（XZ）、台湾（TW）；北温带。
王云章 1951；戴芳澜 1979；杜复等 1983；王云章和臧穆 1983；Zhuang 1986a，1999；Zhuang & Wei 1994，2005；魏淑霞和庄剑云 1997；庄剑云等 2003；Zhuang & Wang 2006；Xu et al. 2013。

多氏老鹳草柄锈菌

Puccinia geranii-doniani J.Y. Zhuang & S.X. Wei, Mycosystema 21 (1): 1. 2002.
云南（YN）。
庄剑云等 2003。

多蕊老鹳草柄锈菌

Puccinia geranii-polyanthis J.Y. Zhuang, Acta Mycol. Sin. 5 (3): 139. 1986.
西藏（XZ）。
Zhuang 1986a；庄剑云等 2003。

巨堆柄锈菌

Puccinia gigantea P. Karst., Bidr. Känn. Finl. Nat. Folk 31: 42. 1879.
新疆（XJ）、西藏（XZ）；格鲁吉亚、乌兹别克斯坦、芬兰、挪威、俄罗斯、瑞典、瑞士。
Zhuang 1989b；Zhuang & Wei 1994，2005；庄剑云等 2003；Xu et al. 2013。

活血丹柄锈菌

Puccinia glechomatis DC., Encycl. Méth. Bot. 8: 245. 1808.
黑龙江（HL）、吉林（JL）、辽宁（LN）、内蒙古（NM）、甘肃（GS）、安徽（AH）、江苏（JS）、台湾（TW）、广西（GX）；欧亚温带。
王云章 1951；戴芳澜 1979；Wei 1990；刘伟成等 1991；庄剑云等 2003；Zhuang & Wei 2005；Zhuang & Wang 2006。

团集柄锈菌

Puccinia glomerata Grev., Flora Edinensis p. 433. 1824.
吉林（JL）、内蒙古（NM）、河北（HEB）、陕西（SN）、新疆（XJ）；北温带。
魏淑霞和王云章 1986；魏淑霞和庄剑云 1997；Zhuang & Wei 2001b，2005；庄剑云等 2003；Xu et al. 2013。

甘草柄锈菌

Puccinia glycyrrhizae F.L. Tai, Farlowia 3: 125. 1947.
甘肃（GS）。
王云章 1951；戴芳澜 1979；庄剑云等 2003。

椴叶咀签柄锈菌

Puccinia gouaniae-tiliaefoliae Syd., Annls. Mycol. 29 (3/4): 153. 1931.
海南（HI）；菲律宾。
Zhuang & Wei 2011。

禾柄锈菌

Puccinia graminis Pers., Neues Mag. Bot. 1: 119. 1794.
黑龙江（HL）、吉林（JL）、辽宁（LN）、内蒙古（NM）、河北（HEB）、北京（BJ）、山西（SX）、河南（HEN）、陕西（SN）、宁夏（NX）、甘肃（GS）、青海（QH）、新疆（XJ）、安徽（AH）、江苏（JS）、浙江（ZJ）、江西（JX）、湖北（HB）、四川（SC）、重庆（CQ）、贵州（GZ）、云南（YN）、西藏（XZ）、台湾（TW）、广东（GD）；世界各地。
王云章 1951；戴芳澜 1979；王云章和魏淑霞 1983；Zhuang 1989b；刘伟成等 1991；曹支敏等 1996；Cao 2000b；Zhang et al. 1997；庄剑云等 1998；刘铁志等 2004；Zhuang & Wei 2005；Zhuang & Wang 2006；赵震宇和郭庆元 2012；Xu et al. 2013。

吉隆柄锈菌

Puccinia gyirongensis J.Y. Zhuang, in Zhuang & Wei, Mycosystema 7: 57. 1994.
西藏（XZ）。
Zhuang & Wei 1994；庄剑云等 2003。

兔耳草柄锈菌云南亚种

Puccinia gymnandrae ssp. **yunnanensis** Savile, Can. J. Bot. 46: 640. 1968.
云南（YN）、西藏（XZ）。
庄剑云等 2003。

海南柄锈菌

Puccinia hainanensis J.Y. Zhuang & S.X. Wei, Mycosystema 16 (2): 82. 1997.
海南（HI）。
Zhuang & Wei 1997；庄剑云等 1998。

花锚柄锈菌

Puccinia haleniae Arthur & Holw., in Arthur, Bulletin of the

Geological and Natural History Survey of Minnesota 3: 30. 1887.
黑龙江（HL）、吉林（JL）、辽宁（LN）、内蒙古（NM）、河北（HEB）、北京（BJ）、山西（SX）、陕西（SN）、甘肃（GS）、青海（QH）、四川（SC）、重庆（CQ）、西藏（XZ）；日本、俄罗斯、朝鲜半岛；北美洲。
王云章 1951；戴芳澜 1979；王云章和臧穆 1983；Zhuang 1986b；刘伟成等 1991；Zhuang & Wei 1994，2001a，2005；Zhang et al. 1997；庄剑云等 2003；Zhuang & Wang 2006。

汉源柄锈菌

Puccinia hanyuenensis F.L. Tai, Acta Phytotax. Sin. 11 (4): 343. 1973.
陕西（SN）、湖北（HB）、四川（SC）、云南（YN）。
戴芳澜 1973，1979；Li 1988；郭林 1989；Zhang et al. 1997；庄剑云等 2003；Zhuang & Wei 2005。

哈氏柄锈菌

Puccinia hariotii Lagerh., Tremö Mus. Aarcheft p. 135. 1893.
陕西（SN）；伊朗。
曹支敏和李振岐 1999；Cao et al. 2000b。

哈里柄锈菌

Puccinia harryana Jørst., Ark. Bot. 4 (no. 8): 348. 1959.
四川（SC）。
庄剑云等 1998。

桥冈柄锈菌

Puccinia hashiokae Hirats. f., J. Jap. Bot. 18: 570. 1942.
云南（YN）、台湾（TW）、广东（GD）、海南（HI）；琉球群岛。
戴芳澜 1979；庄剑云等 1998。

屏东柄锈菌

Puccinia heitoensis S. Ito & Muray., Trans. Sapporo Nat. Hist. Soc. 18 (3-4): 88. 1949.
台湾（TW）。
戴芳澜 1979；庄剑云等 2003。

向日葵柄锈菌

Puccinia helianthi Schwein., Schr. Naturf. Ges. Leipzig 1: 73. 1822.
黑龙江（HL）、吉林（JL）、辽宁（LN）、内蒙古（NM）、河北（HEB）、北京（BJ）、山西（SX）、山东（SD）、河南（HEN）、陕西（SN）、宁夏（NX）、甘肃（GS）、新疆（XJ）、安徽（AH）、江苏（JS）、四川（SC）、贵州（GZ）、云南（YN）、台湾（TW）；世界各地。
王云章 1951；邓叔群 1963；戴芳澜 1979；杜复等 1983；王云章和臧穆 1983；魏淑霞和王云章 1986；Zhuang 1989b；刘伟成等 1991；魏淑霞和庄剑云 1997；Cao et al. 2000b；庄剑云等 2003；刘铁志等 2004；Zhuang & Wei 2005；Zhuang & Wang 2006；赵震宇和郭庆元 2012；Xu et al. 2013。

异燕麦柄锈菌

Puccinia helictotrichi Jørst., Ark. Bot. 4 (no. 5): 349. 1959.
河北（HEB）、陕西（SN）、四川（SC）。
庄剑云等 1998；Cao et al. 2000b；Zhuang & Wei 2005。

黄花菜柄锈菌

Puccinia hemerocallidis Thüm., Bull. Soc. Imp. Nat. Moscou 55: 81. 1880.
黑龙江（HL）、吉林（JL）、辽宁（LN）、内蒙古（NM）、河北（HEB）、北京（BJ）、山西（SX）、山东（SD）、河南（HEN）、陕西（SN）、宁夏（NX）、新疆（XJ）、安徽（AH）、江苏（JS）、浙江（ZJ）、江西（JX）、湖南（HN）、湖北（HB）、四川（SC）、重庆（CQ）、贵州（GZ）、云南（YN）、福建（FJ）、台湾（TW）、广西（GX）、海南（HI）；日本、俄罗斯、朝鲜半岛。
王云章 1951；邓叔群 1963；戴芳澜 1979；Zhuang 1983，1989a；郭林 1989；刘伟成等 1991；Zhang et al. 1997；庄剑云等 1998；Zhuang & Wei 1999a，2001，2005。

亨诺普斯柄锈菌

Puccinia hennopsiana Doidge, Bothalia 2 (1a): 118. 1926.
云南（YN）、西藏（XZ）、台湾（TW）；科特迪瓦、南非、乌干达、巴布亚新几内亚。
Zhuang 1988；庄剑云等 1998。

亨利柄锈菌

Puccinia henryana P. Syd. & Syd., Monogr. Uredin. 1 (4): 633. 1903.
四川（SC）、西藏（XZ）。
王云章 1951；邓叔群 1963；戴芳澜 1979；Zhuang 1989a；Zhuang & Wei 1994；庄剑云等 1998。

尼泊尔独活柄锈菌

Puccinia heraclei-nepalensis Durrieu, Mycotaxon 9 (2): 489. 1979.
西藏（XZ）；尼泊尔。
Li 1989；Zhuang & Wei 1994；庄剑云等 2003。

异色柄锈菌

Puccinia heterocolor M.M. Chen, in Wang et al., Acta Microbiol. Sin. 20 (1): 22. 1980.
西藏（XZ）；尼泊尔。
王云章等 1980；王云章和臧穆 1983；庄剑云等 2003。

异孢柄锈菌

Puccinia heterospora Berk. & M.A. Curtis, J. Linn. Soc. 10: 356. 1868.
云南（YN）、台湾（TW）、广东（GD）、广西（GX）、海南（HI）；世界热带。

王云章 1951；戴芳澜 1979；庄剑云等 2003。

比婆山柄锈菌

Puccinia hibayamensis Morim., J. Jap. Bot. 34: 185. 1959.

陕西（SN）；日本。

曹支敏和李振岐 1999；Cao et al. 2000b；Zhuang & Wei 2005。

山柳菊柄锈菌

Puccinia hieracii (Röhl.) H. Mart., Prodr. Fl. Mosq. Edn 2: 227. 1817.

Puccinia flosculosorum var. *hieracii* Röhl., Deutschl. Fl. 3 (3): 131. 1813.

黑龙江（HL）、吉林（JL）、辽宁（LN）、内蒙古（NM）、河北（HEB）、北京（BJ）、山东（SD）、河南（HEN）、陕西（SN）、宁夏（NX）、甘肃（GS）、青海（QH）、新疆（XJ）、浙江（ZJ）、四川（SC）、重庆（CQ）、云南（YN）、西藏（XZ）、台湾（TW）；世界各地。

王云章 1951；戴芳澜 1979；魏淑霞和王云章 1986；Zhuang 1989b，1999；刘伟成等 1991；Zhuang & Wei 1994，2001a，2005；魏淑霞和庄剑云 1997；Zhang et al. 1997；Cao et al. 2000b；庄剑云等 2003；刘铁志等 2004；Zhuang & Wang 2006；赵震宇和郭庆元 2012；Xu et al. 2013。

宽叶牛姆瓜柄锈菌

Puccinia holboelliae-latifoliae Cummins, Mycologia 35 (4): 453. 1943.

Puccinia akebiae Y.C. Wang & S.X. Wei, Acta Microb. Sin. 20: 18. 1980.

西藏（XZ）；印度。

Zhuang 1991a；庄剑云等 2003。

全缘叶山柳菊柄锈菌

Puccinia hololeii Tranzschel, Conspectus Uredinalium URSS p. 394. 1939.

吉林（JL）。

庄剑云等 2003。

大麦柄锈菌

Puccinia hordei G.H. Otth, Mitt. Naturf. Ges. Bern 1870: 114. 1871.

河北（HEB）、北京（BJ）、山西（SX）、河南（HEN）、青海（QH）、新疆（XJ）、江苏（JS）、浙江（ZJ）、四川（SC）、云南（YN）、西藏（XZ）。

王云章 1951；戴芳澜 1979；王云章和魏淑霞 1983；Zhuang & Wei 1994；庄剑云等 1998。

堀柄锈菌

Puccinia horiana Henn., Hedwigia 40 (Beibl.): 25. 1901.

陕西（SN）、江苏（JS）、福建（FJ）、台湾（TW）、广东（GD）、香港（HK）；日本、丹麦、俄罗斯、英国、南非、澳大利亚、新西兰、朝鲜半岛。

王云章 1951；戴芳澜 1979；Zhuang 1983；魏淑霞和王云章 1986；Cao et al. 2000b；庄剑云等 2003。

兴安柄锈菌

Puccinia hsinganensis Miura, Industrial Materials of the S. Manchuria Railway 27: 316. 1928.

兴安岭（具体地点不详）。

王云章 1951；戴芳澜 1979；庄剑云等 1998。

赫尔顿柄锈菌

Puccinia hultenii Tranzschel & Jørst., Skr. utgitt av det. Norske Videnskaps-Akademi I Oslo I. Mat. Naturv. Klasse N.S. No. 22 (9): 107. 1934.

内蒙古（NM）、陕西（SN）、湖北（HB）、四川（SC）；日本。

Li 1988；Cao et al. 2000b；庄剑云等 2003；刘铁志等 2004；Zhuang & Wei 2005。

矮丛薹草生柄锈菌

Puccinia humilicola Hasler, Ber. Schweiz. Bot. Ges. 47: 429. 1937.

黑龙江（HL）、内蒙古（NM）、陕西（SN）；欧洲。

Zhuang 1988；庄剑云等 1998；Cao et al. 2000b。

透明柄锈菌

Puccinia hyalina Dietel, Bot. Jahrb. 37: 99. 1905.

福建（FJ）；日本。

Zhuang 1983，1988；庄剑云等 1998。

天胡荽柄锈菌

Puccinia hydrocotyles (Mont.) Cooke, Grevillea 9 (no. 49): 14. 1880.

Uredo hydrocotyles Mont., in Gay, Fl. Chil. 8: 50. 1852.

台湾（TW）；世界各地。

王云章 1951；戴芳澜 1979；Li 1989；庄剑云等 2003。

苞茅柄锈菌

Puccinia hyparrheniae Cummins, Bull. Torrey Bot. Club 83: 226. 1956.

西藏（XZ）；非洲东部。

Zhuang & Wei 1994；庄剑云等 1998。

阴地凤仙柄锈菌

Puccinia impatientis-uliginosae F.L. Tai, Farlowia 3: 126. 1947.

云南（YN）。

王云章 1951；戴芳澜 1979；庄剑云等 2003。

隐生柄锈菌

Puccinia inclusa P. Syd. & Syd., Monogr. Uredin. 1 (1): 56. 1902.

山西（SX）、四川（SC）、广西（GX）；北美洲。

魏淑霞和王云章 1986；庄剑云等 2003。

腰下孔柄锈菌

Puccinia infra-aequatorialis Jørst., Skr. Norske Videnskaps-Akademi Oslo I. Mat. Naturv. Klasse N.S. No. 22 (9): 132. 1933.

浙江（ZJ）、福建（FJ）、台湾（TW）；日本、俄罗斯。

Zhuang 1983；魏淑霞和王云章 1986；庄剑云等 2003。

不雅柄锈菌

Puccinia invenusta Syd. & P. Syd., Annls. Mycol. 5 (6): 498. 1907.

陕西（SN）、云南（YN）、台湾（TW）；印度、菲律宾；非洲。

王云章 1951；戴芳澜 1979；庄剑云等 1998；Zhuang & Wei 2005。

鸢尾柄锈菌

Puccinia iridis Wallr., in Rabenhorst, Deutschl. Krypt.-Fl. 1: 23. 1844.

黑龙江（HL）、吉林（JL）、辽宁（LN）、内蒙古（NM）、河北（HEB）、北京（BJ）、山西（SX）、山东（SD）、陕西（SN）、宁夏（NX）、甘肃（GS）、青海（QH）、新疆（XJ）、四川（SC）、重庆（CQ）、西藏（XZ）；北温带。

王云章 1951；戴芳澜 1979；杜复等 1983；Zhuang 1989a，1989b，1999；刘伟成等 1991；贾菊生和胡守智 1994；Zhuang & Wei 1994，2001a，2005；李晓虹和刘德容 1995；Zhang et al. 1997；庄剑云等 1998；Cao et al. 2000b；刘铁志等 2004；Zhuang & Wang 2006；赵震宇和郭庆元 2012；Xu et al. 2013。

鸢尾柄锈菌多孔变种

Puccinia iridis var. **polyporis** W.C. Liu, Acta Mycol. Sin. 12 (3): 187. 1993.

内蒙古（NM）。

庄剑云等 1998。

柳叶箬柄锈菌

Puccinia isachnes Petch, Ann. R. Bot. Gdns Peradeniya 7 (4): 293. 1922.

四川（SC）、西藏（XZ）；印度、斯里兰卡。

戴芳澜 1979；王云章和魏淑霞 1983；庄剑云等 1998。

北非芦苇柄锈菌

Puccinia isiacae (Thüm.) G. Winter, in Kunze, Plantae Orient-Ross. p. 127. 1887.

Uredo isiacae Thüm., Grevillea 7 (no. 46): 50. 1879.

新疆（XJ）；土库曼斯坦、德国、西班牙、埃及、摩洛哥。

王云章和魏淑霞 1983；Zhuang 1989b；庄剑云等 1998；Zhuang & Wei 2005；Xu et al. 2013。

岩手山柄锈菌

Puccinia iwateyamensis Hirats. f., Mem. Tottori Agric. Coll. 3 (2): 140. 1935.

黑龙江（HL）、吉林（JL）、辽宁（LN）、内蒙古（NM）；日本、俄罗斯。

Li 1988；刘伟成等 1991；庄剑云等 2003。

兔耳薹草柄锈菌

Puccinia jaceae-leporinae Tranzschel, Trav. Mus. Bot. Acad. Sci. St. Petersburg 7: 12. 1909.

湖北（HB）；罗马尼亚、俄罗斯、瑞士。

Zhuang & Wei 1997；庄剑云等 1998。

矮探春柄锈菌

Puccinia jasmini-humilis Jørst., Ark. Bot. 4 (no. 8): 358. 1959.

四川（SC）、西藏（XZ）。

Zhuang 1986b，1992；庄剑云等 2003。

水莎草柄锈菌

Puccinia juncelli Dietel, Annls. Mycol. 8 (3): 306. 1910.

云南（YN）、台湾（TW）；日本。

戴芳澜 1979；庄剑云等 1998。

准噶尔柄锈菌

Puccinia junggarensis S.X. Wei & J.Y. Zhuang, Mycosystema 4: 92. 1991.

新疆（XJ）。

Wei & Zhuang 1991；庄剑云等 1998；Zhuang & Wei 2005；Xu et al. 2013。

岗日嘎布柄锈菌

Puccinia kangrikarpoensis J.Y. Zhuang, Acta Mycol. Sin. 5 (3): 140. 1986.

西藏（XZ）。

Zhuang 1986b，1988；庄剑云等 1998。

卡累利阿柄锈菌

Puccinia karelica Tranzschel, Trav. Mus. Bot. Acad. Sci. St. Petersburg 2: 16. 1905.

北京（BJ）、陕西（SN）。

庄剑云等 1998；Cao et al. 2000b。

川上柄锈菌

Puccinia kawakamiensis Kakish. & S. Sato, Trans. Mycol. Soc. Japan 24 (4): 405. 1984.

陕西（SN）；日本。

曹支敏和李振岐 1999；Cao et al. 2000b。

科马罗夫柄锈菌

Puccinia komarovii Tranzschel ex P. Syd. & Syd., Monogr. Uredin. 1 (3): 451. 1903.

新疆（XJ）、西藏（XZ）；印度、哈萨克斯坦、乌兹别克斯坦。

Zhuang 1989b；Zhuang & Wei 1994，2005；庄剑云等 2003；Xu et al. 2013。

克氏菝葜柄锈菌

Puccinia kraussiana Cooke, Grevillea 10 (no. 56): 126. 1882.

云南（YN）、西藏（XZ）、台湾（TW）、广西（GX）；印度、印度尼西亚、缅甸、越南、肯尼亚、马拉维、南非、多哥。
Chen & Koyama 1980；庄剑云等 1998；Zhuang & Wei 1999b。

屈恩柄锈菌

Puccinia kuehnii (W. Krüger) E.J. Butler, Annls. Mycol. 12 (2): 82. 1914.
Uromyces kuehnii W. Krüger, Ber. Versuchsstat. Zuckerrinhrin West-Java 1: 117. 1890.
江苏（JS）、四川（SC）、台湾（TW）、广西（GX）；印度、印度尼西亚、日本、缅甸、尼泊尔、菲律宾、斯里兰卡、南非、澳大利亚。
戴芳澜 1979；王云章和魏淑霞 1983；庄剑云等 1998；Zhuang & Wei 1999a。

广西柄锈菌

Puccinia kwangsiana Cummins, Mycologia 43 (1): 86. 1951.
广西（GX）。
魏淑霞和王云章 1986；庄剑云等 2003。

灌县柄锈菌

Puccinia kwanhsienensis F.L. Tai, Farlowia 3: 118. 1947.
四川（SC）。
王云章 1951；戴芳澜 1979；王云章和魏淑霞 1983；庄剑云等 1998。

贵州柄锈菌

Puccinia kweichowana Cummins, Mycologia 43 (1): 83. 1951.
四川（SC）、贵州（GZ）。
王云章 1951；戴芳澜 1979；庄剑云等 2003。

水蜈蚣柄锈菌

Puccinia kyllingae-brevifoliae Miura, in Ito & Homma, Trans. Sapporo Nat. Hist. Soc. 15 (3): 128. 1938.
四川（SC）、云南（YN）、西藏（XZ）、台湾（TW）；日本、留尼汪（法）、马提尼克、波多黎各、巴西、哥伦比亚。
邓叔群 1963；戴芳澜 1979；Zhuang 1988；庄剑云等 1998。

低滩苦荬菜柄锈菌

Puccinia lactucae-debilis Dietel, Annls. Mycol. 6 (3): 225. 1908.
黑龙江（HL）、吉林（JL）、内蒙古（NM）、河北（HEB）、北京（BJ）、山西（SX）、陕西（SN）、新疆（XJ）、四川（SC）、重庆（CQ）、贵州（GZ）、云南（YN）、福建（FJ）、台湾（TW）、广西（GX）；日本、俄罗斯、朝鲜半岛。
王云章 1951；戴芳澜 1979；Zhuang 1983；魏淑霞和王云章 1986；魏淑霞和庄剑云 1997；Zhang et al. 1997；Zhuang & Wei 1999a，2001，2005；Cao et al. 2000b；Xu et al. 2013。

苦荬菜柄锈菌

Puccinia lactucae-denticulatae Dietel, Bot. Jb. 37: 103. 1905.
黑龙江（HL）、吉林（JL）、河北（HEB）、北京（BJ）、陕西（SN）、湖北（HB）、福建（FJ）；日本、俄罗斯、朝鲜半岛。
王云章 1951；戴芳澜 1979；Zhuang 1983；魏淑霞和王云章 1986；刘伟成等 1991；魏淑霞和庄剑云 1997；庄剑云等 2003；Zhuang & Wei 2005。

匍匐苦荬菜柄锈菌

Puccinia lactucae-repentis Miyabe & T. Miyake, in Sydow & Sydow, Annls. Mycol. 11 (2): 96. 1913.
北京（BJ）、山西（SX）、陕西（SN）、宁夏（NX）、新疆（XJ）、四川（SC）、广西（GX）；日本、俄罗斯、朝鲜半岛。
王云章 1951；戴芳澜 1979；王云章等 1985；魏淑霞和王云章 1986；李晓虹和刘德容 1995；Zhuang & Wei 1999a，2005；庄剑云等 2003；Xu et al. 2013。

莴苣柄锈菌

Puccinia lactucina P. Syd. & Syd., Monogr. Uredin. 1 (1): 111. 1902.
新疆（XJ）；伊朗。
Xu et al. 2013。

多毛剪股颖柄锈菌

Puccinia lasiagrostis Tranzschel, Conspectus Uredinalium URSS p. 96. 1939.
新疆（XJ）；中亚。
Xu et al. 2013。

侧柄柄锈菌

Puccinia lateripes Berk. & Ravenel, in Berkeley, Grevillea 3 (no. 26): 52. 1874.
台湾（TW）、海南（HI）；斯里兰卡；美洲热带。
Zhuang 1992；庄剑云等 2003。

砖红柄锈菌

Puccinia lateritia Berk. & M.A. Curtis, J. Acad. Nat. Sci. Phil. II. 2: 281. 1853.
西藏（XZ）、台湾（TW）、广东（GD）、广西（GX）、海南（HI）；美洲热带。
王云章 1951；戴芳澜 1979；Zhuang 1986b；Zhuang & Wei 1999a；庄剑云等 2003。

宽帽柄锈菌

Puccinia latimamma J.Y. Zhuang & S.X. Wei, Mycosystema 19 (2): 154. 2000.
陕西（SN）。
Zhuang & Wei 2000a，2005；庄剑云等 2003。

月桂生柄锈菌

Puccinia lauricola Cummins, Bull. Torrey Bot. Club 76: 38. 1949.
广西（GX）。

王云章 1951；戴芳澜 1979；Zhuang 1990a；庄剑云等 2003。

光壁柄锈菌

Puccinia leioderma Lindr., Acta Soc. Sci. Fenn. 22: 110. 1902.

山西（SX）；俄罗斯（西伯利亚）。

Li 1989；庄剑云等 2003。

鳞冠菊柄锈菌

Puccinia lepidolophae Tranzschel & Erem., in Tranzschel, Conspectus Uredinalium URSS p. 386. 1939.

新疆（XJ）；中亚。

赵震宇和郭庆元 2012；Xu et al. 2013。

绣球防风柄锈菌

Puccinia leucadis P. Syd. & Syd., Monogr. Uredin. 1 (2): 281. 1902.

云南（YN）；南非。

王云章 1951；戴芳澜 1979；Wei 1990；庄剑云等 2003。

白头柄锈菌

Puccinia leucocephala J.Y. Zhuang & S.X. Wei, Mycosystema 16 (2): 85. 1997.

海南（HI）。

Zhuang & Wei 1997；庄剑云等 1998。

淡灰柄锈菌

Puccinia leucophaea Syd., P. Syd. & E.J. Butler, Annls. Mycol. 10 (3): 258. 1912.

西藏（XZ）；印度。

Zhuang & Wei 1994；臧穆等 1996；庄剑云等 2003。

勒韦耶柄锈菌

Puccinia leveillei Mont., in Gay, Fl. Chil. 8: 41. 1852.

青海（QH）、新疆（XJ）、四川（SC）、云南（YN）、西藏（XZ）、广西（GX）；中亚、南亚、欧洲、北美洲、南美洲。

王云章 1951；戴芳澜 1979；王云章等 1985；臧穆等 1996；Zhuang & Wei 1999a；庄剑云等 2003。

光滑柄锈菌

Puccinia levis (Sacc. & Bizz.) Magnus, Ber. Dt. Bot. Ges. 9: 190. 1891.

Diorchidium leve Sacc. & Bizz., Michelia 2 (no. 8): 648. 1882.

陕西（SN）、四川（SC）、云南（YN）、西藏（XZ）、台湾（TW）、海南（HI）；印度、日本、巴基斯坦、斯里兰卡。

王云章 1951；戴芳澜 1979；王云章和魏淑霞 1983；庄剑云等 1998；Zhuang & Wei 2005。

岩风柄锈菌

Puccinia libanotidis Lindr., Meddn Stockholms Högskolas Bot. Inst. 4 (9): 2. 1901.

新疆（XJ）；日本、乌兹别克斯坦、保加利亚、丹麦、芬兰、德国、挪威、波兰、罗马尼亚、瑞典、英国。

徐彪等 2008b，2013。

离生柄锈菌

Puccinia liberta F. Kern, Mycologia 11 (3): 412. 1919.

福建（FJ）、台湾（TW）、广西（GX）；日本、菲律宾、古巴、危地马拉、美国、巴西、哥伦比亚、委内瑞拉。

王云章 1951；戴芳澜 1979；Zhuang 1988；庄剑云等 1998；Zhuang & Wei 1999a。

辽藁本柄锈菌

Puccinia ligustici-jeholensis J.Y. Zhuang & S.X. Wei, Mycosystema 19 (4): 441. 2000.

河北（HEB）。

Zhuang & Wei 2000b；庄剑云等 2003。

藁本生柄锈菌

Puccinia ligusticicola I. Miyake, J. Coll. agric., Imp. Univ. Sapporo 2: 118. 1906.

陕西（SN）、甘肃（GS）、四川（SC）；日本、俄罗斯。

王云章 1951；戴芳澜 1979；Li 1989；Cao et al. 2000b；庄剑云等 2003；Zhuang & Wang 2006。

四川山胡椒柄锈菌

Puccinia linderae-setchuenensis J.Y. Zhuang, Mycosystema 3: 33. 1990.

四川（SC）。

Zhuang 1990a；Zhuang & Wei 2001b；庄剑云等 2003。

线形柄锈菌

Puccinia leneariformis Syd. & P. Syd., Annls. Mycol. 11 (2): 104. 1913.

河北（HEB）；日本。

Zhuang 1988；庄剑云等 1998。

林克柄锈菌

Puccinia linkii Klotzsch, Linnaea 8: 490. 1833.

西藏（XZ）；北美洲。

Zhuang & Wei 1994；庄剑云等 2003。

刘氏柄锈菌

Puccinia lioui J.Y. Zhuang, Mycosystema 2: 192. 1989.

云南（YN）。

Zhuang 1989a；庄剑云等 1998。

木姜子柄锈菌

Puccinia litseae (Pat.) Dietel & Henn., Hedwigia 41 (Beibl.): 19. 1902.

Aecidium litseae Pat., Bull. Herb. Boiss. 1: 302. 1893.

Xenostele litseae (Pat.) Syd., Annls. Mycol. 18: 178. 1920.

Xenostele neolitseae S.C. Teng, Sinensia 11: 110. 1940.

重庆（CQ）、台湾（TW）；日本。

王云章 1951；邓叔群 1963；戴芳澜 1979；庄剑云等 2003。

黄丹木姜子柄锈菌

Puccinia litseae-elongatae J.Y. Zhuang, Mycosystema 3: 33.

1990.
福建（FJ）。
Zhuang 1990a；庄剑云等 2003。

滨海柄锈菌

Puccinia littoralis Rostr., in Thümen, Mycoth. Univ. Cent.: no. 327. 1876.
吉林（JL）、甘肃（GS）、新疆（XJ）、西藏（XZ）、福建（FJ）；欧亚温带。
Zhuang 1983，1989b，1999；Zhuang & Wei 1994，2005；庄剑云等 1998；Zhuang & Wang 2006；Xu et al. 2013。

侧蕊柄锈菌

Puccinia lomatogonii Petr., Meddn Göteb. Bot. Trädg. 17: 127. 1947.
青海（QH）、四川（SC）。
王云章 1951；戴芳澜 1979；Zhuang & Wei 2003，2005；庄剑云等 2003。

长角柄锈菌

Puccinia longicornis Pat. & Har., Bull. Soc. Mycol. Fr. 7: 143. 1891.
江苏（JS）、重庆（CQ）；日本。
王云章 1951；戴芳澜 1979；王云章和魏淑霞 1983；Zhang et al. 1997；庄剑云等 1998。

长柄柄锈菌

Puccinia longinqua Cummins, Mycologia 43 (1): 91. 1951.
黑龙江（HL）、吉林（JL）、辽宁（LN）、内蒙古（NM）、陕西（SN）、江苏（JS）、广西（GX）。
戴芳澜 1979；王云章和魏淑霞 1983；刘伟成等 1991；庄剑云等 1998；Zhuang & Wei 1999a，2005；Cao et al. 2000b。

长喙柄锈菌

Puccinia longirostris Kom., Fungi Rossiae Exsicc. no. 57. 1895.
新疆（XJ）；哈萨克斯坦、吉尔吉斯斯坦、塔吉克斯坦、土库曼斯坦、乌兹别克斯坦。
戴芳澜 1979；王云章等 1985；庄剑云等 2003；Zhuang & Wei 2005；Xu et al. 2013。

拟长喙柄锈菌

Puccinia longirostroides Jørst., Ark. Bot. 4 (no. 8): 349. 1959.
河北（HEB）。
庄剑云等 1998。

淡竹叶柄锈菌

Puccinia lophatheri (Syd. & P. Syd.) Hirats. f., J. Jap. Bot. 14: 36. 1938.
Diorchidium lophatheri Syd. & P. Syd., Annls. Mycol. 12: 107. 1914.
福建（FJ）、台湾（TW）、广东（GD）、海南（HI）；日本。
王云章 1951；戴芳澜 1979；王云章和魏淑霞 1983；庄剑云等 1998。

地杨梅柄锈菌

Puccinia luzulae Lib., Pl. Crypt. Arduenna Fasc. 1: no. 94. 1830.
四川（SC）、西藏（XZ）；日本；欧洲。
Zhuang 1989a；庄剑云等 1998。

林比柄锈菌

Puccinia lyngbyei Miura, in Sydow & Sydow, Annls. Mycol. 11 (2): 104. 1913.
河北（HEB）、西藏（XZ）；日本、萨哈林岛（库页岛）。
Zhuang 1988；庄剑云等 1998。

桢楠柄锈菌

Puccinia machili Cummins, Bull. Torrey Bot. Club 76: 36. 1949.
广西（GX）。
王云章 1951；戴芳澜 1979；Zhuang 1990a；Zhuang & Wei 1999a，2001c；庄剑云等 2003。

桢楠生柄锈菌

Puccinia machilicola Cummins, Bull. Torrey Bot. Club 76: 36. 1949.
贵州（GZ）。
王云章 1951；戴芳澜 1979；Zhuang 1990a；臧穆等 1996；庄剑云等 2003。

马格纳斯柄锈菌

Puccinia magnusiana Körn., Hedwigia 15: 179. 1876.
黑龙江（HL）、吉林（JL）、辽宁（LN）、内蒙古（NM）、河北（HEB）、天津（TJ）、北京（BJ）、山东（SD）、河南（HEN）、陕西（SN）、宁夏（NX）、青海（QH）、新疆（XJ）、江苏（JS）、浙江（ZJ）、四川（SC）、台湾（TW）、海南（HI）；世界各地。
王云章 1951；邓叔群 1963；戴芳澜 1979；王云章和魏淑霞 1983；刘伟成等 1991；庄剑云等 1998；Cao et al. 2000c；Zhuang & Wei 2003，2005；Xu et al. 2013。

锦葵柄锈菌

Puccinia malvacearum Bertol. ex Mont., in Gay, Hist. Fis. Y Polit. Chile Bot. 8: 43. 1852.
四川（SC）；世界各地。
戴芳澜 1979；庄剑云等 2003。

具乳柄锈菌

Puccinia mammillata J. Schröt., in Cohn, Krypt.-Fl. Schlesien 3.1 (17-24): 340. 1887; Die Pilze Schlesiens p. 340. 1889.
甘肃（GS）、西藏（XZ）；欧洲。
Zhuang & Wei 1994；庄剑云等 2003；Zhuang & Wang 2006。

东北柄锈菌

Puccinia mandshurica Miura, Industrial Materials of the S. Manchuria Railway 27: 308. 1928.

辽宁（LN）；日本、朝鲜半岛。

戴芳澜 1979；庄剑云等 1998。

中亚柄锈菌

Puccinia medioasiaticae Uljan., Opredelitel' rzhavchinnykh Gribov SSSR [Key to the rust fungi of the USSR] 2: 181. 1978.

Puccinia hyperici Golovin, Centr. Asian Univ. Stud. N.S. 14 (no. 5): 13. 1950.

新疆（XJ）；中亚。

赵震宇和郭庆元 2012。

墨脱柄锈菌

Puccinia medogensis J.Y. Zhuang, Acta Mycol. Sin. 5 (3): 142. 1986.

西藏（XZ）。

魏淑霞和王云章 1986；Zhuang 1986b；庄剑云等 2003。

黑头柄锈菌

Puccinia melanocephala Syd. & P. Syd., in Sydow, Sydow & Butler, Annls. Mycol. 5 (6): 500. 1907.

Puccinia erianthi Padwick & Khan, Mycol. Pap. 10: 32-33. 1944.

吉林（JL）、北京（BJ）、陕西（SN）、江苏（JS）、浙江（ZJ）、四川（SC）、重庆（CQ）、云南（YN）、西藏（XZ）、福建（FJ）、台湾（TW）；印度、日本、尼泊尔。

王云章和魏淑霞 1983；Zhuang 1983；Zhuang & Wei 1994，2005；Zhang et al. 1997；庄剑云等 1998；Cao et al. 2000b。

薄荷柄锈菌

Puccinia menthae Pers., Syn. Meth. Fung. 1: 227. 1801.

黑龙江（HL）、吉林（JL）、辽宁（LN）、内蒙古（NM）、河北（HEB）、北京（BJ）、山西（SX）、陕西（SN）、宁夏（NX）、甘肃（GS）、青海（QH）、新疆（XJ）、安徽（AH）、江苏（JS）、浙江（ZJ）、江西（JX）、湖北（HB）、四川（SC）、重庆（CQ）、贵州（GZ）、云南（YN）、西藏（XZ）、台湾（TW）、广西（GX）；世界各地。

王云章 1951；戴芳澜 1979；杜复等 1983；王云章和臧穆 1983；Zhuang 1989b，1999；Wei 1990；刘伟成等 1991；贾菊生和胡守智 1994；Zhuang & Wei 1994，2003，2005；臧穆等 1996；魏淑霞和庄剑云 1997；Zhang et al. 1997；Cao et al. 2000b；庄剑云等 2003；刘铁志等 2004；Zhuang & Wang 2006；赵震宇和郭庆元 2012；Xu et al. 2013。

异纳茜菜柄锈菌

Puccinia metanarthecii Pat., Revue Mycol. Toulouse 8: 80. 1886.

河北（HEB）、北京（BJ）、安徽（AH）、江苏（JS）、江西（JX）、湖南（HN）、湖北（HB）；日本、俄罗斯、朝鲜半岛。

Zhuang 1989a；庄剑云等 1998。

小堆柄锈菌

Puccinia microsora Körn., Fungi Rhenani Exsic. no. 2637. 1874; Fuckel, Jahrb. Nassauisch. Ver. f. Nat. 29-30: 14. 1876.

新疆（XJ）、四川（SC）；日本、法国、德国、立陶宛、挪威、俄罗斯、英国、美国。

Zhuang & Wei 1996b；庄剑云等 1998；Xu et al. 2013。

密堆柄锈菌

Puccinia microsphincta Lindr., Acta Soc. Sci. Fenn. 22: 74. 1902.

内蒙古（NM）；中亚。

Liu et al. 2016b。

小孢柄锈菌

Puccinia microspora Dietel, Bot. Jb. 27: 101. 1905.

四川（SC）、云南（YN）、西藏（XZ）、福建（FJ）、台湾（TW）；印度尼西亚、日本、菲律宾、美国、巴西。

王云章和魏淑霞 1983；Zhuang 1983；Zhuang & Wei 1994；庄剑云等 1998。

岷山柄锈菌

Puccinia minshanensis J.Y. Zhuang & S.X. Wei, Mycosystema 18 (2): 117. 1999.

四川（SC）。

Zhuang & Wei 1999b；庄剑云等 2003。

米努辛柄锈菌

Puccinia minussensis Thüm., Bull. Soc. Imp. Nat. Moscou 53: 214. 1878.

Puccinia lactucae Dietel, Bot. Jb. 28 (3): 285. 1901.

黑龙江（HL）、吉林（JL）、辽宁（LN）、内蒙古（NM）、河北（HEB）、北京（BJ）、山西（SX）、山东（SD）、陕西（SN）、宁夏（NX）、甘肃（GS）、青海（QH）、新疆（XJ）、安徽（AH）、江苏（JS）、浙江（ZJ）、江西（JX）、湖北（HB）、四川（SC）、贵州（GZ）、云南（YN）、西藏（XZ）、福建（FJ）、台湾（TW）、广东（GD）、广西（GX）、香港（HK）；北温带。

王云章 1951；戴芳澜 1979；Zhuang 1983，1989a；王云章等 1985；魏淑霞和王云章 1986；郭林 1989；刘伟成等 1991；Zhuang & Wei 1994，1999a，2005；李晓虹和刘德容 1995；魏淑霞和庄剑云 1997；Zhang et al. 1997；Cao et al. 2000b；Xu et al. 2013。

芒柄锈菌

Puccinia miscanthi Miura, Flora of Manchuria and East Mongolia III Cryptogams, Fungi (Industr. Contr. S. Manch. Rly 27) 27: 302. 1928.

黑龙江（HL）、吉林（JL）、辽宁（LN）、北京（BJ）、山东（SD）、河南（HEN）、陕西（SN）、甘肃（GS）、江苏（JS）、浙江（ZJ）、江西（JX）、湖南（HN）、四川（SC）、云南

(YN)、西藏(XZ)、福建(FJ)、台湾(TW)、广东(GD)、广西(GX);日本、菲律宾、俄罗斯。

王云章 1951;邓叔群 1963;戴芳澜 1979;王云章和魏淑霞 1983;Zhuang 1983;庄剑云等 1998;Cao et al. 2000b;Zhuang & Wei 2005。

芒生柄锈菌

Puccinia miscanthicola F.L. Tai & C.C. Cheo, Bull. Chin. Bot. Soc. 3: 67. 1937.

陕西(SN)。

王云章 1951;戴芳澜 1979;王云章和魏淑霞 1983;庄剑云等 1998;Zhuang & Wei 2005。

僧帽状柄锈菌

Puccinia mitriformis S. Ito, J. Coll. Agric. Tohaku Imper. Univ. 3: 233. 1909.

中国(具体地点不详);日本。

王云章 1951;戴芳澜 1979;庄剑云等 1998。

三宅柄锈菌

Puccinia miyakei Syd. & P. Syd., Annls. Mycol. 7 (2): 168. 1908.

辽宁(LN);日本、俄罗斯、朝鲜半岛。

Zhuang 1988;庄剑云等 1998。

三吉柄锈菌

Puccinia miyoshiana Dietel, Bot. Jb. 27: 569. 1899.

黑龙江(HL)、吉林(JL)、辽宁(LN)、内蒙古(NM)、河北(HEB)、北京(BJ)、山东(SD)、河南(HEN)、陕西(SN)、甘肃(GS)、安徽(AH)、江苏(JS)、浙江(ZJ)、江西(JX)、湖北(HB)、四川(SC)、重庆(CQ)、西藏(XZ)、福建(FJ)、广西(GX);日本、俄罗斯。

王云章 1951;戴芳澜 1979;王云章和魏淑霞 1983;Zhuang 1983;刘伟成等 1991;Zhuang & Wei 1994,1999a,2005;庄剑云等 1998;Cao et al. 2000b。

三吉柄锈菌大油芒变种

Puccinia miyoshiana var. **spodiopogonis** T.Z. Liu & J.Y. Zhuang, Mycosystema 35 (12): 1490. 2016.

内蒙古(NM)。

Liu et al. 2016b。

藻岩山柄锈菌

Puccinia moiwensis Miura, in Sydow & Sydow, Annls. Mycol. 11 (2): 105. 1913.

黑龙江(HL)、内蒙古(NM);日本、朝鲜半岛。

Zhuang 1988;庄剑云等 1998。

山地生柄锈菌

Puccinia monticola Kom., Scripta Bot. Horti Univ. Imper. Petrop. 4: 29. 1895.

新疆(XJ);高加索地区;中亚。

Li & Zhuang 2005;Xu et al. 2013。

秀美柄锈菌

Puccinia morata Cummins, Bull. Torrey Bot. Club 76: 33. 1949.

广西(GX)。

王云章 1951;戴芳澜 1979;Zhuang 1990a;Zhuang & Wei 1999a,2001;庄剑云等 2003。

桑疣柄锈菌

Puccinia morigera Cummins, Mycologia 43 (1): 91. 1951.

贵州(GZ)。

戴芳澜 1979;庄剑云等 1998。

盛冈柄锈菌

Puccinia moriokaensis S. Ito, J. Coll. Agric. Tohuko Imper. Univ. 3 (2): 224. 1909.

黑龙江(HL)、吉林(JL)、辽宁(LN)、北京(BJ);日本、俄罗斯。

刘伟成等 1991;庄剑云等 1998。

莫罗贝柄锈菌

Puccinia morobeana Cummins, Mycologia 32: 361. 1940.

台湾(TW);巴布亚新几内亚。

Zhuang & Wei 2002a;庄剑云等 2003。

竹节蓼柄锈菌

Puccinia muehlenbeckiae (Cooke) P. Syd. & Syd., Monogr. Uredin. 1 (3): 566. 1903.

Puccinia rumicis-scutati var. *muehlenbeckiae* Cooke, Grevillea 19 (no. 90): 47. 1890.

江苏(JS);澳大利亚。

王云章 1951;戴芳澜 1979;Li 1988;庄剑云等 2003。

迈索儿柄锈菌

Puccinia mysorensis Syd., P. Syd. & E.J. Butler, Annls. Mycol. 4 (5): 434. 1906.

云南(YN)、台湾(TW);印度。

戴芳澜 1979;庄剑云等 1998。

中锦柄锈菌

Puccinia nakanishikii Dietel, Bot. Jb. 34: 585. 1905.

浙江(ZJ)、云南(YN)、西藏(XZ)、台湾(TW)、广东(GD)、广西(GX)、海南(HI);印度、日本、菲律宾、新加坡、斯里兰卡、越南、刚果(金)、刚果(布)、肯尼亚、南非、乌干达、巴布亚新几内亚。

王云章 1951;戴芳澜 1979;王云章和魏淑霞 1983;Zhuang & Wei 1994,1999a;庄剑云等 1998。

南迦巴瓦柄锈菌

Puccinia namjagbarwana B. Li & J.Y. Zhuang, in Li, Mycosystema 1: 162. 1988.

西藏(XZ)。

Li 1988；庄剑云等 2003。

南布柄锈菌

Puccinia nanbuana Henn., Hedwigia 40: 26. 1901.

黑龙江（HL）、吉林（JL）、辽宁（LN）、内蒙古（NM）、河北（HEB）、北京（BJ）、山东（SD）、陕西（SN）、甘肃（GS）、安徽（AH）、浙江（ZJ）、江西（JX）、湖南（HN）、湖北（HB）、四川（SC）、重庆（CQ）、福建（FJ）；日本、俄罗斯、朝鲜半岛。

王云章 1951；邓叔群 1963；戴芳澜 1979；Zhuang 1983；郭林 1989；Li 1989；刘伟成等 1991；Zhang et al. 1997；Cao et al. 2000b；Zhuang & Wei 2005。

新波特柄锈菌

Puccinia neoporteri I. Hino & Katum., J. Jap. Bot. 40: 87. 1965.

江苏（JS）。

庄剑云等 1998。

尼泊尔柄锈菌

Puccinia nepalensis Barclay & Dietel, in Dietel, Hedwigia 29: 265. 1890.

四川（SC）、西藏（XZ）；印度、尼泊尔、巴基斯坦。

Zhuang 1986b；Li 1988；Zhuang & Wei 1994；庄剑云等 2003。

类芦柄锈菌

Puccinia neyraudiae Syd. & P. Syd., Annls. Mycol. 10 (3): 260. 1912.

西藏（XZ）、广西（GX）；印度。

戴芳澜 1979；王云章和魏淑霞 1983；Zhuang 1986b；庄剑云等 1998；Zhuang & Wei 1999a。

黑锥柄锈菌

Puccinia nigroconoidea I. Hino & Katum., Bull. Faculty of Agriculture, Yamaguchi University 11: 32. 1960.

安徽（AH）。

庄剑云等 1998。

西田柄锈菌

Puccinia nishidana Henn., Hedwigia 40 (Beibl.): 26. 1901.

陕西（SN）、甘肃（GS）、新疆（XJ）、安徽（AH）、江西（JX）、四川（SC）、重庆（CQ）、贵州（GZ）、云南（YN）、台湾（TW）；日本、俄罗斯、朝鲜半岛。

王云章 1951；戴芳澜 1979；魏淑霞和王云章 1986；Zhuang 1989b；魏淑霞和庄剑云 1997；Zhang et al. 1997；Cao et al. 2000b；庄剑云等 2003；Zhuang & Wei 2005；Xu et al. 2013。

微亮柄锈菌

Puccinia nitidula Tranzschel, Mycotheca Rossica 3 & 4: no. 158. 1911.

辽宁（LN）、内蒙古（NM）、河北（HEB）、山西（SX）、陕西（SN）、新疆（XJ）、西藏（XZ）；日本、俄罗斯；欧洲。

王云章 1951；戴芳澜 1979；Li 1988；Zhuang 1989b，1999；Cao et al. 2000b；庄剑云等 2003；刘铁志等 2004；Zhuang & Wei 2005；Xu et al. 2013。

能高山柄锈菌

Puccinia nokoensis Sawada ex S. Ito & Muray., Trans. Sapporo Nat. Hist. Soc. 17: 169. 1943.

台湾（TW）。

戴芳澜 1979；Li 1989；庄剑云等 2003。

赛楠柄锈菌

Puccinia nothaphoebes J.Y. Zhuang, Mycosystema 3: 36. 1990.

四川（SC）。

Zhuang 1990a；庄剑云等 2003。

瓦胡柄锈菌

Puccinia oahuensis Ellis & Everh., Bull. Torrey Bot. Club 22 (10): 435. 1895.

云南（YN）、西藏（XZ）、福建（FJ）、台湾（TW）、广西（GX）、海南（HI）；世界各地。

王云章 1951；戴芳澜 1979；王云章和魏淑霞 1983；Zhuang & Wei 1994，1999a；庄剑云等 1998。

不显柄锈菌

Puccinia obscura J. Schröt., Nuovo G. Bot. Ital. 9: 256. 1877.

云南（YN）；北温带。

王云章 1951；戴芳澜 1979；Zhuang 1989a；庄剑云等 1998。

胀柄柄锈菌

Puccinia oedopoda J.Y. Zhuang, Mycosystema 2: 193. 1989.

广西（GX）。

Zhuang 1989a；庄剑云等 1998。

膨孢柄锈菌

Puccinia oedospora J.Y. Zhuang, Acta Mycol. Sin. 8 (2): 91. 1989.

海南（HI）。

Zhuang 1989a；庄剑云等 1998。

水芹柄锈菌

Puccinia oenanthes-stoloniferae S. Ito ex Tranzschel, Conspectus Uredinalium URSS p. 299. 1939.

河北（HEB）、北京（BJ）、山西（SX）、河南（HEN）、陕西（SN）、安徽（AH）、江苏（JS）、浙江（ZJ）、江西（JX）、四川（SC）、重庆（CQ）、云南（YN）、福建（FJ）、台湾（TW）、广西（GX）；日本、俄罗斯。

戴芳澜 1979；Zhuang 1983；Li 1989；李晓虹和刘德容 1995；魏淑霞和庄剑云 1997；Zhang et al. 1997；Cao et al. 2000b；庄剑云等 2003；Zhuang & Wei 2005。

大泽柄锈菌

Puccinia ohsawaensis Kakish., in Kakishima & Sato, Trans. Mycol. Soc. Japan 21 (1): 37. 1980.

陕西（SN）；日本。

曹支敏和李振岐 1999；Cao et al. 2000b。

丘珠柄锈菌

Puccinia okatamaensis S. Ito, J. Coll. Agric. Tohaku Imper. Univ. 3: 226. 1909.

黑龙江（HL）、吉林（JL）、河北（HEB）、北京（BJ）、山西（SX）、陕西（SN）、江苏（JS）；日本。

王云章 1951；戴芳澜 1979；王云章和魏淑霞 1983；李晓虹和刘德容 1995；庄剑云等 1998；Zhuang & Wei 2005。

峨眉柄锈菌

Puccinia omeiensis F.L. Tai, Acta Phytotax. Sin. 11 (4): 343. 1973.

四川（SC）。

戴芳澜 1973，1979；Li 1988；庄剑云等 2003。

隐蔽柄锈菌

Puccinia operta Mundk. & Thirum., Mycol. Pap. 16: 10. 1946.

云南（YN）；印度、菲律宾、斯里兰卡。

戴芳澜 1979；王云章和魏淑霞 1983；庄剑云等 1998。

沿阶草柄锈菌

Puccinia ophiopogonis (Syd. & P. Syd.) Cummins, Bull. Torrey Bot. Club 87: 39. 1960.

Uredo ophiopogonis Syd. & P. Syd., Annls. Mycol. 1 (4): 332. 1903.

云南（YN）、台湾（TW）；日本、菲律宾。

戴芳澜 1979；Zhuang 1989a；庄剑云等 1998。

奥皮茨柄锈菌

Puccinia opizii Bubák, Zentbl. Bakt. Abt. II 9: 925. 1902.

黑龙江（HL）、河北（HEB）、新疆（XJ）；欧亚温带。

Zhuang 1988；贾菊生和胡守智 1994；庄剑云等 1998。

圆形柄锈菌

Puccinia orbicula Peck & Clinton, in Peck, Ann. Rep. N.Y. St. Mus. Nat. Hist. 30: 53. 1879.

河南（HEN）、陕西（SN）、云南（YN）、西藏（XZ）；日本；北美洲。

魏淑霞和王云章 1986；Zhuang & Wei 1994，2005；魏淑霞和庄剑云 1997；庄剑云等 2003。

山芹前胡柄锈菌

Puccinia oreoselini Fuckel, Jahrb. Nassauisch. Ver. Nat. 23-24: 52. 1869.

新疆（XJ）、西藏（XZ）；伊朗；欧洲。

Li 1989；Zhuang & Wei 1994，2005；庄剑云等 2003；Xu et al. 2013。

藏玄参柄锈菌

Puccinia oreosolenis J.Y. Zhuang, Mycosystema 5: 146. 1992.

西藏（XZ）。

Zhuang 1992；Zhuang & Wei 1994；庄剑云等 2003。

东方柄锈菌

Puccinia orientalis (Syd., P. Syd. & Butler) Arthur & Cummins, Philipp. J. Sci. 59: 438. 1936.

云南（YN）；印度、菲律宾、斯里兰卡、巴布亚新几内亚。

Zhuang & Wei 1993；庄剑云等 1998。

饰顶柄锈菌

Puccinia ornata Arthur & Holw., in Arthur, Bull. Geol. Nat. Hist. Surv. Minn. 3: 30. 1887.

内蒙古（NM）；日本、俄罗斯；北美洲。

Li 1988；庄剑云等 2003。

大谷柄锈菌

Puccinia otaniana Hirats. f., Trans. Mycol. Soc. Japan 8 (1): 11. 1967.

内蒙古（NM）、陕西（SN）、宁夏（NX）、甘肃（GS）、湖北（HB）、四川（SC）、重庆（CQ）、云南（YN）、西藏（XZ）；日本、俄罗斯。

Zhuang & Wei 1999c，2005；庄剑云等 2003；刘铁志等 2004。

酢浆草柄锈菌

Puccinia oxalidis Dietel & Ellis, in Dietel, Hedwigia 34: 291. 1895.

江苏（JS）、浙江（ZJ）、云南（YN）、福建（FJ）、台湾（TW）；日本；北美洲南部至南美洲。

杜复等 1983；Zhuang 1983；庄剑云等 2003。

山蓼柄锈菌

Puccinia oxyriae Fuckel, Jb. Nassau. Ver. Naturk. 29-30: 14. 1875.

四川（SC）、云南（YN）、西藏（XZ）；北温带。

Li 1988；臧穆等 1996；庄剑云等 2003。

帕氏柄锈菌

Puccinia padwickii Cummins, Bull. Torrey Bot. Club 79: 224. 1952.

西藏（XZ）；印度。

Zhuang & Wei 1994；庄剑云等 2003。

山黍柄锈菌

Puccinia panici-montani Ramachar & Cummins, Mycopath. Mycol. Appl. 25: 49. 1965.

台湾（TW）；日本。

王云章和魏淑霞 1983；庄剑云等 1998。

雀稗柄锈菌

Puccinia paspalina Cummins, Bull. Torrey Bot. Club 72: 211.

1945.
福建（FJ）、台湾（TW）、海南（HI）；日本、斯里兰卡、马拉维、乌干达、澳大利亚。
王云章和魏淑霞 1983；Zhuang 1983；庄剑云等 1998。

败酱柄锈菌
Puccinia patriniae Henn., Bot. Jb. 28 (3): 261. 1901.
安徽（AH）、浙江（ZJ）、湖南（HN）、贵州（GZ）、福建（FJ）、台湾（TW）、广西（GX）；日本。
王云章 1951；戴芳澜 1979；Zhuang 1983；庄剑云等 2003。

马蹄纹天竺葵柄锈菌
Puccinia pelargonii-zonalis Doidge, Bothalia 2 (1a): 98. 1926.
云南（YN）；南非；亚洲、美洲、大洋洲热带。
Zhou & Zhuang 2005。

混淆柄锈菌
Puccinia permixta Syd. & P. Syd., Annls. Mycol. 10 (2): 216. 1912.
河北（HEB）；阿富汗、俄罗斯。
庄剑云等 1998。

显子草柄锈菌
Puccinia phaenospermatis I. Hino & Katum., Bull. Faculty of Agriculture, Yamaguchi University 7: 265. 1956.
四川（SC）；日本。
王云章和魏淑霞 1983；庄剑云等 1998。

珊瑚菜柄锈菌
Puccinia phellopteri P. Syd. & Syd., Monogr. Uredin. 1 (3): 406. 1903.
河北（HEB）、北京（BJ）、山东（SD）、台湾（TW）；日本、俄罗斯、朝鲜半岛。
王云章 1951；戴芳澜 1979；Li 1989；庄剑云等 2003。

糙苏生柄锈菌
Puccinia phlomidicola T.Z. Liu, *In*: Liu & Zhuang, Mycosystema 35: 550. 2016.
内蒙古（NM）。
Liu & Zhuang 2016。

糙苏柄锈菌
Puccinia phlomidis Thüm., Bull. Soc. Imp. Nat. Moscou 53: 216. 1878.
北京（BJ）、陕西（SN）、甘肃（GS）、新疆（XJ）；亚美尼亚、阿塞拜疆、格鲁吉亚、哈萨克斯坦、蒙古国、乌兹别克斯坦、德国、意大利、罗马尼亚、俄罗斯。
王云章等 1985；Zhuang 1989b；Wei 1990；Cao et al. 2000b；Zhuang & Wei 2005；赵震宇和郭庆元 2012；Xu et al. 2013。

湘楠柄锈菌
Puccinia phoebes-hunanensis J.Y. Zhuang, Mycosystema 3: 36. 1990.
江西（JX）、湖南（HN）。
Zhuang 1990a；庄剑云等 2003。

芦苇柄锈菌
Puccinia phragmitis (Schumach.) Körn., Hedwigia 15: 179. 1876.
河北（HEB）、天津（TJ）、北京（BJ）、山西（SX）、陕西（SN）、甘肃（GS）、新疆（XJ）、江苏（JS）、浙江（ZJ）、四川（SC）、云南（YN）、西藏（XZ）；世界各地。
王云章 1951；邓叔群 1963；戴芳澜 1979；王云章和魏淑霞 1983；庄剑云等 1998。

毛竹柄锈菌
Puccinia phyllostachydis Kusano, Bull. Agric. Coll. Tokyo Imp. Univ. 8: 2. 1908.
陕西（SN）、江苏（JS）、浙江（ZJ）、四川（SC）、重庆（CQ）、云南（YN）、福建（FJ）、台湾（TW）、广西（GX）；日本。
王云章 1951；邓叔群 1963；戴芳澜 1979；王云章和魏淑霞 1983；Zhuang 1983；庄剑云等 1998；Cao et al. 2000b；Zhuang & Wei 2005。

滇芎柄锈菌
Puccinia physospermopsis J.Y. Zhuang & S.X. Wei, Mycosystema 19 (4): 442. 2000.
西藏（XZ）。
Zhuang & Wei 2000b；庄剑云等 2003。

冷水花柄锈菌
Puccinia pilearum Durrieu, Mycotaxon 9 (2): 488. 1979.
西藏（XZ）；尼泊尔。
Zhuang & Wei 1994；庄剑云等 2003。

茴芹柄锈菌
Puccinia pimpinellae (F. Strauss) Röhl., Deutschlands Flora, Ed. 2 3 (3): 131. 1813.
Uredo pimpinellae F. Strauss, Ann. Wetter. Gesellsch. Ges. Naturk. 2: 102. 1810.
陕西（SN）、甘肃（GS）、湖北（HB）、四川（SC）、重庆（CQ）、西藏（XZ）、台湾（TW）；北温带。
王云章 1951；戴芳澜 1979；王云章和臧穆 1983；郭林 1989；Li 1989；Zhuang & Wei 1994，2005；魏淑霞和庄剑云 1997；Zhang et al. 1997；庄剑云等 2003。

短果茴芹柄锈菌
Puccinia pimpinellae-brachycarpae Tranzschel & Erem., in Tranzschel, Conspectus Uredinalium URSS p. 308. 1939.
黑龙江（HL）、吉林（JL）、辽宁（LN）、内蒙古（NM）；朝鲜半岛。
刘伟成等 1991；刘伟成 1993；庄剑云等 2003。

宽柄柄锈菌
Puccinia platypoda Syd., Annls. Mycol. 11 (1): 54. 1913.

新疆（XJ）；亚美尼亚、哈萨克斯坦、俄罗斯。

赵震宇 1980；Zhuang 1989b；庄剑云等 2003；Zhuang & Wei 2005；Xu et al. 2013。

香茶菜柄锈菌

Puccinia plectranthi Thüm., Bothalia 2: 423. 1875.

云南（YN）；南非。

Wei 1990；庄剑云等 2003。

早熟禾柄锈菌

Puccinia poarum Nielsen, Bot. Tidsskr. 3 (2): 34. 1877.

Puccinia paihuashanensis Y.C. Wang, Acta Phytotax. Sin. 10: 292. 1965.

北京（BJ）、新疆（XJ）；北温带。

王云章和魏淑霞 1983；庄剑云等 1998；Zhuang 1999；Zhuang & Wei 2005；Xu et al. 2013。

鬼臼柄锈菌

Puccinia podophylli Schwein., Schr. Nat. Ges. Leipzig 1: 72. 1822.

Puccinia diphylleiae Y.C. Wang, Contr. Inst. Bot. Nat. Acad. Peiping 6: 229. 1949.

陕西（SN）；北美洲。

Zhuang 1991a；庄剑云等 2003。

金发草柄锈菌

Puccinia pogonatheri Petch, Ann. R. Bot. Gdns Peradeniya 5 (4): 235. 1912.

四川（SC）、重庆（CQ）、云南（YN）、福建（FJ）、台湾（TW）；印度、菲律宾、斯里兰卡。

王云章 1951；戴芳澜 1979；王云章和魏淑霞 1983；Zhuang 1983；庄剑云等 1998。

莠竹柄锈菌

Puccinia polliniae Barclay, Descr. List Ured. Simla 2: 243. 1889.

四川（SC）、云南（YN）、台湾（TW）；印度。

王云章 1951；戴芳澜 1979；王云章和魏淑霞 1983；庄剑云等 1998。

四脉金茅柄锈菌

Puccinia polliniae-quadrinervis Dietel, Annls. Mycol. 7 (4): 355. 1909.

四川（SC）、云南（YN）；日本、菲律宾。

王云章 1951；戴芳澜 1979；王云章和魏淑霞 1983；庄剑云等 1998。

莠竹生柄锈菌

Puccinia polliniicola Syd., Annls. Mycol. 29 (3/4): 156. 1931.

贵州（GZ）、台湾（TW）、广西（GX）；日本、菲律宾。

王云章和魏淑霞 1983；庄剑云等 1998。

高山蓼柄锈菌

Puccinia polygoni-alpini Cruchet & Mayor, in Cruchet, Bull. Herb. Boissier, 2 sér. 8: 245. 1908.

新疆（XJ）；北温带。

Zhuang 1989a；Zhuang & Wei 2005；Xu et al. 2013。

两栖蓼柄锈菌卷茎蓼变种

Puccinia polygoni-amphibii var. **convolvuli** Arthur, Rusts U.S. and Canada p. 233. 1934.

吉林（JL）、北京（BJ）、宁夏（NX）、甘肃（GS）；北温带。

庄剑云等 2003。

两栖蓼柄锈菌原变种

Puccinia polygoni-amphibii var. **polygoni-amphibii** Pers., Syn. Meth. Fung. 1: 227. 1801.

黑龙江（HL）、吉林（JL）、内蒙古（NM）、河北（HEB）、北京（BJ）、山西（SX）、河南（HEN）、陕西（SN）、宁夏（NX）、甘肃（GS）、江苏（JS）、浙江（ZJ）、江西（JX）、湖南（HN）、湖北（HB）、四川（SC）、重庆（CQ）、云南（YN）、福建（FJ）、台湾（TW）、广东（GD）；世界各地。

王云章 1951；邓叔群 1963；戴芳澜 1979；Zhuang 1983；Li 1988；Zhang et al. 1997；Cao et al. 2000b；庄剑云等 2003；刘铁志等 2004；Zhuang & Wei 2005。

蓝药蓼柄锈菌

Puccinia polygoni-cyanandri J.Y. Zhuang & S.X. Wei, Mycosystema 19 (2): 155. 2000.

甘肃（GS）、青海（QH）、四川（SC）。

Zhuang & Wei 2000a，2003，2005。

酸模叶蓼柄锈菌

Puccinia polygoni-lapathifolii T.N. Liou & Y.C. Wang, Contrib. Inst. Bot. Nat. Acad. Peiping 3: 22. 1935.

山东（SD）。

王云章 1951；戴芳澜 1979；Li 1988；庄剑云等 2003。

箭叶蓼柄锈菌

Puccinia polygoni-sieboldii (Hirats. & S. Kaneko) B. Li, Mycosystema 1: 171. 1988.

Puccinia polygoni-amphibii var. *polygoni-sieboldii* Hirats. & S. Kaneko, Rept. Tottori Mycol. Inst. (Japan) 10: 130. 1973.

黑龙江（HL）、吉林（JL）、辽宁（LN）、内蒙古（NM）；日本、朝鲜半岛。

Li 1988；刘伟成等 1991；庄剑云等 2003。

蓼生柄锈菌

Puccinia polygonicola F.L. Tai, Farlowia 3: 122-123. 1947.

黑龙江（HL）、吉林（JL）、辽宁（LN）、内蒙古（NM）、陕西（SN）、甘肃（GS）、安徽（AH）、江苏（JS）、江西（JX）、湖南（HN）、湖北（HB）、四川（SC）、重庆（CQ）、云南（YN）、西藏（XZ）、福建（FJ）、广东（GD）、广西（GX）；尼泊尔。

王云章 1951；戴芳澜 1979；Li 1988；郭林 1989；刘伟成等 1991；Zhuang & Wei 1994，2005；臧穆等 1996；魏淑

霞和庄剑云 1997；Zhang et al. 1997；庄剑云等 2003。

多堆柄锈菌

Puccinia polysora Underw., Bull. Torrey Bot. Club 24: 86. 1897.
海南（HI）；世界热带。
段定仁和何宏珍 1984；庄剑云等 1998。

极细柄锈菌

Puccinia praegracilis Arthur, Hedwigia 37: 273. 1898.
陕西（SN）；日本、加拿大。
曹支敏和李振岐 1999；Cao et al. 2000b。

沙鞭柄锈菌

Puccinia psammochloae Y.C. Wang, Acta Phytotax. Sin. 10: 293. 1965.
内蒙古（NM）。
王云章 1965；王云章和魏淑霞 1983；庄剑云等 1998。

假球柄锈菌

Puccinia pseudosphaeria Mont., in Barker-Webb. & Berthelot, Hist. Nat. Iles Canar. III. 2: 89. 1840.
Miyagia pseudosphaeria (Mont.) Jørst., Nytt. Mag. Bot. 9: 78. 1962.
Puccinia sonchi Roberge ex Desm., Ann. Sci. Nat. Bot. 3: 274. 1849.
黑龙江（HL）、北京（BJ）、陕西（SN）、四川（SC）、云南（YN）；欧亚大陆温带、北非。
王云章 1951；戴芳澜 1979；刘伟成等 1991；魏淑霞和庄剑云 1997；庄剑云等 2003。

番石榴柄锈菌

Puccinia psidii G. Winter, Hedwigia 23: 171. 1884.
海南（HI）；亚洲热带、南美洲及大洋洲。
Zhuang & Wei 2011。

囊瓣芹柄锈菌

Puccinia pternopetali J.Y. Zhuang, Acta Mycol. Sin. 5 (3): 145. 1986.
西藏（XZ）。
Li 1989；Zhuang & Wei 1994；庄剑云等 2003。

普吉柄锈菌

Puccinia pugiensis F.L. Tai, in Wang, Acta Phytotax. Sin. 10: 294. 1965.
云南（YN）。
王云章和魏淑霞 1983；庄剑云等 1998。

美丽柄锈菌

Puccinia pulchra Jørst., Ark. Bot. 4 (no. 8): 365. 1959.
河北（HEB）。
Li 1989；庄剑云等 2003。

粉状柄锈菌

Puccinia pulverulenta Grev., Fl. Edin. p. 432. 1824.
陕西（SN）、新疆（XJ）、西藏（XZ）；北温带。
戴芳澜 1979；Zhuang 1986b；魏淑霞和庄剑云 1997；Cao et al. 2000b；庄剑云等 2003；Zhuang & Wei 2005；Xu et al. 2013。

斑点柄锈菌

Puccinia punctata Link, Mag. Gesell. Naturf. Freunde, Berlin 7: 30. 1815.
黑龙江（HL）、吉林（JL）、内蒙古（NM）、河北（HEB）、北京（BJ）、山东（SD）、陕西（SN）、甘肃（GS）、新疆（XJ）、四川（SC）、云南（YN）、台湾（TW）；世界各地。
王云章 1951；戴芳澜 1979；Zhuang 1989b；臧穆等 1996；魏淑霞和庄剑云 1997；庄剑云等 2003；刘铁志等 2004；Zhuang & Wei 2005；Zhuang & Wang 2006；Xu et al. 2013。

紫斑柄锈菌

Puccinia purpurea Cooke, Grevillea 5 (no. 33): 15. 1876.
贵州（GZ）、云南（YN）、台湾（TW）、广西（GX）、海南（HI）；世界各地。
戴芳澜 1979；王云章和魏淑霞 1983；庄剑云等 1998；Zhuang & Wei 1999a。

小柄锈菌

Puccinia pusilla Syd. & P. Syd., in Sydow, Sydow & Butler, Annls. Mycol. 4 (5): 435. 1906.
湖南（HN）、四川（SC）、贵州（GZ）、云南（YN）、西藏（XZ）、台湾（TW）；印度、印度尼西亚、日本、缅甸、菲律宾。
戴芳澜 1979；王云章和魏淑霞 1983；Zhuang & Wei 1994；庄剑云等 1998。

矮柄锈菌

Puccinia pygmaea Erikss., Bot. Centralbl. 64: 381. 1895.
黑龙江（HL）、吉林（JL）、内蒙古（NM）、河北（HEB）、陕西（SN）、宁夏（NX）、甘肃（GS）、新疆（XJ）、江西（JX）、四川（SC）、云南（YN）；世界各地。
王云章 1951；戴芳澜 1979；王云章和魏淑霞 1983；庄剑云等 1998。

鹿角柄锈菌

Puccinia rangiferina S. Ito, J. Coll. Agric. Tohuko Imper. Univ. 3 (2): 194. 1909.
黑龙江（HL）、吉林（JL）、河北（HEB）、北京（BJ）、山西（SX）、河南（HEN）、陕西（SN）；日本。
王云章 1951；戴芳澜 1979；王云章和魏淑霞 1983；庄剑云等 1998。

隐匿柄锈菌

Puccinia recondita Roberge ex Desm., Bull. Soc. Bot. Fr. 4:

798. 1857.
Puccinia rubigo-vera (DC.) G. Winter, Rabenh. Krypt.-Fl. 1: 217. 1881.
Uredo rubigo-vera DC., in de Candolle & Lamarck, Fl. Franç. Edn 3 5/6: 83. 1815.
黑龙江（HL）、吉林（JL）、辽宁（LN）、内蒙古（NM）、河北（HEB）、北京（BJ）、山西（SX）、山东（SD）、河南（HEN）、陕西（SN）、宁夏（NX）、甘肃（GS）、青海（QH）、新疆（XJ）、安徽（AH）、江苏（JS）、江西（JX）、湖北（HB）、四川（SC）、云南（YN）、西藏（XZ）、福建（FJ）、台湾（TW）、广东（GD）、广西（GX）；世界各地。
王云章 1951；邓叔群 1963；戴芳澜 1979；臧穆 1980；王云章和魏淑霞 1983；Zhuang 1983，1999；刘伟成等 1991；Zhuang & Wei 1994，2003，2005；Cao et al. 2000b；刘铁志等 2004；Zhuang & Wang 2006；赵震宇和郭庆元 2012；Xu et al. 2013。

雷蒂亚柄锈菌
Puccinia rhaetica E. Fisch., Bull. Herb. Boiss. 7: 420. 1899.
湖北（HB）；美国；中欧。
郭林 1989；Zhuang 1992；庄剑云等 2003。

掌叶大黄柄锈菌
Puccinia rhei-palmati B. Li, Mycosystema 1: 166. 1988.
陕西（SN）。
Li 1988；庄剑云等 2003；Zhuang & Wei 2005。

茶藨子柄锈菌
Puccinia ribis DC., in Lamarck & de Candolle, Fl. Franç. Edn 3 2: 221. 1805.
黑龙江（HL）、吉林（JL）、辽宁（LN）、内蒙古（NM）、陕西（SN）、宁夏（NX）、新疆（XJ）、湖北（HB）、四川（SC）、西藏（XZ）；北温带。
戴芳澜 1979；郭林 1989；Zhuang 1989b；刘伟成等 1991；Zhuang & Wei 1994，2005；臧穆等 1996；魏淑霞和庄剑云 1997；Cao et al. 2000b；庄剑云等 2003；Xu et al. 2013。

鹅观草柄锈菌
Puccinia roegneriae J.Y. Zhuang & S.X. Wei, Mycosystema 6: 41. 1993.
云南（YN）。
Zhuang & Wei 1993；庄剑云等 1998。

象牙参柄锈菌
Puccinia roscoeae Barclay, J. Asiatic Soc. Bengal 58: 237. 1889.
云南（YN）、西藏（XZ）；印度、尼泊尔。
Zhuang & Wei 1994；庄剑云等 1998。

鞑靼茜草柄锈菌
Puccinia rubiae-tataricae Syd. & P. Syd., Annls. Mycol. 11 (2): 98. 1913.
西藏（XZ）；日本、俄罗斯。
Zhuang & Wei 1994；庄剑云等 2003。

赤柄柄锈菌
Puccinia rufipes Dietel, Bot. Jb. 32: 48. 1903.
陕西（SN）、江苏（JS）、湖南（HN）、四川（SC）、云南（YN）、福建（FJ）、台湾（TW）、广东（GD）、海南（HI）；印度、日本、菲律宾、俄罗斯、加纳、南非、澳大利亚。
王云章 1951；戴芳澜 1979；王云章和魏淑霞 1983；庄剑云等 1998。

皱纹柄锈菌
Puccinia rugulosa Tranzschel, Arb. St. Petersburg Naturf. Ges., Bot. Abt. 23, Sitzungsber p. 27. 1893.
新疆（XJ）；哈萨克斯坦、法国、德国、俄罗斯、英国、南斯拉夫。
Wei & Zhuang 2001；庄剑云等 2003；Zhuang & Wei 2005；Xu et al. 2013。

周丝柄锈菌
Puccinia saepta Jørst., Ark. Bot. 4 (no. 8): 340. 1959.
河北（HEB）。
Zhuang 1988；庄剑云等 1998。

鼠尾草柄锈菌
Puccinia salviae Unger, Einfluss Des Bodens Etc. p. 218. 1836.
新疆（XJ）；欧亚大陆温带。
Zhuang 1989a；Wei 1990；庄剑云等 2003；Zhuang & Wei 2005；Xu et al. 2013。

变豆菜柄锈菌
Puccinia saniculae Grev., Fl. Edin. p. 431. 1824.
黑龙江（HL）、吉林（JL）、辽宁（LN）、江苏（JS）、贵州（GZ）；欧亚温带。
王云章 1951；戴芳澜 1979；Li 1989；刘伟成等 1991；庄剑云等 2003。

风毛菊柄锈菌
Puccinia saussureae Thüm., Bull. Soc. Imp. Nat. Moscou 53: 214. 1878.
内蒙古（NM）、河北（HEB）、北京（BJ）、陕西（SN）、甘肃（GS）、新疆（XJ）、西藏（XZ）；阿塞拜疆、印度、哈萨克斯坦、俄罗斯。
Zhuang & Wei 1994，2005；庄剑云等 2003；Zhuang & Wang 2006；Xu et al. 2013。

顶叶风毛菊柄锈菌
Puccinia saussureae-acrophyllae Y.C. Wang, Contrib. Inst. Bot. Nat. Acad. Peiping 6 (4): 231. 1949.
陕西（SN）。
王云章 1951；戴芳澜 1979；魏淑霞和王云章 1986；魏淑

霞和庄剑云 1997；Cao et al. 2000b；庄剑云等 2003；Zhuang & Wei 2005。

乌苏里风毛菊柄锈菌

Puccinia saussureae-ussuriensis T.N. Liou & Y.C. Wang, Contrib. Inst. Bot. Nat. Acad. Peiping 3: 447. 1935.

河北（HEB）、陕西（SN）、湖南（HN）、湖北（HB）、四川（SC）。

王云章 1951；戴芳澜 1979；魏淑霞和王云章 1986；魏淑霞和庄剑云 1997；Zhuang & Wei 2005。

腺毛岩白菜柄锈菌

Puccinia saxifragae-ciliatae Barclay, J. Asiat. Soc. Bengal 58: 234. 1889.

西藏（XZ），喜马拉雅山脉。

Zhuang & Wei 1994；庄剑云等 2003。

糙壁柄锈菌

Puccinia scabrida F. He & Kakish., Trans. Mycol. Soc. Japan 34 (1): 138. 1993.

江苏（JS）。

庄剑云等 1998。

乱子草柄锈菌

Puccinia schedonnardi Kellerm. & Swingle, J. Mycol. 4 (9): 95. 1888.

云南（YN）、西藏（XZ）；日本、尼泊尔、菲律宾；北美洲、南美洲。

Zhuang & Wei 1993，1994；庄剑云等 1998。

裂叶荆芥柄锈菌

Puccinia schizonepetae Tranzschel, in Ganecsin, Trudy Bot. Muz. Imp. Akad. Nauk 10: 203. 1913.

Puccinia nepetae Togasi, J. Jap. Bot. 2: 88. 1924.

河北（HEB）；日本、俄罗斯。

王云章 1951；戴芳澜 1979；庄剑云等 2003。

弯剑形柄锈菌

Puccinia scimitriformis Cummins, Bull. Torrey Bot. Club 76: 33. 1949.

广西（GX）。

王云章 1951；戴芳澜 1979；Zhuang 1990a；Zhuang & Wei 2002b；庄剑云等 2003。

藨草柄锈菌

Puccinia scirpi DC., Fl. Fr. 2: 223. 1805.

河北（HEB）、台湾（TW）；北半球。

王云章 1951；戴芳澜 1979；Zhuang 1988；庄剑云等 1998。

珍珠茅柄锈菌

Puccinia scleriae (Pazschke) Arthur, Mycologia 9 (2): 75. 1917.

Rostrupia scleriae Pazschke, Hedwigia 31: 96. 1892.

台湾（TW）；印度尼西亚、菲律宾、尼加拉瓜、巴西、巴布亚新几内亚、琉球群岛。

戴芳澜 1979；庄剑云等 1998。

珍珠茅生柄锈菌

Puccinia scleriicola Arthur, Mycologia 7: 232. 1915.

江苏（JS）、四川（SC）、西藏（XZ）、广西（GX）、海南（HI）；美国、西印度群岛。

Zhuang 1988；庄剑云等 1998；Zhuang & Wei 1999a。

葛缕亮蛇床柄锈菌

Puccinia selini-carvifoliae Săvul., Bull. Sect. Sci. Acad. Roum. 22: 6. 1940.

西藏（XZ）；欧洲。

Zhuang & Wei 1994；庄剑云等 2003。

千里光柄锈菌

Puccinia senecionis Libert, P. Crypt. Ard. Exs. no. 92. 1830.

新疆（XJ）；北温带。

王云章等 1985；庄剑云等 2003。

细长柄锈菌

Puccinia seposita Cummins, Bull. Torrey Bot. Club 76: 33. 1949.

广西（GX）。

王云章 1951；戴芳澜 1979；Zhuang 1990a；庄剑云等 2003。

北方柄锈菌

Puccinia septentrionalis Juel, Öfvers. K. Svensk. Vetensk.-Akad. Förhandl. 52 (no. 6): 383. 1896.

河北（HEB）、陕西（SN）、青海（QH）、四川（SC）、重庆（CQ）；北温带。

Li 1988；Zhang et al. 1997；Cao et al. 2000b；庄剑云等 2003；Zhuang & Wei 2005。

无柄柄锈菌

Puccinia sessilis W.G. Schneid., Abh. Schles. Ges. Vaterl. Kult. Abth. Naturwiss. 48: 19. 1870.

新疆（XJ）、西藏（XZ）；北温带。

王云章和魏淑霞 1983；Zhuang 1989b；Zhuang & Wei 1994，2005；庄剑云等 1998；Xu et al. 2013。

福勃狗尾草柄锈菌

Puccinia setariae-forbesianae F.L. Tai, in Wang, Acta Phytotax. Sin. 10: 295. 1965.

陕西（SN）、贵州（GZ）、云南（YN）、西藏（XZ）。

王云章和魏淑霞 1983；庄剑云等 1998；Zhuang & Wei 2005。

西伯利亚柄锈菌

Puccinia sibirica Tranzschel, in Tranzschel & Serebrianikow, Mycotheca Rossica Fascicle III-IV. no. 160. 1911.

新疆（XJ）；日本、俄罗斯。

庄剑云等 2003；Zhuang & Wei 2005；Xu et al. 2013。

小林柄锈菌

Puccinia silvaticella Arthur & Cummins, Mycologia 25 (5): 404. 1933.

甘肃（GS）、青海（QH）、四川（SC）、西藏（XZ）；克什米尔地区。

魏淑霞和王云章 1986；Zhuang & Wei 1994，2005；臧穆等 1996；庄剑云等 2003；Zhuang & Wang 2006。

箭竹柄锈菌

Puccinia sinarundinariae J.Y. Zhuang & S.X. Wei, Mycosystema 5: 127. 1992.

四川（SC）。

Zhuang & Wei 1992a；庄剑云等 1998。

箭竹生柄锈菌

Puccinia sinarundinariicola J.Y. Zhuang & S.X. Wei, Mycosystema 18 (2): 118. 1999.

四川（SC）。

Zhuang & Wei 1999b。

中国柄锈菌

Puccinia sinica Syd., Annls. Mycol. 27 (5/6): 419. 1929.

江苏（JS）、湖北（HB）。

王云章 1951；戴芳澜 1979；王云章和魏淑霞 1983；庄剑云等 1998。

中华柄锈菌

Puccinia sinicensis Cummins, Mycologia 43 (1): 88. 1951.

广西（GX）。

戴芳澜 1979；庄剑云等 1998。

新疆柄锈菌

Puccinia sinkiangensis Y.C. Wang, Acta Phytotax. Sin. 10: 295. 1965.

新疆（XJ）。

王云章 1965；戴芳澜 1979；王云章和魏淑霞 1983；庄剑云等 1998；Zhuang & Wei 2005；Xu et al. 2013。

华北柄锈菌

Puccinia sinoborealis S.X. Wei & Y.C. Wang, Acta Mycol. Sin. Suppl. 1: 209. 1986.

北京（BJ）、山东（SD）。

魏淑霞和王云章 1986；庄剑云等 2003。

修氏柄锈菌

Puccinia sjuzevii Tranzschel & Erem., in Tranzschel, Conspectus Uredinalium URSS p. 128. 1939.

黑龙江（HL）；俄罗斯（西伯利亚）至中亚。

Li & Zhuang 2005。

鹿药柄锈菌

Puccinia smilacinae Syd. & P. Syd., Annls. Mycol. 12 (2): 106. 1914.

Puccinia tibetica M.M. Chen, Acta Phytopath. Sin. 12 (1): 28. 1982.

四川（SC）、贵州（GZ）、西藏（XZ）、台湾（TW）。

戴芳澜 1979；谌谟美 1982；Zhuang 1986a，1989a；庄剑云等 1998。

常绿菝葜柄锈菌

Puccinia smilacis-sempervirentis Y.C. Wang, Bull. Mus. Hist. Nat. Paris 10: 523. 1938.

浙江（ZJ）、江西（JX）、湖南（HN）、云南（YN）、西藏（XZ）、福建（FJ）、台湾（TW）、海南（HI）；日本。

王云章 1951；戴芳澜 1979；Zhuang 1983，1989a；Zhuang & Wei 1994；庄剑云等 1998。

高梁柄锈菌

Puccinia sorghi Schwein., Trans. Am. Phil. Soc. Ser. 2 4: 295. 1832.

黑龙江（HL）、吉林（JL）、辽宁（LN）、内蒙古（NM）、河北（HEB）、山西（SX）、陕西（SN）、宁夏（NX）、甘肃（GS）、新疆（XJ）、浙江（ZJ）、湖北（HB）、四川（SC）、重庆（CQ）、贵州（GZ）、云南（YN）、西藏（XZ）、福建（FJ）、台湾（TW）、广西（GX）、海南（HI）；世界各地。

王云章 1951；戴芳澜 1979；臧穆 1980；杜复等 1983；王云章和魏淑霞 1983；庄剑云 1984，1985；刘伟成等 1991；Zhang et al. 1997；庄剑云等 1998；Zhuang & Wei 1999a，2005；Cao et al. 2000b；刘铁志等 2004；Zhuang & Wang 2006；赵震宇和郭庆元 2012；Xu et al. 2013。

野木瓜柄锈菌

Puccinia stauntoniae Tranzschel & Dietel, in Dietel, Annls. Mycol. 28: 274. 1930.

台湾（TW）；日本。

王云章 1951；戴芳澜 1979；庄剑云等 2003。

窄孢柄锈菌

Puccinia stenospora J.Y. Zhuang & S.X. Wei, Mycotaxon 72: 385. 1999.

广西（GX）。

Zhuang & Wei 1999a，2001；庄剑云等 2003。

冠毛草柄锈菌

Puccinia stephanachnes Z.M. Cao & Z.Qi Li, in Cao, Li & Zhuang, Mycosystema 19 (2): 189. 2000.

陕西（SN）。

Cao et al. 2000b；Zhuang & Wei 2005。

针茅柄锈菌

Puccinia stipae (Opiz) Arthur, Bull. Iowa Agric. Coll. Dept.

Bot. 1884: 160. 1884.

Puccinia graminis β stipae Opiz, Seznam Rostlin Kveteny Ceské p. 138. 1852.

黑龙江（HL）、吉林（JL）、辽宁（LN）、内蒙古（NM）、河北（HEB）、北京（BJ）、陕西（SN）、新疆（XJ）；德国、俄罗斯、瑞士、墨西哥、美国、玻利维亚。

戴芳澜 1979；王云章和魏淑霞 1983；Zhuang 1989a；刘伟成等 1991；庄剑云等 1998；刘铁志等 2004；Zhuang & Wei 2005；Xu et al. 2013。

羽茅柄锈菌

Puccinia stipae-sibiricae S. Ito, J. Coll. Agric. Tohuko Imper. Univ. 3 (2): 228. 1909.

黑龙江（HL）、吉林（JL）、内蒙古（NM）、河北（HEB）、北京（BJ）、陕西（SN）、甘肃（GS）、新疆（XJ）、西藏（XZ）；日本、俄罗斯。

戴芳澜 1979；王云章和魏淑霞 1983；庄剑云等 1998；Cao et al. 2000b；刘铁志等 2004；Zhuang & Wei 2005；Xu et al. 2013。

狼针草柄锈菌

Puccinia stipina Tranzschel, Krypt.-Fl. Brandenburg 5a: 477. 1913.

内蒙古（NM）；法国、俄罗斯、瑞士。

杨晓坡等 2018。

条形柄锈菌

Puccinia striiformis Westend., Bull. Acad. R. Sci. Belg. Cl. Sci. 21 (2): 235. 1854.

Puccinia glumarum Erikss. & Henn., Z. Pflanzenkr. 4: 197. 1894.

黑龙江（HL）、吉林（JL）、辽宁（LN）、内蒙古（NM）、河北（HEB）、天津（TJ）、北京（BJ）、山西（SX）、山东（SD）、河南（HEN）、陕西（SN）、宁夏（NX）、甘肃（GS）、青海（QH）、新疆（XJ）、安徽（AH）、江苏（JS）、浙江（ZJ）、湖北（HB）、四川（SC）、重庆（CQ）、贵州（GZ）、云南（YN）、西藏（XZ）、台湾（TW）、广东（GD）、广西（GX）；世界各地。

王云章 1951；邓叔群 1963；戴芳澜 1979；臧穆 1980；王云章和魏淑霞 1983；Zhuang 1989b，1999；刘伟成等 1991；贾菊生和胡守智 1994；Zhuang & Wei 1994，2005；李晓虹和刘德容 1995；庄剑云等 1998；Cao et al. 2000b；旺姆等 2001；Zhuang & Wang 2006；赵震宇和郭庆元 2012；Xu et al. 2013。

条形柄锈菌鸭茅变种

Puccinia striiformis var. **dactylidis** Manners, Trans. Brit. Mycol. Soc. 43: 65. 1960.

新疆（XJ）；印度、伊朗、俄罗斯、英国。

庄剑云等 1998；Xu et al. 2013。

曲柄马蓝柄锈菌

Puccinia strobilanthis-flexicaulis Hirats. f. & Mur., Mem. Tottori Agric. Coll. 7: 50. 1943.

西藏（XZ）、台湾（TW）。

Zhuang 1992；庄剑云等 2003。

近明柄锈菌

Puccinia subhyalina Tranzschel, Conspectus Uredinalium URSS p. 128. 1939.

福建（FJ）；俄罗斯。

Zhuang 1983，1988；庄剑云等 1998。

寡纹柄锈菌

Puccinia substriata Ellis & Barthol., Erythea 5: 47. 1897.

西藏（XZ）、台湾（TW）；印度、乌干达、巴拿马、特立尼达和多巴哥、玻利维亚、巴西。

Zhuang 1986b；庄剑云等 1998。

獐牙菜柄锈菌

Puccinia swertiae (Opiz) G. Winter, Rabenh. Krypt.-Fl. 1: 205. 1884.

Aecidium swertiae Opiz, Seznam Rostlin Kveteny Ceské p. 111. 1852.

吉林（JL）、陕西（SN）、四川（SC）、云南（YN）；北温带。

王云章 1951；戴芳澜 1979；刘伟成等 1991；魏淑霞和庄剑云 1997；庄剑云等 2003；Zhuang & Wei 2005。

四川柄锈菌

Puccinia szechuanensis Jørst., Ark. Bot. 4 (no. 8): 362. 1959.

四川（SC）。

庄剑云等 2003。

塔河柄锈菌

Puccinia tahensis Tranzschel, Conspectus Uredinalium URSS p. 128. 1939.

黑龙江（HL）；俄罗斯。

庄剑云等 1998。

太白柄锈菌

Puccinia taibaiana B. Li, Mycosystema 1: 165. 1988.

陕西（SN）。

Li 1988；庄剑云等 2003；Zhuang & Wei 2005。

舌唇兰柄锈菌

Puccinia taihaensis Hirats. f. & Hashioka, Trans. Tottori Soc. Agric. Sci. 5: 240. 1935.

台湾（TW）。

王云章 1951；戴芳澜 1979；庄剑云等 1998。

台北柄锈菌

Puccinia taihokuensis Sawada, Report of the Department of Agriculture, Government Research Institute of Formosa 86: 73. 1943.

台湾（TW）。
庄剑云等 1998。

台湾柄锈菌

Puccinia taiwaniana Hirats. f. & Hashioka, Trans. Tottori Soc. Agric. Sci. 5: 240. 1935.
福建（FJ）、台湾（TW）；日本、菲律宾。
王云章和魏淑霞 1983；Zhuang 1983；庄剑云等 1998。

大理柄锈菌

Puccinia taliensis F.L. Tai, Farlowia 3: 123. 1947.
四川（SC）、云南（YN）、西藏（XZ）。
王云章 1951；戴芳澜 1979；Li 1988；Zhuang & Wei 1994；庄剑云等 2003。

艾菊柄锈菌狭叶青蒿变种

Puccinia tanaceti var. **dracunculina** (Fahrend.) Cummins, Mycotaxon 5: 406. 1977.
Puccinia dracunculina Fahrend., Annls. Mycol. 39 (2/3): 181. 1941.
陕西（SN）、新疆（XJ）；北温带。
庄剑云等 2003；Xu et al. 2013。

艾菊柄锈菌原变种

Puccinia tanaceti var. **tanaceti** DC., in Lamarck & de Candolle, Fl. Franç. Edn 3 2: 222. 1805.
黑龙江（HL）、吉林（JL）、内蒙古（NM）、河北（HEB）、北京（BJ）、山西（SX）、山东（SD）、陕西（SN）、宁夏（NX）、甘肃（GS）、新疆（XJ）、安徽（AH）、江苏（JS）、湖南（HN）、湖北（HB）、四川（SC）、重庆（CQ）、贵州（GZ）、云南（YN）、西藏（XZ）、台湾（TW）；世界各地。
王云章 1951；戴芳澜 1979；魏淑霞和王云章 1986；Zhuang 1986a，1989a；郭林 1989；刘伟成等 1991；Zhuang & Wei 1994；魏淑霞和庄剑云 1997；庄剑云等 2003。

盘果菊柄锈菌

Puccinia tatarinovii Kom. & Tranzschel, in Tranzschel, Conspectus Uredinalium URSS p. 393. 1939.
吉林（JL）、北京（BJ）、陕西（SN）、甘肃（GS）、湖北（HB）、四川（SC）、重庆（CQ）；俄罗斯。
戴芳澜 1979；魏淑霞和王云章 1986；郭林 1989；臧穆等 1996；魏淑霞和庄剑云 1997；Cao et al. 2000b；庄剑云等 2003；Zhuang & Wei 2005；Zhuang & Wang 2006。

泰勒柄锈菌

Puccinia taylorii Balf.-Browne, Bull. Br. Mus. Nat. Hist. Bot. 1 (7): 209. 1955.
西藏（XZ）；尼泊尔。
庄剑云 1984，1986a；Li 1988；Zhuang & Wei 1994；庄剑云等 2003。

娇嫩柄锈菌

Puccinia tenella I. Hino & Katum., Bull. Faculty of Agriculture, Yamaguchi University 11: 34. 1960.
香港（HK）。
庄剑云等 1998。

美人蕉柄锈菌

Puccinia thaliae Dietel, Hedwigia 38 (Beibl.): 250. 1899.
云南（YN）、广东（GD）、广西（GX）；世界热带。
Zhuang & Wei 2002a；庄剑云等 2003。

垂百蕊草柄锈菌

Puccinia thesii-decurrentis Dietel, Annls. Mycol. 6 (3): 225. 1908.
河北（HEB）、四川（SC）；日本、哈萨克斯坦、俄罗斯。
庄剑云等 2003。

西藏柄锈菌

Puccinia thibetana J.Y. Zhuang, in Zhuang & Wei, Mycosystema 7: 74. 1994.
西藏（XZ）。
Zhuang & Wei 1994；庄剑云等 2003。

蒂曼柄锈菌

Puccinia thuemeniana W. Voss, Öst. Bot. Z. 27 (12): 404. 1877.
新疆（XJ）；奥地利、俄罗斯。
庄剑云等 2003；Zhuang & Wei 2005；Xu et al. 2013。

思韦茨柄锈菌

Puccinia thwaitesii Berk., J. Linn. Soc. 14: 91. 1875.
云南（YN）、台湾（TW）、广东（GD）、广西（GX）、海南（HI）；印度尼西亚、日本、新加坡、斯里兰卡、越南、巴布亚新几内亚。
王云章 1951；戴芳澜 1979；Zhuang 1992；庄剑云等 2003。

天山柄锈菌

Puccinia tianshanica J.Y. Zhuang & S.X. Wei, Mycosystema 19 (4): 443. 2000.
新疆（XJ）。
Zhuang & Wei 2000b，2005；庄剑云等 2003；Xu et al. 2013。

黄水枝生柄锈菌

Puccinia tiarellicola Hirats. f., Uredin. Studies p. 334. 1955.
Puccinia asiatica var. *tiarellae* Savile, Can. J. Bot. 32: 404. 1954.
湖北（HB）、四川（SC）、西藏（XZ）；日本。
Zhuang & Wei 2001b；庄剑云等 2003。

德永柄锈菌

Puccinia tokunagae S. Ito & Kawai, Trans. Sapporo Nat. Hist. Soc. 11 (4): 236. 1931.
河北（HEB）、陕西（SN）、四川（SC）；俄罗斯。
魏淑霞和王云章 1986；魏淑霞和庄剑云 1997；Cao et al.

2000b；庄剑云等 2003；Zhuang & Wei 2005。

东京柄锈菌

Puccinia tokyensis P. Syd. & Syd., Monogr. Uredin. 1 (2): 377. 1902.

山东（SD）、河南（HEN）、陕西（SN）、安徽（AH）、江苏（JS）、浙江（ZJ）、湖南（HN）、湖北（HB）、四川（SC）、重庆（CQ）、贵州（GZ）、云南（YN）、福建（FJ）、广西（GX）；日本、俄罗斯、朝鲜半岛。

王云章 1951；戴芳澜 1979；Zhuang 1983；郭林 1989；Li 1989；Cao et al. 2000b；庄剑云等 2003；Zhuang & Wei 2005。

托利马柄锈菌

Puccinia tolimensis Mayor, Mem. Soc. Neuch. Sci. Nat. 5: 516. 1913.

浙江（ZJ）；危地马拉、美国、哥伦比亚。

魏淑霞和王云章 1986；庄剑云等 2003。

山牛蒡柄锈菌

Puccinia tossoensis Tokun. & Kawai, Trans. Sapporo Nat. Hist. Soc. 11 (4): 236. 1931.

吉林（JL）、安徽（AH）；俄罗斯。

王云章 1951；戴芳澜 1979；魏淑霞和王云章 1986；刘伟成等 1991；庄剑云等 2003。

秦岭柄锈菌

Puccinia tsinlingensis Y.C. Wang, Acta Phytotax. Sin. 10: 296. 1965.

陕西（SN）、新疆（XJ）、西藏（XZ）。

王云章 1965；戴芳澜 1979；王云章和魏淑霞 1983；庄剑云等 1998；Cao et al. 2000b；Zhuang & Wei 2005；Xu et al. 2013。

郁金香柄锈菌

Puccinia tulipae J. Schröt., Jber. Schl Es. Ges. Vaterl. Kultur 53: 117. 1875.

新疆（XJ）；欧洲至中亚。

赵震宇和郭庆元 2012；Xu et al. 2013。

开口箭柄锈菌

Puccinia tupistrae L. Guo, in Anon., Fungi and Lichens of Shennongjia. Mycological and Lichenological Expedition to Shennongjia p. 140. 1989.

湖北（HB）。

郭林 1989；庄剑云等 1998。

脐景天柄锈菌

Puccinia umbilici Guépin, in Duby, Bot. Gall. Edn 2 2: 890. 1830.

西藏（XZ）；北温带。

Zhuang & Wei 1994；庄剑云等 2003。

波壁柄锈菌

Puccinia undulitunicata J.Y. Zhuang & Y.C. Wang, Acta Mycol. Sin. 4 (4): 219. 1985.

四川（SC）。

Zhuang & Wang 1985；庄剑云等 2003。

黑褐柄锈菌

Puccinia ustalis Berk., Hooker's J. Bot. Kew Gard. Misc. 6: 207. 1854.

内蒙古（NM）、甘肃（GS）、青海（QH）、新疆（XJ）、湖北（HB）、台湾（TW）；北温带。

王云章 1951；戴芳澜 1979；郭林 1989；Zhuang 1989b，1991a；Zhuang & Wei 2003，2005；Zhuang & Wang 2006。

多变柄锈菌稻槎菜变种

Puccinia variabilis var. **lapsanae** (Fuckel) Cummins, Mycotaxon 5: 406. 1977.

Puccinia lapsanae Fuckel, Jahrb. Nass. Ver. Nat. 15: 13. 1860.

台湾（TW）；北温带。

戴芳澜 1979；庄剑云等 2003。

多变柄锈菌原变种

Puccinia variabilis var. **variabilis** Grev., Scott. Crypt. Fl. 2: pl. 75. 1824.

黑龙江（HL）、内蒙古（NM）、北京（BJ）、山西（SX）、陕西（SN）、甘肃（GS）、青海（QH）；北温带。

魏淑霞和王云章 1986；庄剑云等 2003；刘铁志等 2004；Zhuang & Wei 2005；Zhuang & Wang 2006。

变形柄锈菌

Puccinia variiformis Pat., J. Bot. Paris 4: 57. 1890.

台湾（TW）；马来西亚、越南、琉球群岛。

王云章 1951；戴芳澜 1979；庄剑云等 2003。

毡毛柄锈

Puccinia velutina Kakish. & S. Sato, Mycologia 74 (3): 432. 1982.

陕西（SN）；日本。

曹支敏和李振岐 1999。

藜芦柄锈菌

Puccinia veratri (DC.) Duby, Botanicon Gallicum p. 890. 1830.

Uredo veratri DC., in Lamarck, Encycl. 8: 224. 1808.

湖北（HB）；北温带。

戴芳澜 1979；郭林 1989；庄剑云等 1998。

婆婆纳柄锈菌

Puccinia veronicae J. Schröt., in Cohn, Beitr. Biol. Pflanzen. 3: 89. 1879.

湖北（HB）、台湾（TW）；欧亚温带。

郭林 1989；Zhuang 1992；庄剑云等 2003。

长尾婆婆纳柄锈菌
Puccinia veronicae-longifoliae Savile, Can. J. Bot. 46: 635. 1968.
内蒙古（NM）；芬兰、拉脱维亚、瑞典。
Zhuang 1992；庄剑云等 2003。

威灵仙柄锈菌
Puccinia veronicarum DC., in Lamarck & de Candolle, Fl. Franç. Edn 3 2: 594. 1805.
黑龙江（HL）、内蒙古（NM）、西藏（XZ）；北温带。
Zhuang 1992；庄剑云等 2003。

变色柄锈菌
Puccinia versicolor Dietel & Holw., in Holway, Bot. Gaz. 24: 28. 1897.
北京（BJ）、四川（SC）、贵州（GZ）、云南（YN）、台湾（TW）、海南（HI）；印度、日本、墨西哥、阿根廷、巴布亚新几内亚。
王云章和魏淑霞 1983；庄剑云等 1998。

荚蒾生柄锈菌
Puccinia viburnicola J.Y. Zhuang, Acta Mycol. Sin. 5 (3): 146. 1986.
西藏（XZ）。
Zhuang 1986b；庄剑云等 2003。

堇菜柄锈菌
Puccinia violae (Schumach.) DC., in de Candolle & Lamarck, Fl. Franç. Edn 3 6: 62. 1815.
Aecidium violae Schumach., Enum. Pl. 2: 224. 1803.
Puccinia violae-reniformis Y.Z. Wang & S.X. Wei, in Wang, Han, Wei & Guo, Acta Microbiol. Sin. 20 (1): 19. 1980.
黑龙江（HL）、吉林（JL）、辽宁（LN）、内蒙古（NM）、河北（HEB）、北京（BJ）、山西（SX）、陕西（SN）、宁夏（NX）、甘肃（GS）、安徽（AH）、江苏（JS）、浙江（ZJ）、湖南（HN）、湖北（HB）、四川（SC）、重庆（CQ）、贵州（GZ）、云南（YN）、西藏（XZ）、福建（FJ）、台湾（TW）；世界各地。
王云章 1951；戴芳澜 1979；王云章等 1980；Zhuang 1986b；郭林 1989；刘伟成等 1991；Zhuang & Wei 1994，2005；Cao et al. 2000b；庄剑云等 2003；Zhuang & Wang 2006。

毛果一枝黄花柄锈菌
Puccinia virgae-aureae (DC.) Lib., Pl. Crypt. Arduenna Fasc. 4: no. 393. 1837.
Xyloma virgae-aureae DC., in de Candolle & Lamarck, Fl. Franç. Edn 3 5/6: 158. 1815.
新疆（XJ）；北温带。
戴芳澜 1979；魏淑霞和王云章 1986；庄剑云等 2003；Zhuang & Wei 2005；Xu et al. 2013。

珠芽蓼柄锈菌
Puccinia vivipari Jørst., Ark. Bot. 4 (no. 8): 360. 1959.
Puccinia wenchuanensis B. Li, Mycosystema 1: 159. 1988.
甘肃（GS）、青海（QH）、四川（SC）。
Li 1988；庄剑云等 2003；Zhuang & Wei 2005；Zhuang & Wang 2006。

溃疡柄锈菌
Puccinia vomica Thüm., Bull. Soc. Imp. Nat. Moscou 55: 209. 1880.
陕西（SN）、甘肃（GS）、青海（QH）、新疆（XJ）、湖北（HB）、西藏（XZ）；日本、俄罗斯。
戴芳澜 1979；魏淑霞和王云章 1986；郭林 1989；Zhuang & Wei 1994，2005；魏淑霞和庄剑云 1997；庄剑云等 2003；Zhuang & Wang 2006；Xu et al. 2013。

林石草柄锈菌
Puccinia waldsteiniae M.A. Curtis, in Peck, Ann. Rep. N.Y. State Mus. 25: 120. 1873.
吉林（JL）；日本、俄罗斯、美国。
王云章 1951；戴芳澜 1979；庄剑云等 2003。

王氏柄锈菌
Puccinia wangiana J.Y. Zhuang & S.X. Wei, Mycosystema 20 (1): 13. 2001.
湖南（HN）。
庄剑云等 2003。

沃蒂柄锈菌
Puccinia wattiana Barclay, Journal of the Asiatic Society of Bengal 59: 109. 1890.
陕西（SN）、四川（SC）、云南（YN）、西藏（XZ）、台湾（TW）；印度、日本、尼泊尔、巴基斯坦。
王云章 1951；戴芳澜 1979；Zhuang 1991a；Zhuang & Wei 1994，2005；臧穆等 1996；魏淑霞和庄剑云 1997；庄剑云等 2003。

雾灵柄锈菌
Puccinia wulingensis B. Li, Mycosystema 1: 160. 1988.
河北（HEB）。
Li 1988；庄剑云等 2003。

苍耳柄锈菌三裂叶豚草专化型
Puccinia xanthii f.sp. **ambrosiae-trifidae** S.W.T. Batra, Mycopathologia 73 (2): 62. 1981.
辽宁（LN）；加拿大、美国。
吕国忠等 2004。

黄孢柄锈菌
Puccinia xanthosperma Syd. & P. Syd., in Sydow, Sydow & Butler, Annls. Mycol. 4 (5): 437. 1906.
西藏（XZ）；印度。

Zhuang & Wei 1994；庄剑云等 1998。

隐果薹草柄锈菌

Puccinia yaramesuga Homma, Trans. Sapporo Nat. Hist. Soc. 15: 122. 1938.

四川（SC）；俄罗斯。

Zhuang 1988；庄剑云等 1998。

横仓柄锈菌

Puccinia yokogurae Henn., Hedwigia 42: 107. 1903.

四川（SC）；日本。

Zhuang 1988；庄剑云等 1998。

云南柄锈菌

Puccinia yunnanensis F.L. Tai, Farlowia 3: 123. 1947.

云南（YN）。

王云章 1951；戴芳澜 1979；庄剑云等 2003。

姜柄锈菌

Puccinia zingiberis T.S. Ramakr., Proc. Indian Acad. Sci. Sect. B 44: 117. 1956.

福建（FJ）；印度。

Zhuang 1983；庄剑云等 1998。

新塔花柄锈菌

Puccinia ziziphorae P. Syd. & Syd., Monogr. Uredin. 1 (2): 304. 1902.

新疆（XJ）；伊朗、哈萨克斯坦、叙利亚、乌兹别克斯坦。

Zhuang 1989b；Wei 1990；庄剑云等 2003；Zhuang & Wei 2005；赵震宇和郭庆元 2012；Xu et al. 2013。

结缕草柄锈菌

Puccinia zoysiae Dietel, Bot. Jb. 32: 48. 1902.

黑龙江（HL）、吉林（JL）、辽宁（LN）、河北（HEB）、北京（BJ）、山西（SX）、山东（SD）、河南（HEN）、陕西（SN）、安徽（AH）、江苏（JS）、浙江（ZJ）、江西（JX）、湖北（HB）、四川（SC）、云南（YN）、福建（FJ）、台湾（TW）、广东（GD）、广西（GX）；日本、美国。

王云章 1951；戴芳澜 1979；杜复等 1983；王云章和魏淑霞 1983；Zhuang 1983；庄剑云等 1998；Cao et al. 2000b。

硬层锈菌属

Stereostratum Magnus, Ber. Dt. Bot. Ges. 17: 181. 1899.

皮状硬层锈菌

Stereostratum corticioides (Berk. & Broome) H. Magn., Ber. Dt. Bot. Ges. 17: 181. 1899.

Puccinia corticioides Berk. & Broome, in Berkeley, J. Linn. Soc. Bot. 16 (no. 89): 52. 1878.

陕西（SN）、江苏（JS）、上海（SH）、浙江（ZJ）、江西（JX）、湖南（HN）、四川（SC）、台湾（TW）、广西（GX）。

王云章 1951；邓叔群 1963；戴芳澜 1979；王云章和魏淑霞 1983；曹支敏等 1996；Cao 2000b；魏淑霞和庄剑云 1997；Zhuang & Wei 2005；庄剑云等 2012。

轮孢锈菌属

Trochodium Syd. & P. Syd., Annls Mycol. 17 (2/6): 106. 1920.

桑帕色轮孢锈菌

Trochodium sampathense Thirum., J. Indian Bot. Soc. 21: 66. 1942.

西藏（XZ）；印度、尼泊尔。

Zhuang & Wei 1994；庄剑云等 2012。

单胞锈菌属

Uromyces (Link) Unger, Exanth. Pflanzen. p. 277. 1833.

异形单胞锈菌

Uromyces aberrans Dietel, Bot. Jahrb. 28: 281. 1900.

四川（SC）；日本。

庄剑云等 2005。

刺叽松单胞锈菌

Uromyces acantholimonis Syd. & P. Syd., Annls Mycol. 4 (1): 28. 1906.

新疆（XJ）；地中海地区至中亚。

Xu et al. 2013。

酸模生单胞锈菌

Uromyces acetosae J. Schröt., in Rabenhorst, Fungi Europ. Exsicc. no. 2080. 1876.

西藏（XZ）；欧亚温带。

Zhuang & Wei 2012。

菖蒲单胞锈菌

Uromyces acori T.S. Ramakr. & Rangaswami, Curr. Sci. 17: 241. 1948.

江苏（JS）、台湾（TW）；印度、印度尼西亚、日本、菲律宾。

戴芳澜 1979；Guo & Wang 1986；庄剑云等 2005。

春孢器状单胞锈菌

Uromyces aecidiiformis (F. Strauss) C.C. Rees, Am. J. Bot. 4: 369. 1917.

Uredo aecidiiformis F. Strauss, Ann. Wetter. Gesellsch. Ges. Naturk. 2: 94. 1811.

吉林（JL）、新疆（XJ）；欧亚大陆温带、北非。

Zhuang 1989b；Zhuang & Wei 2005；庄剑云等 2005；Xu et al. 2013。

冰草单胞锈菌

Uromyces agropyri Barclay, Journal of the Asiatic Society of Bengal 3: 212. 1891.

新疆（XJ）；印度。

赵震宇和郭庆元 2012。

美丽单胞锈菌

Uromyces amoenus Syd. & P. Syd., Annls. Mycol. 4 (1): 28. 1906.

西藏（XZ）；日本、尼泊尔、俄罗斯；北美洲。

Zhuang 1993；Zhuang & Wei 1994；庄剑云等 2005。

黑龙江单胞锈菌

Uromyces amurensis Kom., in Jaczewski, Komarov & Tranzschel, Fungi Rossiae Exsicc. no. 157, 158. 1898.

黑龙江（HL）、吉林（JL）、陕西（SN）；日本、俄罗斯、朝鲜半岛。

王云章 1951；戴芳澜 1979；Guo & Wang 1986；曹支敏等 1996；Cao 2000b；庄剑云等 2005。

假木贼单胞锈菌

Uromyces anabasis Kazenas, Notul. Syst. Sect. Cryptog. Inst. Bot. Acad. Sci. U.S.S.R. 12: 230. 1959.

新疆（XJ）；哈萨克斯坦。

庄剑云等 2005；Xu et al. 2013。

欧黄华单胞锈菌

Uromyces anagyridis Roum., Fungi Selecti Galliaei Exs. no. 743. 1880.

内蒙古（NM）、甘肃（GS）、新疆（XJ）、四川（SC）、西藏（XZ）；伊朗。

Guo & Wang 1986；Zhuang 1986b；Zhuang & Wei 1994，2005；庄剑云等 2005；Zhuang & Wang 2006；徐彪等 2008b，2013。

疣顶单胞锈菌

Uromyces appendiculatus (Pers.) Unger, Einfl. Bodens p. 216. 1836.

Uredo appendiculata α phaseoli Pers., Ann. Bot. Usteri 15: 17. 1795.

中国各地；世界各地。

戴芳澜 1979；Guo & Wang 1986；Zhuang 1983，1986b；Guo & Wang 1986；臧穆等 1996；魏淑霞和庄剑云 1997；Zhang et al. 1997；Zhuang & Wei 2001b；庄剑云等 2005。

阿切尔单胞锈菌

Uromyces archerianus Arthur & Fromme, Torreya 15: 261. 1915.

新疆（XJ）；南非、坦桑尼亚、乌干达、墨西哥。

Wei & Zhuang 1989；Zhuang & Wei 2005；庄剑云等 2005；Xu et al. 2013。

博伊姆勒单胞锈菌

Uromyces baeumlerianus Bubák, Hedwigia 47: 363. 1908.

河北（HEB）、北京（BJ）、河南（HEN）、陕西（SN）、宁夏（NX）、湖北（HB）、四川（SC）；欧亚温带。

王云章 1951；戴芳澜 1979；Guo & Wang 1986；魏淑霞和庄剑云 1997；庄剑云等 2005。

鬼针草生单胞锈菌

Uromyces bidenticola Arthur, Mycologia 9 (2): 71. 1917; Manual of the Rust in United States and Canada p. 342. 1934.

贵州（GZ）、云南（YN）、西藏（XZ）、台湾（TW）、广西（GX）、海南（HI）；亚洲热带、非洲、北美洲（南部）、南美洲。

王云章 1951；戴芳澜 1979；Guo & Wang 1986；Zhuang & Wei 1999a，2001；庄剑云等 2005。

异芒菊单胞锈菌

Uromyces blainvilleae Berk., J. Linn. Soc. Bot. 14 (no.74): 92. 1875.

云南（YN）、西藏（XZ）；亚洲热带、非洲热带、南美洲热带。

庄剑云等 2005。

光滑单胞锈菌

Uromyces blandus Syd., Annls. Mycol. 29 (3/4): 145. 1931.

海南（HI）；菲律宾。

Zhuang & Wei 2001b；庄剑云等 2005。

臭根子草单胞锈菌

Uromyces bothriochloae-intermediae Gorlenko, Azbukina & Zenkova, Mikol. Fitopatol. 4 (1): 66. 1970.

中国（具体地点不详）。

庄剑云等 2005。

巴西单胞锈菌

Uromyces brasiliensis Trotter, Annls. Mycol. 2 (6): 533. 1904.

Uromyces gammatus Berk. & M.A. Curtis, in Berkeley, J. Linn. Soc. 10: 357. 1869.

台湾（TW）；菲律宾、巴布亚新几内亚、西印度群岛；墨西哥至南美洲。

王云章 1951；戴芳澜 1979；Guo & Wang 1986；Zhuang & Wei 2001b；庄剑云等 2005。

柴胡单胞锈菌

Uromyces bupleuri Magnus, Verh. Zool.-Bot. Ges. Wien 49: 90. 1899.

新疆（XJ）、西藏（XZ）；西亚至中亚、地中海地区。

Zhuang 1989b；Zhuang & Wei 1994，2005；庄剑云等 2005；Xu et al. 2013。

紫珠单胞锈菌

Uromyces callicarpae Fujik. ex S. Ito, J. Agr. Hokkaido Imp. Univ. 11: 278. 1922.

台湾（TW）、海南（HI）；日本。

王云章 1951；戴芳澜 1979；Guo & Wang 1986；庄剑云等 2005。

刀豆单胞锈菌

Uromyces canavaliae J.M. Yen, Revue Mycol. Paris 39 (4): 264. 1976.

台湾（TW）。

Yan 1975；庄剑云等 2005。

头状单胞锈菌

Uromyces capitatus Syd. & P. Syd., Öst. Bot. Z. 52 (5): 182. 1902.

陕西（SN）、四川（SC）、云南（YN）、西藏（XZ）、广西（GX）；印度。

王云章 1951；Guo & Wang 1986；Zhuang & Wei 1994；曹支敏等 1996；Cao 2000b；庄剑云等 2005。

角果藜单胞锈菌

Uromyces ceratocarpi Syd. & P. Syd., Annls. Mycol. 10 (2): 214. 1912.

新疆（XJ）；高加索地区至中亚。

Zhuang 1989b；Zhuang & Wei 2005；庄剑云等 2005。

藜单胞锈菌

Uromyces chenopodii (Duby) J. Schröt., in Kunze, Fung. Sel. Exs. Cent. 3: no. 214. 1880.

Uredo chenopodii Duby, Bot. Gall. Edn 2 2: 899. 1830.

新疆（XJ）；北温带。

戴芳澜 1979；Zhuang & Wei 2005；庄剑云等 2005；徐彪等 2008b，2013。

克利格尼单胞锈菌

Uromyces clignyi Pat. & Har., J. Bot. Paris 14: 237. 1900.

云南（YN）、海南（HI）；世界热带。

王云章 1951；戴芳澜 1979；王云章和魏淑霞 1983；Guo & Wang 1986；Zhuang & Wei 2001b；庄剑云等 2005。

鸭跖草单胞锈菌

Uromyces commelinae Cooke, Trans. R. Soc. Edinb. 31: 342. 1888.

北京（BJ）、山东（SD）、安徽（AH）、浙江（ZJ）、云南（YN）、西藏（XZ）、福建（FJ）、台湾（TW）、广西（GX）、海南（HI）；世界热带和亚热带。

王云章 1951；戴芳澜 1979；Zhuang 1983，1986b；Guo & Wang 1986；Zhuang & Wei 2001b；庄剑云等 2005。

冠单胞锈菌

Uromyces coronatus Miyabe & Nishida ex Dietel, Bot. Centralbl. 105: 495. 1905.

浙江（ZJ）、福建（FJ）、广西（GX）、香港（HK）；日本。

王云章 1951；戴芳澜 1979；王云章和魏淑霞 1983；Zhuang 1983；Guo & Wang 1986；Zhuang & Wei 2001b；庄剑云等 2005。

厚顶单胞锈菌

Uromyces crassivertex Dietel, Bot. Jb. 32: 624. 1903.

江西（JX）；日本。

Guo & Wang 1986；庄剑云等 2005。

狗筋蔓单胞锈菌

Uromyces cucubali Hirats. & Hashioka, Bot. Mag. Tokyo 49: 520. 1935.

台湾（TW）。

戴芳澜 1979；Guo & Wang 1986；庄剑云等 2005。

僧帽状单胞锈菌

Uromyces cucullatus Syd. & P. Syd., Annls. Mycol. 2 (4): 349. 1904.

广西（GX）；哥斯达黎加、墨西哥、巴拿马。

Zhuang & Wei 1999a；庄剑云等 2005。

鸭茅单胞锈菌

Uromyces dactylidis G.H. Otth, Mitt. Naturf. Ges. Bern 1861: 85. 1861.

Uromyces alopecuri Seym., Proc. Bost. Soc. Nat. Hist. 24: 186. 1889.

吉林（JL）、内蒙古（NM）、河北（HEB）、山西（SX）、陕西（SN）、甘肃（GS）、青海（QH）、新疆（XJ）、安徽（AH）、江苏（JS）、浙江（ZJ）、江西（JX）、湖北（HB）、四川（SC）、贵州（GZ）、云南（YN）、福建（FJ）、台湾（TW）、广西（GX）；北温带。

王云章 1951；戴芳澜 1979；王云章和魏淑霞 1983；Zhuang 1983，1999；Guo & Wang 1986；郭林 1989；臧穆等 1996；魏淑霞和庄剑云 1997；Zhuang & Wei 2005；庄剑云等 2005；Zhuang & Wang 2006；Xu et al. 2013。

龙爪茅单胞锈菌

Uromyces dactyloctenii Wakef. & Hansf., Proc. Linn. Soc. London 161: 170. 1949.

海南（HI）；菲律宾；非洲、南美洲。

Wei & Zhuang 1989；庄剑云等 2005。

华饰单胞锈菌

Uromyces decoratus Syd. & P. Syd., Annls. Mycol. 5 (6): 491. 1907.

云南（YN）、台湾（TW）；印度、巴基斯坦、斯里兰卡、琉球群岛。

王云章 1951；Guo & Wang 1986；庄剑云等 2005。

浆果苋单胞锈菌

Uromyces deeringiae Syd. & P. Syd., Annls. Mycol. 1 (4): 324. 1903.

台湾（TW）；印度尼西亚、菲律宾。

王云章 1951；戴芳澜 1979；庄剑云等 2005。

石竹单胞锈菌

Uromyces dianthi (Pers.) Niessl, Verh. Nat. Ver. Brünn 10: 162. 1872.

Uredo dianthi Pers., Syn. Meth. Fung. 1: 222. 1801.

北京（BJ）、陕西（SN）、新疆（XJ）、江苏（JS）、台湾（TW）；世界各地。

戴芳澜 1979；Guo & Wang 1986；Cao et al. 2000b；Zhuang & Wei 2005；庄剑云等 2005；Xu et al. 2013。

升马唐单胞锈菌

Uromyces digitariae-adscendentis Y.C. Wang, Acta Phytotax. Sin. 10: 296. 1966.

四川（SC）、重庆（CQ）、云南（YN）、福建（FJ）、台湾（TW）、广东（GD）。

戴芳澜 1979；王云章和魏淑霞 1983；Zhuang 1983；Guo & Wang 1986；Zhuang & Wei 2001b；庄剑云等 2005。

小扁豆单胞锈菌

Uromyces dolicholi Arthur, Bull. Torrey Bot. Club 33: 27. 1906.

云南（YN）、台湾（TW）；印度；北美洲南部至南美洲。

王云章 1951；戴芳澜 1979；Guo & Wang 1986；Zhuang & Wei 2001b；庄剑云等 2005。

野豌豆单胞锈菌

Uromyces ervi (Wallr.) Westend., Bull. Acad. R. Sci. Belg. Cl. Sci. 21 (2): 234. 1854.

Aecidium ervi Wallr., Fl. Crypt. Germ. 2: 247. 1833.

黑龙江（HL）、吉林（JL）、陕西（SN）、新疆（XJ）、四川（SC）、云南（YN）、台湾（TW）；北温带。

王云章 1951；戴芳澜 1979；Guo & Wang 1986；Zhang et al. 1997；Zhuang & Wei 2005；庄剑云等 2005；徐彪等 2008a，2013。

猪牙花单胞锈菌

Uromyces erythronii (DC.) Pass., Comm. Soc. Crittog. Ital. 2 (3): 452. 1867.

Aecidium erythronii DC., in Lamarck & de Candolle, Fl. Franç. Edn 3 2: 246. 1805.

新疆（XJ）、江苏（JS）、浙江（ZJ）；欧亚温带。

王云章 1951；戴芳澜 1979；Guo & Wang 1986；Zhuang & Wei 2005；庄剑云等 2005；赵震宇和郭庆元 2012。

大戟单胞锈菌

Uromyces euphorbiae Cooke & Peck, in Peck, Ann. Rep. Reg. Univ. St. N.Y. 25: 90. 1873.

Uromyces proëminens (DC.) Lév., Ann. Sci. Nat. Bot. Sér. 3 8: 371, 375. 1847.

内蒙古（NM）、北京（BJ）、山东（SD）、陕西（SN）、宁夏（NX）；北温带。

王云章 1951；戴芳澜 1979；Guo & Wang 1986；刘铁志等 2004；Zhuang & Wei 2005；庄剑云等 2005。

猫眼草单胞锈菌

Uromyces euphorbiae-lunulatae T.N. Liou & Y.C. Wang, Contrib. Inst. Bot. Nat. Acad. Peiping 3: 27. 1935.

陕西（SN）、甘肃（GS）。

王云章 1951；戴芳澜 1979；Guo & Wang 1986；Zhuang & Wei 2005；庄剑云等 2005；Zhuang & Wang 2006。

驼绒藜单胞锈菌

Uromyces eurotiae Tranzschel, Annls. Mycol. 5 (6): 547. 1907.

新疆（XJ）；哈萨克斯坦、俄罗斯。

赵震宇 1981；Zhuang 1989b；Zhuang & Wei 2005；庄剑云等 2005；徐彪等 2008a，2013。

脱柄单胞锈菌

Uromyces fallens (Desm.) F. Kern, Phytopath. 1: 6. 1911.

Uredo fallens Desm., Pl. Crypt. Fr. No. 1325. 1843.

新疆（XJ）、重庆（CQ）；世界各地。

Guo & Wang 1986；Zhang et al. 1997；Zhuang & Wei 2005；庄剑云等 2005；Xu et al. 2013。

顶冰花单胞锈菌

Uromyces gageae Beck, Verh. Zool.-Bot. Ges. Wien 30: 26. 1880.

内蒙古（NM）；欧亚温带。

杨晓坡等 2018。

老鹳草单胞锈菌

Uromyces geranii (DC.) Lév., Annls. Sci. Nat. Bot., sér. 3 8: 371. 1847.

Uredo geranii DC., Vorhandl. Krist. Vidensk. Selsk. p. 47. 1806.

黑龙江（HL）、吉林（JL）、辽宁（LN）、内蒙古（NM）、河北（HEB）、北京（BJ）、山西（SX）、陕西（SN）、宁夏（NX）、甘肃（GS）、青海（QH）、新疆（XJ）、安徽（AH）、浙江（ZJ）、江西（JX）、湖南（HN）、湖北（HB）、四川（SC）、重庆（CQ）、云南（YN）、西藏（XZ）、福建（FJ）、台湾（TW）；北温带。

王云章 1951；戴芳澜 1979；杜复等 1983；Zhuang 1983，1989b，1999；Guo & Wang 1986；Zhuang & Wei 1994，2001a，2005；李晓虹和刘德容 1995；魏淑霞和庄剑云 1997；Zhang et al. 1997；刘铁志等 2004；Zhuang & Wang 2006；Xu et al. 2013。

甘草单胞锈菌

Uromyces glycyrrhizae (Rabenh.) Magnus, Ber. Dt. Bot. Ges. 8: 383. 1890.

Puccinia glycyrrhizae Rabenh., Bot. Ztg. 8: 438. 1850.

内蒙古（NM）、山西（SX）、河南（HEN）、宁夏（NX）、甘肃（GS）、新疆（XJ）；北温带。

王云章 1951；戴芳澜 1979；Guo & Wang 1986；Zhuang 1989b，1999；Zhuang & Wei 2005；庄剑云等 2005；Zhuang & Wang 2006；徐彪等 2008a，2013；赵震宇和郭庆元 2012。

海南单胞锈菌

Uromyces hainanicus J.Y. Zhuang & S.X. Wei, Mycotaxon

78: 349. 2001.

海南（HI）。

Zhuang & Wei 2001b；庄剑云等 2005。

盐豆木单胞锈菌

Uromyces halimodendri Solkina, Mater. Mycol. Phytopath. Leningrad 7 (1): 181. 1928.

甘肃（GS）、新疆（XJ）；哈萨克斯坦。

赵震宇 1981；Guo & Wang 1986；Zhuang 1989b；王生荣 1997；Zhuang & Wei 2005；庄剑云等 2005；徐彪等 2008a，2013。

霍尔斯特德单胞锈菌

Uromyces halstedii De Toni, in Berlese, De Toni & Fischer, in Saccardo, Syll. Fung. 7: 557. 1888.

湖南（HN）；日本、俄罗斯、美国、朝鲜半岛。

王云章 1951；邓叔群 1963；戴芳澜 1979；庄剑云等 2005。

原单胞锈菌

Uromyces haraeanus Syd. & P. Syd., Annls. Mycol. 10 (4): 405. 1912.

黑龙江（HL）；日本、俄罗斯。

戴芳澜 1979；庄剑云等 2005。

暗昧岩黄芪单胞锈菌

Uromyces hedysari-obscuri (DC.) Carestia & Picc., in Orbigny, Erb. Critt. Ital. Ser. 2, Fasc. 9: no. 447. 1871.

Uredo hedysari-obscuri DC., Bulletin Inst. Bot. Buitenzorg 8: 222. 1810.

内蒙古（NM）、河北（HEB）、山西（SX）、陕西（SN）、新疆（XJ）、西藏（XZ）；北温带。

王云章 1951；戴芳澜 1979；Guo & Wang 1986；Zhuang & Wei 1994，2005；魏淑霞和庄剑云 1997；庄剑云等 2005；徐彪等 2008a，2013。

海梅尔单胞锈菌

Uromyces heimerlianus Magnus, Ber. Dt. Bot. Ges. 25: 253. 1907.

黑龙江（HL）、吉林（JL）、内蒙古（NM）、北京（BJ）、山东（SD）、陕西（SN）、新疆（XJ）、湖北（HB）、四川（SC）；欧亚温带。

Guo & Wang 1986；魏淑霞和庄剑云 1997；Cao et al. 2000b；Zhuang & Wei 2005；庄剑云等 2005；Xu et al. 2013。

天芥菜单胞锈菌

Uromyces heliotropii Sred., in Issatschenko, Parasit. Pilze de Gour. Clerson p. 229. 1896.

新疆（XJ）；俄罗斯。

Xu et al. 2013。

铁筷子单胞锈菌

Uromyces hellebori-thibetani J.Y. Zhuang & S.X. Wei, Mycosystema 22 (4): 513. 2003.

宁夏（NX）。

庄剑云等 2005。

霍布森单胞锈菌

Uromyces hobsonii Vize, in Cooke, Grevillea 4 (no. 31): 115. 1876.

云南（YN）；印度、尼泊尔、索马里。

Zhuang 1993；庄剑云等 2005。

霍尔韦单胞锈菌

Uromyces holwayi Lagerh., Hedwigia 28: 108. 1889.

西藏（XZ）；亚洲（东部）、北美洲。

Guo & Wang 1986；庄剑云等 2005。

不等单胞锈菌

Uromyces inaequialtus Lasch, in Rabenhorst, Rabenhorst's Fungi Europ. Exsicc. p. no. 94. 1859.

陕西（SN）、新疆（XJ）、四川（SC）、西藏（XZ）、福建（FJ）、台湾（TW）；北温带。

王云章 1951；戴芳澜 1979；Zhuang 1983，1989b；Guo & Wang 1986；Zhuang & Wei 1994，2005；庄剑云等 2005；Xu et al. 2013。

伊纳亚特单胞锈菌

Uromyces inayati Syd. & P. Syd., Annls. Mycol. 5: 493. 1907.

海南（HI）；印度。

王云章 1951；戴芳澜 1979；王云章和魏淑霞 1983；Guo & Wang 1986；Zhuang & Wei 2001b；庄剑云等 2005。

日本单胞锈菌

Uromyces japonicus Berk. & M.A. Curtis, Proc. Amer. Acad. Arts & Sci. 4: 126. 1858.

Uromyces allii-victorialis T.N. Liou & Y.C. Wang, Contr. Inst. Bot. Nat. Acad. Peiping 3: 25. 1935.

黑龙江（HL）、河北（HEB）、北京（BJ）、陕西（SN）、湖北（HB）；欧亚温带。

王云章 1951；戴芳澜 1979；Guo & Wang 1986；郭林 1989；魏淑霞和庄剑云 1997；庄剑云等 2005.

开闻单胞锈菌

Uromyces kaimontanus Hirats. f. & S. Sato, Trans. Mycol. Soc. Japan 1: 2. 1959.

湖北（HB）、四川（SC）、重庆（CQ）；日本。

郭林 1989；Zhang et al. 1997；庄剑云等 2005。

卡尔马斯单胞锈菌

Uromyces kalmusii Sacc., Michelia 2: 45. 1880.

内蒙古（NM）；欧亚大陆温带。

戴芳澜 1979；Guo & Wang 1986；庄剑云等 2005。

川上单胞锈菌

Uromyces kawakamii Syd. & P. Syd., Annls. Mycol. 12 (2): 105. 1914.

台湾（TW）。

王云章 1951；戴芳澜 1979；庄剑云等 2005。

地肤单胞锈菌

Uromyces kochiae Syd. & P. Syd., Annls. Mycol. 10 (2): 215. 1912.

新疆（XJ）；伊朗。

徐彪等 2008b，2013。

近藤单胞锈菌

Uromyces kondoi Miura, Industrial Materials of the S. Manchuria Railway 27: 262. 1928.

河北（HEB）、北京（BJ）、山西（SX）、山东（SD）、陕西（SN）、甘肃（GS）、青海（QH）、新疆（XJ）、云南（YN）。

王云章 1951；戴芳澜 1979；Guo & Wang 1986；Cao et al. 2000b；Zhuang & Wei 2005；庄剑云等 2005。

国头单胞锈菌

Uromyces kunigamiensis Shimab., Scientific Bull. Agric. Home Econ. & Eng. Div., Univ. Ryukyus 7: 232. 1960.

海南（HI）；琉球群岛。

Zhuang & Wei 2001b；庄剑云等 2005。

广西单胞锈菌

Uromyces kwangsianus Cummins, Mycologia 43 (1): 80. 1951.

广西（GX）。

王云章 1951；戴芳澜 1979；Guo & Wang 1986；Zhuang & Wei 2001b；庄剑云等 2005。

毒豆单胞锈菌

Uromyces laburni G.H. Otth, Mitt. Nat. Ges. Bern 1863: 87. 1863.

Uromyces genistae-tinctoriae G. Winter, Hedwigia 19: 36. 1880.

吉林（JL）、河北（HEB）、北京（BJ）、宁夏（NX）、甘肃（GS）、新疆（XJ）；欧亚温带、北非。

王云章 1951；戴芳澜 1979；Guo & Wang 1986；Zhuang 1989b；Zhuang & Wei 2005；庄剑云等 2005。

拉伯兰单胞锈菌

Uromyces lapponicus Lagerh., Bot. Notiser 1890: 274. 1890.

内蒙古（NM）、北京（BJ）、山西（SX）、陕西（SN）、甘肃（GS）、青海（QH）、新疆（XJ）、四川（SC）、西藏（XZ）；北温带。

戴芳澜 1979；Guo & Wang 1986；Zhuang 1989a，1999；Zhuang & Wei 1994，2005；臧穆等 1996；王生荣 1997；魏淑霞和庄剑云 1997；庄剑云等 2005；Zhuang & Wang 2006；徐彪等 2008a，2013。

宽乳单胞锈菌

Uromyces latimammatus J.Y. Zhuang & S.X. Wei, Mycosystema 30 (6): 859. 2011.

海南（HI）。

Zhuang & Wei 2011。

胡枝子单胞锈菌

Uromyces lespedezae-bicoloris F.L. Tai & C.C. Cheo, Bull. Chin. Bot. Soc. 3: 62. 1937.

Uromyces scaberulus L. Guo & Y.C. Wang, Acta Mycol. Sin. Suppl. 1: 117. 1986.

陕西（SN）、甘肃（GS）、湖北（HB）、四川（SC）。

戴芳澜 1979；Guo & Wang 1986；Zhuang & Wei 2005；庄剑云等 2005；Zhuang & Wang 2006。

杭子梢单胞锈菌

Uromyces lespedezae-macrocarpae T.N. Liou & Y.C. Wang, Contrib. Inst. Bot. Nat. Acad. Peiping 3: 29. 1935.

河北（HEB）、北京（BJ）、山西（SX）、陕西（SN）、江苏（JS）、江西（JX）、湖南（HN）、四川（SC）。

王云章 1951；戴芳澜 1979；Zhuang & Wei 2005；庄剑云等 2005。

平铺胡枝子单胞锈菌

Uromyces lespedezae-procumbentis (Schwein.) M.A. Curtis, Cat. Pl. No. Car. p. 123. 1867.

Puccinia lespedezae-procumbentis Schwein., Schr. Naturf. Ges. Leipzig 1: 73. 1822.

黑龙江（HL）、吉林（JL）、辽宁（LN）、内蒙古（NM）、河北（HEB）、北京（BJ）、山西（SX）、山东（SD）、河南（HEN）、陕西（SN）、甘肃（GS）、安徽（AH）、江苏（JS）、浙江（ZJ）、江西（JX）、湖南（HN）、湖北（HB）、四川（SC）、贵州（GZ）、云南（YN）、西藏（XZ）、福建（FJ）、台湾（TW）、广东（GD）、广西（GX）；印度、日本、朝鲜半岛、尼泊尔、巴基斯坦、俄罗斯；北美洲。

王云章 1951；邓叔群 1963；戴芳澜 1979；Zhuang 1983，1986a；Guo & Wang 1986；郭林 1989；Zhuang & Wei 1994，2001a，2005；王生荣 1997；魏淑霞和庄剑云 1997；Zhang et al. 1997；Cao et al. 2000c；刘铁志等 2004；庄剑云等 2005；Zhuang & Wang 2006。

橐吾单胞锈菌

Uromyces ligulariae Hirats. & Hashioka, Bot. Mag. Tokyo 48: 233. 1934.

台湾（TW）。

王云章 1951；戴芳澜 1979；Guo & Wang 1986；庄剑云等 2005。

补血草单胞锈菌

Uromyces limonii (DC.) Lév., Dict. d'Hist. Nat. Art. Urédinées p. 19. 1840.

Puccinia limonii DC., in Lamarck & de Candolle, Fl. Franç. Edn 3 2: 595. 1805.

内蒙古（NM）、河北（HEB）、山西（SX）、山东（SD）、陕西（SN）、宁夏（NX）、甘肃（GS）、新疆（XJ）、江西（JX）；北温带。

王云章 1951；戴芳澜 1979；Guo & Wang 1986；魏淑霞和庄剑云 1997；Zhuang & Wei 2005；庄剑云等 2005；Zhuang & Wang 2006；赵震宇和郭庆元 2012；Xu et al. 2013。

线形单胞锈菌

Uromyces linearis Berk. & Broome, J. Linn. Soc. London 14: 92. 1875.

福建（FJ）、台湾（TW）、海南（HI）；塞浦路斯、印度、日本、菲律宾、斯里兰卡、西班牙、摩洛哥、乌干达。

王云章 1951；戴芳澜 1979；王云章和魏淑霞 1983；Zhuang 1983；Guo & Wang 1986；Zhuang & Wei 2001b；庄剑云等 2005。

腔形单胞锈菌

Uromyces loculiformis T.S. Ramakr. & K. Ramakr., Proc. Indian Natn. Sci. Acad. Part B. Biol. Sci. 28: 65. 1948.

云南（YN）、西藏（XZ）；印度、尼泊尔。

Guo & Wang 1986；Zhuang & Wei 1994；庄剑云等 2005。

狼毒乌头单胞锈菌

Uromyces lycoctoni (Kalchbr.) Trotter, Flora Ital. Crypt. 1: 64. 1908.

Uredo lycoctoni Kalchbr., Verzeichn. Zipser Schwämme no. 900 in Mitth. Acad. Wissensch. 3: 246. 1865.

吉林（JL）、河北（HEB）、陕西（SN）、青海（QH）、新疆（XJ）；北温带。

Guo & Wang 1986；魏淑霞和庄剑云 1997；庄剑云等 2005。

马格纳斯单胞锈菌

Uromyces magnusii Kleb., Krypt.-Fl. Brandenburg 5a (2): 236. 1913.

河南（HEN）、陕西（SN）、云南（YN）、西藏（XZ）；欧亚温带、北非。

Guo & Wang 1986；魏淑霞和庄剑云 1997；庄剑云等 2005。

山靛单胞锈菌

Uromyces mercurialis Henn., Hedwigia 41 (Beibl.): 62. 1902.

浙江（ZJ）、台湾（TW）；日本。

王云章 1951；戴芳澜 1979；Guo & Wang 1986；Zhuang & Wei 2001b；庄剑云等 2005。

黧豆单胞锈菌

Uromyces mucunae Rabenh., Hedwigia 17: 62. 1878.

重庆（CQ）、福建（FJ）、台湾（TW）、广西（GX）；印度、菲律宾、斯里兰卡、刚果（金）、刚果（布）、科特迪瓦、马拉维、南非、乌干达、津巴布韦、琉球群岛。

王云章 1951；戴芳澜 1979；Guo & Wang 1986；Zhang et al. 1997；Zhuang & Wei 2001b；庄剑云等 2005。

驴豆单胞锈菌

Uromyces onobrychidis Lév., Ann. Sci. Nat. Sér. 3 8: 371. 1847.

内蒙古（NM）、陕西（SN）、宁夏（NX）；高加索地区、俄罗斯（西伯利亚）至蒙古国；中亚、欧洲。

袁秀英和韩艳洁 2000；庄剑云等 2005。

扁蓄单胞锈菌

Uromyces polygoni-avicularis (Pers.) P. Karst., Bidr. Känned. Finl. Nat. Folk 4: 12. 1879.

Puccinia polygoni-avicularis Pers., Syn. Meth. Fung. 1: 227. 1801.

黑龙江（HL）、吉林（JL）、内蒙古（NM）、河北（HEB）、天津（TJ）、北京（BJ）、山西（SX）、山东（SD）、河南（HEN）、陕西（SN）、宁夏（NX）、甘肃（GS）、青海（QH）、新疆（XJ）、安徽（AH）、江苏（JS）、江西（JX）、湖北（HB）、四川（SC）、重庆（CQ）、云南（YN）、西藏（XZ）、台湾（TW）、广西（GX）；世界各地。

戴芳澜 1979；Guo & Wang 1986；Zhuang 1986b，1989b；魏淑霞和庄剑云 1997；Zhang et al. 1997；Cao et al. 2000b；Zhuang & Wei 2005；庄剑云等 2005；Zhuang & Wang 2006；Xu et al. 2013。

斑点单胞锈菌

Uromyces punctatus J. Schöt., Abh. Schles. Ges. Vaterl. Cult., Abt. Nat. Med. 1869-1872: 10. 1870.

Uromyces pisi-sativi (Pers.) Liro, Bidr. Känn. Finl. Nat. Folk 65: 100. 1908.

吉林（JL）、辽宁（LN）、内蒙古（NM）、河北（HEB）、北京（BJ）、山西（SX）、河南（HEN）、陕西（SN）、宁夏（NX）、甘肃（GS）、青海（QH）、新疆（XJ）、浙江（ZJ）、湖北（HB）、四川（SC）、云南（YN）、台湾（TW）；北温带。

王云章 1951；戴芳澜 1979；Guo & Wang 1986；Zhuang 1999；庄剑云等 2005。

斑点单胞锈菌达乌里黄芪变种

Uromyces punctatus var. **dahuricus** T.Z. Liu & J.Y. Zhuang, Mycosystema 35 (12): 1486. 2016.

内蒙古（NM）。

Liu et al. 2016a。

金光菊单胞锈菌

Uromyces rudbeckiae Arthur & Holw., in Arthur, Bull. Iowa Agric. Coll. 1884: 154. 1885.

吉林（JL）、安徽（AH）、江西（JX）、台湾（TW）；日本、俄罗斯、朝鲜半岛；北美洲。

戴芳澜 1979；Guo & Wang 1986；Zhuang & Wei 2001b；庄剑云等 2005。

皱纹单胞锈菌
Uromyces rugulosus Pat., J. Bot. Paris 2: 151. 1888.
北京（BJ）、山西（SX）、陕西（SN）、江苏（JS）、浙江（ZJ）、江西（JX）、四川（SC）、云南（YN）、西藏（XZ）、广西（GX）；印度、尼泊尔。
王云章 1951；戴芳澜 1979；Guo & Wang 1986；Zhuang & Wei 1994；曹支敏等 1996；Cao 2000b；魏淑霞和庄剑云 1997；Zhang et al. 1997；庄剑云等 2005。

酸模单胞锈菌
Uromyces rumicis (Schumach.) G. Winter, Hedwigia 19: 37. 1880.
Uredo rumicis Schumach., Enum. Pl. 2: 231. 1803.
新疆（XJ）、江西（JX）、四川（SC）；欧亚温带、北非。
戴芳澜 1979；Guo & Wang 1986；庄剑云等 2005；Xu et al. 2013。

盐角草单胞锈菌
Uromyces salicorniae (DC.) de Bary, Rabenhorst's Fungi Europ. Exsicc. no. 1386. 1870.
Aecidium salicorniae DC., in de Candolle & Lamarck, Fl. Franç. Edn 3 5/6: 92. 1815.
新疆（XJ）；欧洲至中亚。
Zhuang & Wei 2003，2005；庄剑云等 2005；徐彪等 2008a，2013。

猪毛菜单胞锈菌
Uromyces salsolae Reichardt, Verh. Zool.-Bot. Ges. Wien p. 842. 1877.
新疆（XJ）；欧亚温带、北非。
戴芳澜 1979；Guo & Wang 1986；庄剑云等 2005。

三白草单胞锈菌
Uromyces saururi Henn., Hedwigia 41 (Beibl.): 19. 1902.
江西（JX）、台湾（TW）；日本。
王云章 1951；戴芳澜 1979；Guo & Wang 1986；庄剑云等 2005。

粟单胞锈菌
Uromyces setariae-italicae Yoshino, Bot. Mag. Tokyo 20: 247. 1906.
河北（HEB）、北京（BJ）、山西（SX）、山东（SD）、河南（HEN）、陕西（SN）、宁夏（NX）、安徽（AH）、江苏（JS）、四川（SC）、贵州（GZ）、云南（YN）、西藏（XZ）、福建（FJ）、台湾（TW）、广东（GD）、广西（GX）、海南（HI）；世界各地。
王云章 1951；戴芳澜 1979；王云章和魏淑霞 1983；Zhuang 1983；Guo & Wang 1986；魏淑霞和庄剑云 1997；Zhuang & Wei 2001b，2005；庄剑云等 2005。

松香草单胞锈菌
Uromyces silphii (Syd. & P. Syd.) Arthur, J. Mycol. 13 (5): 202. 1907.
Aecidium silphii Syd. & P. Syd., Ured. Exsic. no. 1546. 1901.
西藏（XZ）；欧洲、北美洲、南美洲。
Guo & Wang 1986；庄剑云等 2005。

萨氏单胞锈菌
Uromyces sommerfeltii Hyl., Jørst. & Nannf., Op. Bot. 1: 96. 1953.
吉林（JL）；韩国；北温带。
Guo & Wang 1986；庄剑云等 2005。

苦参单胞锈菌
Uromyces sophorae-flavescentis Kusano, Bot. Mag. Tokyo 18: 4. 1904.
河北（HEB）、北京（BJ）、山东（SD）；日本、俄罗斯、朝鲜半岛。
王云章 1951；戴芳澜 1979；Guo & Wang 1986；庄剑云等 2005。

白刺花单胞锈菌
Uromyces sophorae-viciifoliae F.L. Tai, Farlowia 3: 109. 1947.
陕西（SN）、云南（YN）。
王云章 1951；戴芳澜 1979；Guo & Wang 1986；Zhuang & Wei 2001b，2005；庄剑云等 2005。

球状单胞锈菌
Uromyces sphaerocarpus Syd. & P. Syd., Annls. Mycol. 2: 349. 1904.
陕西（SN）、安徽（AH）；日本。
戴芳澜 1979；Guo & Wang 1986；Zhuang & Wei 2005；庄剑云等 2005。

苦马豆单胞锈菌
Uromyces sphaerophysae Pospelov ex Nevod., Notul. Syst. Sect. Cryptog. Inst. Bot. Acad. Sci. U.S.S.R. 6: 183. 1952.
新疆（XJ）；俄罗斯。
徐彪等 2008a，2013。

星毛繁缕单胞锈菌
Uromyces stellariae-saxatilis L. Guo & Y.C. Wang, Acta Mycol. Sin. Suppl. 1: 114. 1986.
安徽（AH）、云南（YN）；菲律宾。
Guo & Wang 1986；庄剑云等 2005。

细纹单胞锈菌
Uromyces striatellus Tranzschel, Annls. Mycol. 8 (1): 24. 1910.
内蒙古（NM）；亚美尼亚、伊朗、俄罗斯、乌克兰。
Zhuang 1993；庄剑云等 2005。

条纹单胞锈菌
Uromyces striatus J. Schröt., Abh. Schles. Ges. Vaterl. Kult. Abth. Naturwiss. 48: 11. 1870.

辽宁（LN）、内蒙古（NM）、北京（BJ）、山西（SX）、陕西（SN）、宁夏（NX）、甘肃（GS）、新疆（XJ）、江苏（JS）、湖北（HB）、贵州（GZ）、云南（YN）、西藏（XZ）、台湾（TW）；世界各地。

王云章 1951；戴芳澜 1979；Guo & Wang 1986；Zhuang 1986b，1989b；贾菊生和胡守智 1994；臧穆等 1996；魏淑霞和庄剑云 1997；刘铁志等 2004；Zhuang & Wei 2005；庄剑云等 2005；徐彪等 2008a，2013。

沟纹单胞锈菌

Uromyces striolatus Tranzschel, Annls. Mycol. 8 (1): 23. 1910.

四川（SC）；欧洲至中亚。

王云章 1951；戴芳澜 1979；庄剑云等 2005。

铃木单胞锈菌

Uromyces suzukii Sawada ex Hirats. f., Trans. Mycol. Soc. Japan 2: 10. 1959.

台湾（TW）。

庄剑云等 2005。

赛多单胞锈菌

Uromyces sydowii Z.K. Liu & L. Guo, Acta Mycol. Sin. 4 (2): 93. 1984.

内蒙古（NM）、甘肃（GS）、新疆（XJ）；印度、巴基斯坦。

刘振坤和郭林 1984；Guo & Wang 1986；王生荣 1997；Zhuang & Wei 2005；庄剑云等 2005；Zhuang & Wang 2006；徐彪等 2008a，2013。

薄壁单胞锈菌

Uromyces tenuicutis McAlpine, Rusts of Australia p. 87. 1906.

陕西（SN）、四川（SC）、贵州（GZ）、云南（YN）、西藏（XZ）、福建（FJ）、台湾（TW）、广东（GD）、广西（GX）、海南（HI）；世界热带和亚热带。

王云章 1951；戴芳澜 1979；王云章和魏淑霞 1983；Zhuang 1983，1986b；Guo & Wang 1986；魏淑霞和庄剑云 1997；Zhuang & Wei 2001b，2005；庄剑云等 2005。

黄华单胞锈菌

Uromyces thermopsidis (Thüm.) P. Syd. & Syd., Monographia Uredinearum 4: 587. 1924.

Uredo thermopsidis Thüm., Bull. Soc. Imp. Nat. Moscou 52 (1): 139. 1877.

内蒙古（NM）、河北（HEB）、甘肃（GS）、青海（QH）；俄罗斯。

戴芳澜 1979；Guo & Wang 1986；Zhuang & Wei 2005；庄剑云等 2005。

车轴草单胞锈菌

Uromyces trifolii (R. Hedw.) Fuckel, Symb. Mycol. p. 63. 1870.

Puccinia trifolii R. Hedw., in Lamarck & de Candolle, Fl. Franç. Edn 3 2: 225. 1805.

Uromyces flectens Lagerh., Svensk Bot. Tidskr. 3 (2): 36. 1909.

新疆（XJ）、四川（SC）、重庆（CQ）、云南（YN）；北温带。

戴芳澜 1979；Guo & Wang 1986；Zhuang 1989b，1999；贾菊生和胡守智 1994；Zhang et al. 1997；庄剑云等 2005。

白车轴草单胞锈菌

Uromyces trifolii-repentis Liro, Acta Soc. Fauna Flora Fenn. 29 (no. 6): 15. 1906.

黑龙江（HL）、新疆（XJ）；世界各地。

Guo & Wang 1986；Zhuang 1999；Zhuang & Wei 2005；庄剑云等 2005；Xu et al. 2013。

草沙蚕生单胞锈菌

Uromyces tripogonicola Payak & Thirum., Sydowia 10 (1-6): 39. 1957.

Uromyces tripogonis-sinensis Y.C. Wang, Acta Phytotax. Sin. 10: 297. 1965.

北京（BJ）；印度。

戴芳澜 1979；王云章和魏淑霞 1983；Guo & Wang 1986；庄剑云等 2005。

三角单胞锈菌

Uromyces triquetrus Cooke, Proc. Portland Society Natural History 1: 184. 1862.

Uromyces hyperici M.A. Curtis, Geol. Nat. Hist. Survey N. Carol. 3: 123. 1867.

台湾（TW）、广西（GX）；日本；北美洲、南美洲。

王云章 1951；戴芳澜 1979；Guo & Wang 1986；庄剑云等 2005。

旱金莲单胞锈菌

Uromyces tropaeoli Ranoj., Annls. Mycol. 12 (4): 400. 1914.

新疆（XJ）；巴尔干半岛、高加索地区；中亚。

Zhao & Zhuang 2009；Xu et al. 2013。

茎生单胞锈菌

Uromyces truncicola Henn. & Shirai, in Hennings, Bot. Jb. 28 (3): 260. 1901.

山东（SD）、安徽（AH）、江苏（JS）；日本、朝鲜半岛。

王云章 1951；戴芳澜 1979；Guo & Wang 1986；庄剑云等 2005。

瘤单胞锈菌

Uromyces tuberculatus Fuckel, Jb. Nassau. Ver. Naturk. 23-24: 64. 1870.

甘肃（GS）、湖北（HB）、四川（SC）；欧亚温带、北非。

戴芳澜 1979；Guo & Wang 1986；庄剑云等 2005；Zhuang & Wang 2006。

波壁单胞锈菌

Uromyces undulatoparietis B. Li, Acta Mycol. Sin. Suppl. 1: 161. 1987.

四川（SC）。

Li 1986a；庄剑云等 2005。

狸尾豆单胞锈菌

Uromyces urariae B. Li, Acta Mycol. Sin. Suppl. 1: 166. 1987.

云南（YN）。

Li 1986b；庄剑云等 2005。

沃氏缬草单胞锈菌

Uromyces valerianae-wallichii Arthur & Cummins, Mycologia 25 (5): 406. 1933.

云南（YN）、台湾（TW）；印度。

戴芳澜 1979；庄剑云等 2005。

藜芦单胞锈菌

Uromyces veratri (DC.) J. Schröt., Jber. Schl Es. Ges. Vaterl. Kultur 49: 10. 1872.

Uredo veratri DC., Encycl. Méth. Bot. 8: 224. 1808.

黑龙江（HL）、吉林（JL）、四川（SC）；欧亚温带。

王云章 1951；戴芳澜 1979；Guo & Wang 1986；庄剑云等 2005。

蚕豆单胞锈菌

Uromyces viciae-fabae (Pers.) J. Schröt., Hedwigia 14: 161. 1875.

Uredo viciae-fabae Pers., Syn. Meth. Fung. 1: 221. 1801.

Uredo fabae Pers., Neues Mag. Bot. 1: 93. 1794.

Uromyces fabae (Pers.) de Bary, Grevillea 7 (no. 44): 135. 1879.

黑龙江（HL）、吉林（JL）、内蒙古（NM）、河北（HEB）、北京（BJ）、山西（SX）、河南（HEN）、陕西（SN）、宁夏（NX）、甘肃（GS）、青海（QH）、新疆（XJ）、安徽（AH）、江苏（JS）、上海（SH）、浙江（ZJ）、江西（JX）、四川（SC）、重庆（CQ）、云南（YN）、西藏（XZ）、福建（FJ）、台湾（TW）、广西（GX）；世界各地。

王云章 1951；戴芳澜 1979；Zhuang 1983，1986b，1989b，1999；Guo & Wang 1986；贾菊生和胡守智 1994；臧穆等 1996；魏淑霞和庄剑云 1997；Cao et al. 2000b；Zhuang & Wei 2003，2005；刘铁志等 2004；庄剑云等 2005；Zhuang & Wang 2006；徐彪等 2008a，2013；赵震宇和郭庆元 2012。

豇豆单胞锈菌

Uromyces vignae Barclay, Journal of the Asiatic Society of Bengal 60 (2): 211. 1891.

内蒙古（NM）、河北（HEB）、北京（BJ）、山西（SX）、山东（SD）、河南（HEN）、陕西（SN）、甘肃（GS）、新疆（XJ）、江苏（JS）、浙江（ZJ）、江西（JX）、湖南（HN）、湖北（HB）、重庆（CQ）、贵州（GZ）、云南（YN）、西藏（XZ）、福建（FJ）、台湾（TW）、广东（GD）、海南（HI）；世界各地。

王云章 1951；杜复等 1983；Zhuang 1983，1986b；Guo & Wang 1986；李晓虹和刘德容 1995；Cao et al. 2000b；刘铁志等 2004；Zhuang & Wei 2005；庄剑云等 2005；Zhuang & Wang 2006；徐彪等 2008a，2013。

蟛蜞菊单胞锈菌

Uromyces wedeliae Henn., Hedwigia 43 (3): 150. 1904.

台湾（TW）；日本、菲律宾。

王云章 1951；戴芳澜 1979；Guo & Wang 1986；Zhuang & Wei 2001b；庄剑云等 2005。

八岳山单胞锈菌

Uromyces yatsugatakensis Hirats. f., Mem. Tottori Agric. Coll. 3 (2): 147. 1935.

内蒙古（NM）；日本。

Liu et al. 2016a。

基孔单胞锈菌属

Zaghouania Pat., Bull. Soc. Mycol. Fr. 17: 187. 1901.

菲利桂基孔单胞锈菌

Zaghouania phillyreae Pat., Bull. Soc. Mycol. Fr. 17: 187. 1901.

云南（YN）；地中海地区至东亚。

戴芳澜 1979；Zhuang & Wei 2001b；庄剑云等 2012。

膨痂锈菌科 Pucciniastraceae Gäum. ex Leppik

明痂锈菌属

Hyalopsora Magnus, Ber. Dt. Bot. Ges. 19: 582. 1902.

三叉蕨明痂锈菌

Hyalopsora aspidiotus (Magnus) Magnus, Ber. Deutsch. Bot. Ges. 19: 582. 1901.

Melamsorella aspidiotus Magnus, Ber. Deutsch. Bot. Ges. 13: 288. 1895.

河北（HEB）；北温带。

小五台山菌物科学考察队 1997。

函馆明痂锈菌

Hyalopsora hakodatensis Hirats. f., Trans. Tottori Soc. Agric. Sci. 4 (1): 20. 1932.

云南（YN）、西藏（XZ）、福建（FJ）、台湾（TW）、海南（HI）；日本、尼泊尔、俄罗斯、朝鲜半岛。

戴芳澜 1979；Zhuang 1983；Zhuang & Wei 1994。

水龙骨明痂锈菌

Hyalopsora polypodii (Pers.) Magnus, Ber. Dt. Bot. Ges. 19: 582. 1901.

Uredo linearis var. *polypodii* Pers., Syn. Meth. Fung. 1: 217.

1801.
内蒙古（NM）、陕西（SN）、四川（SC）、重庆（CQ）、西藏（XZ）、台湾（TW）；北温带。
王云章 1951；戴芳澜 1979；Zhuang 1986a；魏淑霞和庄剑云 1997；Zhang et al. 1997；Cao et al. 2000a；Zhuang & Wei 2001b，2005；刘铁志等 2006。

云南明痂锈菌

Hyalopsora yunnanensis B. Li, Acta Mycol. Sin. Suppl. 1: 159. 1986.
四川（SC）、云南（YN）。
Li 1986a。

小栅锈菌属

Melampsorella J. Schröt., Hedwigia 13: 85. 1874.

石竹小栅锈菌

Melampsorella caryophyllacearum (DC.) J. Schröt., Hedwigia 13: 85. 1874.
Uredo caryophyllacearum DC., in Lamarck & de Candolle, Fl. Franç. Edn 3 2: 85. 1805.
甘肃（GS）、青海（QH）、新疆（XJ）、湖北（HB）、四川（SC）、西藏（XZ）；北温带。
戴芳澜 1979；Zhuang 1986a；郭林 1989；臧穆等 1996；Zhuang & Wei 2005；Zhuang & Wang 2006；Xu et al. 2013。

伊藤小栅锈菌

Melampsorella itoana (Hirats. f.) S. Ito & Homma, Trans. Sapporo Nat. Hist. Soc. 15: 116. 1938.
Chnoopsora itoana Hirats., J. Jap. Bot. 3: 297. 1927.
四川（SC）、贵州（GZ）、西藏（XZ）、台湾（TW）；日本、俄罗斯（远东地区）。
戴芳澜 1979；Zhuang 1986a；臧穆等 1996；Zhuang & Wei 2001b。

长栅锈菌属

Melampsoridium Kleb., Z. PflKrankh. PflPath. PflSchutz 9: 21. 1899.

槭长栅锈菌

Melampsoridium aceris Jørst., Ark. Bot. Ser. 2 4: 333. 1959.
Pucciniastrum magnisporum G.F. Laundon, Mycol. Pap. 91: 4. 1963.
四川（SC）。
戴芳澜 1979。

桤木长栅锈菌

Melampsoridium alni (Thüm. ex Tranzschel) Dietel, in Engler & Prantl, Die Natürlichen Pflanzenfamilien I. Abt. 1: 551. 1900.
Melampsora alni Thüm., Bull. Soc. Imp. Nat. Moscou 53: 226. 1878.
内蒙古（NM）、四川（SC）；日本、俄罗斯。
王云章 1951；戴芳澜 1979。

亚洲长栅锈菌

Melampsoridium asiaticum S. Kaneko & Hirats. f., Mycotaxon 18: 1. 1983.
Melampsoridium carpini auct. non Dietel, in Cummins, Mycologia 42: 780. 1950.
贵州（GZ）、台湾（TW）；日本。
王云章 1951；戴芳澜 1979。

桦长栅锈菌

Melampsoridium betulinum (Pers.) Kleb., Z. PflKrankh. PflSchutz 9: 22. 1899.
Uredo populina β betulina Pers., Syn. Meth. Fung. 1: 219. 1801.
黑龙江（HL）、内蒙古（NM）、陕西（SN）、甘肃（GS）、新疆（XJ）、四川（SC）、西藏（XZ）；北温带。
戴芳澜 1979；王云章和臧穆 1983；Zhuang 1986a，1989b，1999；Zhuang & Wei 1994，2005；曹支敏等 1996；Cao 2000a；Zhuang & Wang 2006；Xu et al. 2013。

鹅耳枥长栅锈菌

Melampsoridium carpini (Nees) Dietel, in Engler & Prantl, Die Natürlichen Pflanzenfamilien I. Abt. 1: 551. 1900.
Caeoma carpini Nees, Syst. Pilze p. 16. 1816.
陕西（SN）、重庆（CQ）、台湾（TW）；北温带。
曹支敏等 1996; Cao 2000a; Zhang et al. 1997; Zhuang & Wei 2005。

平塚长栅锈菌

Melampsoridium hiratsukanum S. Ito ex Hirats. f., J. Fac. Agric. Hokkaido Univ. 21: 9. 1927.
内蒙古（NM）；日本。
戴芳澜 1979。

无刺长栅锈菌

Melampsoridium inerme Suj. Singh & P.C. Pandey, Trans. Br. Mycol. Soc. 58 (2): 342. 1972.
西藏（XZ）；印度。
Zhuang & Wei 1994。

山胡椒长栅锈菌

Melampsoridium linderae J.Y. Zhuang, Acta Mycol. Sin. 5 (2): 76. 1986.
西藏（XZ）。
Zhuang 1986a。

迈尔锈菌属

Milesina Magnus, Ber. Dt. Bot. Ges. 27: 325. 1909.

凤丫蕨生迈尔锈菌

Milesina coniogrammicola Hirats. f., in Hiratsuka et al., The

Rust Flora of Japan p. 67. 1992.
Milesina coniogrammes Hirats. f., Bot. Mag. Tokyo 48: 45. 1934. (based on uredinia)
四川（SC）、贵州（GZ）、云南（YN）、台湾（TW）；日本、尼泊尔、俄罗斯。
王云章 1951；戴芳澜 1979；Zhuang & Wei 2005。

红痂迈尔锈菌

Milesina erythrosora (Faull) Hirats. f., Mem. Tottori Agric. Coll. 3 (2): 255. 1935.
Milesia carpatica var. *erythrosora* Faull, Contr. Arnold Arbor. 2: 57. 1932.
台湾（TW）；日本、朝鲜半岛。
王云章 1951；戴芳澜 1979。

小迈尔锈菌

Milesina exigua Faull, J. Arnold Arbor. 12: 219. 1931.
陕西（SN）、西藏（XZ）、台湾（TW）、海南（HI）；欧亚温带。
王云章 1951；戴芳澜 1979；Zhuang 1986a；Zhang et al. 1997；Zhuang & Wei 2005。

台湾迈尔锈菌

Milesina formosana Hirats. f. & Hashioka, Bot. Mag. Tokyo 55: 267. 1941.
台湾（TW）。
戴芳澜 1979；Zhuang & Wei 2001b。

桥冈迈尔锈菌

Milesina hashiokae Hirats. f., Bot. Mag. Tokyo 48: 39. 1934.
四川（SC）、台湾（TW）。
王云章 1951；戴芳澜 1979；Zhuang & Wei 2001b。

宫部迈尔锈菌

Milesina miyabei Kamei, Trans. Sapporo Nat. Hist. Soc. 12: 169. 1932.
台湾（TW）；日本、俄罗斯。
戴芳澜 1979；Zhuang & Wei 2001b。

凤尾蕨生迈尔锈菌

Milesina pteridicola Hirats. f., Mem. Tottori Agric. Coll. 3 (2): 256. 1935.
北京（BJ）；日本、尼泊尔。
（新记录）

直秀锈菌属

Naohidemyces S. Sato, Katsuya & Y. Hirats., Trans. Mycol. Soc. Japan 34 (1): 48. 1993.

越桔直秀锈菌

Naohidemyces vaccinii (G. Winter) S. Sato, Katsuya & Y. Hirats., Trans. Mycol. Soc. Japan 34: 48. 1993.
Melampsora vaccinii G. Winter, Rabenh. Krypt.-Fl. Edn 2 1 (1): 244. 1882.
Thekopsora vaccinii (Jørst.) Hirats. f., Uredin. Studies p. 260. 1955.
内蒙古（NM）、陕西（SN）、四川（SC）、云南（YN）、西藏（XZ）；北温带。
戴芳澜 1979；Zhuang 1986a；Zhuang & Wei 1994，2005；Cao et al. 2000a。

膨痂锈菌属

Pucciniastrum G.H. Otth, Mitt. Naturf. Ges. Bern 1861: 71. 1861.

槭膨痂锈菌

Pucciniastrum aceris Syd., Annls. Mycol. 35 (3/4): 228. 1939.
陕西（SN）；印度。
曹支敏等 1996；Cao 2000a；Zhuang & Wei 2005。

龙牙草膨痂锈菌

Pucciniastrum agrimoniae (Dietel) Tranzschel, Scripta Bot. Horti Univ. Imper. Petrop. 4 (no. 2): 301. 1895.
Thekopsora agrimoniae Dietel, Hedwigia 29: 153. 1890.
黑龙江（HL）、吉林（JL）、内蒙古（NM）、陕西（SN）、甘肃（GS）、青海（QH）、四川（SC）、贵州（GZ）、云南（YN）、西藏（XZ）、福建（FJ）、台湾（TW）、广西（GX）；世界各地。
王云章 1951；戴芳澜 1979；Zhuang 1983，1986a；Zhuang & Wei 1994，1999a，2003，2005；臧穆等 1996；魏淑霞和庄剑云 1997；Zhang et al. 1997；Cao et al. 2000a；刘铁志等 2006；Zhuang & Wang 2006。

北极膨痂锈菌

Pucciniastrum arcticum Tranzschel, Scripta Bot. Horti Univ. Imper. Petrop. 4 (no. 2): 300. 1895.
西藏（XZ）；北温带。
Zhuang 1986a。

苎麻膨痂锈菌

Pucciniastrum boehmeriae (Dietel) Syd. & P. Syd., Annls. Mycol. 1 (1): 19. 1903.
Uredo boehmeriae Dietel, Bot. Jb. 28 (3): 290. 1900.
四川（SC）、贵州（GZ）、云南（YN）、西藏（XZ）、台湾（TW）；日本、尼泊尔、菲律宾。
戴芳澜 1979；Zhuang 1986a；Zhuang & Wei 2001b。

栗膨痂锈菌

Pucciniastrum castaneae Dietel, Hedwigia 41 (Beibl.): 178. 1902.
陕西（SN）、安徽（AH）、湖南（HN）、湖北（HB）、四川（SC）、贵州（GZ）、云南（YN）、福建（FJ）、台湾（TW）；印度、菲律宾、朝鲜半岛。
王云章 1951；戴芳澜 1979；Zhuang 1983；郭林 1989；

魏淑霞和庄剑云 1997；Zhuang & Wei 2001b，2005。

露珠草膨痂锈菌

Pucciniastrum circaeae (Schumach.) Speg. ex De Toni, in Saccardo, Syll. Fung. 7: 763. 1888.

Uredo circaeae Schumach., Enum. Pl. 2: 228. 1803.

湖北（HB）、四川（SC）、台湾（TW）；欧亚温带。

王云章 1951；戴芳澜 1979；郭林 1989；臧穆等 1996。

马桑膨痂锈菌

Pucciniastrum coriariae Dietel, Bot. Jb. 28 (3): 286. 1900.

陕西（SN）、四川（SC）、贵州（GZ）、云南（YN）、西藏（XZ）、台湾（TW）、广西（GX）；印度、日本。

王云章 1951；戴芳澜 1979；Zhuang 1986a；Zhuang & Wei 2001b，2005。

山茱萸膨痂锈菌

Pucciniastrum corni Dietel, Bot. Jb. 34: 587. 1905.

陕西（SN）、重庆（CQ）、西藏（XZ）；日本。

Zhuang 1986a；曹支敏等 1996；Cao 2000a；Zhang et al. 1997；Zhuang & Wei 2005。

榛膨痂锈菌

Pucciniastrum coryli Kom., in Jaczewski, Komarov & Tranzschel, Fungi Rossiae Exsicc. no. 275. 1899.

吉林（JL）；欧亚温带。

王云章 1951；戴芳澜 1979。

柳叶菜膨痂锈菌

Pucciniastrum epilobii G.H. Otth, Mitt. Naturf. Ges. Bern 71: 72. 1861.

黑龙江（HL）、内蒙古（NM）、陕西（SN）、甘肃（GS）、新疆（XJ）、湖北（HB）、四川（SC）、西藏（XZ）、台湾（TW）；世界各地。

戴芳澜 1979；Zhuang 1986a，1989b；郭林 1989；臧穆等 1996；Zhang et al. 1997；Cao et al. 2000a；Zhuang & Wei 2001b，2002b，2005；Zhuang & Wang 2006；Xu et al. 2013。

水青冈膨痂锈菌

Pucciniastrum fagi Yamada ex Hirats. f., Bot. Mag. Tokyo 44: 280. 1930.

湖北（HB）；日本。

郭林 1989。

彦山膨痂锈菌

Pucciniastrum hikosanense Hirats. f., Ann. Phytopathol. Soc. Japan 10: 154. 1940.

台湾（TW）；日本。

王云章 1951；戴芳澜 1979；Zhuang & Wei 2001b。

藤绣球膨痂锈菌

Pucciniastrum hydrangeae-petiolaris Hirats. f., J. Fac. Agric. Hokkaido Imp. Univ. 21: 27. 1927. (as "hydrangeae-petiolaridis")

陕西（SN）、湖北（HB）、四川（SC）、贵州（GZ）、西藏（XZ）、福建（FJ）、台湾（TW）；日本、尼泊尔、俄罗斯。

王云章 1951；戴芳澜 1979；Zhuang 1983，1986a；郭林 1989；Zhuang & Wei 1994，2001a，2005；Zhang et al. 1997；Cao et al. 2000a。

宫部膨痂锈菌

Pucciniastrum miyabeanum Hirats., Bot. Mag. Tokyo 12: 33. 1898.

云南（YN）、西藏（XZ）；日本、尼泊尔、俄罗斯。

Zhuang & Wei 1994。

委陵菜膨痂锈菌

Pucciniastrum potentillae Kom., in Jaczewski, Komarov & Tranzschel, Fungi Rossiae Exsicc. Fasc. 7: no. 327. 1899.

黑龙江（HL）、内蒙古（NM）、安徽（AH）、西藏（XZ）；东亚、北美洲。

王云章 1951；戴芳澜 1979；王云章和臧穆 1983；Zhuang 1986a；Zhuang & Wei 2002b。

鹿蹄草膨痂锈菌

Pucciniastrum pyrolae Dietel ex Arthur, N. Amer. Fl. 7 (2): 108. 1907.

台湾（TW）；北温带。

王云章 1951；戴芳澜 1979。

安息香膨痂锈菌

Pucciniastrum styracinum Hirats., Bot. Mag. Tokyo 12: 32. 1898.

台湾（TW）；日本。

王云章 1951；戴芳澜 1979。

椴膨痂锈菌

Pucciniastrum tiliae Miyabe, in Hiratsuka, Bot. Mag. Tokyo 11: 47. 1897.

黑龙江（HL）、吉林（JL）、甘肃（GS）、贵州（GZ）；日本、俄罗斯、朝鲜半岛。

王云章 1951；戴芳澜 1979；Zhuang & Wei 2005；Zhuang & Wang 2006。

盖痂锈菌属

Thekopsora Magnus, Sber. Gesellschaft Naturf. Freunde Berlin p. 58. 1875.

网状盖痂锈菌

Thekopsora areolata (Fr.) Magnus, Sber. Gesellschaft Naturf. Freunde Berlin p. 58. 1875.

Xyloma areolatum Fr., Observ. Mycol. 2: 358. 1818.

陕西（SN）、青海（QH）、新疆（XJ）、四川（SC）、西藏（XZ）；北温带。

王云章 1951；邓叔群 1963；戴芳澜 1979；王云章和臧穆 1983；Zhuang 1986a，1989b；贾菊生和胡守智 1994；Cao et al. 2000a；Zhuang & Wei 2003，2005。

紫菀盖痂锈菌

Thekopsora asterum Tranzschel, Conspectus Uredinalium URSS p. 380. 1939.

黑龙江（HL）、吉林（JL）、宁夏（NX）、甘肃（GS）、四川（SC）、西藏（XZ）；日本、俄罗斯、朝鲜半岛。

薛煜 1992；臧穆等 1996；Zhuang & Wei 2001b，2005；Zhuang & Wang 2006。

短序花盖痂锈菌

Thekopsora brachybotrydis Tranzschel, Annls. Mycol. 5: 551. 1907.

黑龙江（HL）；日本、俄罗斯、朝鲜半岛。

王云章 1951；戴芳澜 1979。

小斑盖痂锈菌

Thekopsora guttata (J. Schröt.) P. Syd. & Syd., Monogr. Uredin. 3 (3): 467. 1915.

Melampsora guttata J. Schröt., Abh. Schles. Ges. Vaterl. Kult. Abth. Naturwiss. 48: 26. 1870.

黑龙江（HL）、甘肃（GS）、云南（YN）、西藏（XZ）；北温带。

戴芳澜 1979；Zhuang 1986a；Zhuang & Wei 1994，2005；Zhuang & Wang 2006。

东洋盖痂锈菌

Thekopsora nipponica Hirats. f., J. Jap. Bot. 16: 615. 1940.

内蒙古（NM）、甘肃（GS）；日本。

Zhuang & Wei 2005。

樱桃盖痂锈菌

Thekopsora pseudocerasi Hirats. f., J. Fac. Agric. Hokkaido Imp. Univ. 21: 16. 1927.

西藏（XZ）；日本、俄罗斯。

Zhuang & Wei 1994。

茜草盖痂锈菌

Thekopsora rubiae Kom., in Jaczewski, Komarov & Tranzschel, Fungi Rossiae Exsicc. Fasc. 7: no. 328. 1900; Hedwigia 39: 127. 1900.

黑龙江（HL）、吉林（JL）、内蒙古（NM）、陕西（SN）、甘肃（GS）、青海（QH）、云南（YN）、西藏（XZ）；日本、尼泊尔、俄罗斯、朝鲜半岛。

王云章 1951；戴芳澜 1979；Zhuang 1986a；Zhuang & Wei 1994，2003，2005；臧穆等 1996；Cao et al. 2000a；刘铁志等 2006；Zhuang & Wang 2006。

拟夏孢锈菌属

Uredinopsis Magnus, Atti Congr. Bot. Intern. di Genova 1892: 167. 1893.

铁线蕨拟夏孢锈菌

Uredinopsis adianti Kom., in Jaczewski, Komarov & Tranzschel, Fungi Rossiae Exsicc. no. 278. 1899.

吉林（JL）；日本、俄罗斯、朝鲜半岛。

王云章 1951；戴芳澜 1979。

蹄盖蕨拟夏孢锈菌

Uredinopsis athyrii Kamei, Trans. Sapporo Nat. Hist. Soc. 12 (2-3): 163. 1932.

西藏（XZ）、福建（FJ）、台湾（TW）；日本。

王云章 1951；戴芳澜 1979；Zhuang 1983，1986a；Zhuang & Wei 1994。

羊齿拟夏孢锈菌

Uredinopsis filicina Magnus, Atti Congr. Bot. Intern. di Genova 1892: 167. 1893.

东北（具体地点不详）；欧亚温带。

戴芳澜 1979。

桥冈拟夏孢锈菌

Uredinopsis hashiokae Hirats. f., Mem. Tottori Agric. Coll. 4: 82. 1936.

西藏（XZ）、台湾（TW）；尼泊尔。

王云章 1951；戴芳澜 1979；Zhuang 1986a；Zhuang & Wei 2001b。

弘前拟夏孢锈菌

Uredinopsis hirosakiensis Kamei & Hirats., Trans. Sapporo Nat. Hist. Soc. 12: 164. 1932.

陕西（SN）；日本、俄罗斯、朝鲜半岛。

Zhang et al. 1997；Zhuang & Wei 2005。

间型拟夏孢锈菌

Uredinopsis intermedia Kamei, Trans. Sapporo Nat. Hist. Soc. 12: 166. 1932.

西藏（XZ）；日本、俄罗斯。

Zhuang & Wei 1994。

龟井拟夏孢锈菌

Uredinopsis kameiana Faull, Contr. Arnold Arbor. 11: 82. 1938.

吉林（JL）；日本、俄罗斯、朝鲜半岛。

戴芳澜 1979。

骨状拟夏孢锈菌

Uredinopsis ossiiformis Kamei, Trans. Sapporo Nat. Hist. Soc. 12: 167. 1932.

吉林（JL）；日本、俄罗斯、朝鲜半岛。

（新记录）

蕨拟夏孢锈菌

Uredinopsis pteridis Dietel & Holw., in Dietel, Ber. Dt. Bot. Ges. 13: 331. 1895.

黑龙江（HL）、吉林（JL）、湖南（HN）、四川（SC）、贵州（GZ）、云南（YN）、西藏（XZ）、福建（FJ）、台湾（TW）、

广西（GX）、海南（HI）；世界各地。

王云章 1951；戴芳澜 1979；Zhuang 1983，1986a；臧穆等 1996；Zhuang & Wei 1999a，2001。

荚果蕨拟夏孢锈菌

Uredinopsis struthiopteridis F.C.M. Störmer ex Dietel, Ber. Dt. Bot. Ges. 13: 331. 1895.

黑龙江（HL）、陕西（SN）、四川（SC）、重庆（CQ）；北温带。

戴芳澜 1979；Cao et al. 2000a；Zhuang & Wei 2005。

链孢锈菌科 Pucciniosiraceae Cummins & Y. Hirats.

裸堆串孢锈菌属

Baeodromus Arthur, Annls. Mycol. 3 (1): 19. 1905.

川息尔裸堆串孢锈菌

Baeodromus tranzschelii Azbukina, Nov. Sist. Niz. Rast. 7: 230. 1970.

四川（SC）；俄罗斯。

Zhuang & Wei 1992b。

被链双胞锈菌属

Pucciniosira Lagerh., Ber. Deutsch. Bot. Ges. 9: 344. 1891.

角状被链双胞锈菌

Pucciniosira cornuta (Massee) Buriticá & J.F. Hennen, in Ono, Adhikari & Rajbhandari, in Watanabe & Malla, Cryptogams of the Himalayas vol. 1. The Kathmandu Valley p. 117. 1988.

Gambleola cornuta Massee, Bull. Misc. Inf. Kew 1898: 115. 1898.

陕西（SN）、江西（JX）、四川（SC）、福建（FJ）、台湾（TW）、广西（GX）；印度、尼泊尔。

王云章 1951；戴芳澜 1979；Zhuang 1983；Zhuang & Wei 2001b，2005。

伞锈菌科 Raveneliaceae Leppik

细柄锈菌属

Atelocauda Arthur & Cummins, Annls. Mycol. 31 (1): 41. 1933.

红豆细柄锈菌

Atelocauda ormosiae (L. Guo & Y.C. Wang) J.Y. Zhuang & S.X. Wei, Mycosystema 28 (5): 630. 2009.

Uromyces ormosiae L. Guo & Y.C. Wang, Acta Mycol. Sin. Suppl. 1: 129. 1986.

海南（HI）。

Guo & Wang 1986；Zhuang & Wei 2009b；庄剑云等 2012。

品字锈菌属

Hapalophragmium Syd. & P. Syd., Hedwigia 40 (Beibl.): 64. 1901.

川上品字锈菌

Hapalophragmium kawakamii Hirats. f. & Hashioka, Trans. Tottori Soc. Agric. Sci. 5: 239. 1935.

台湾（TW）；印度尼西亚。

戴芳澜 1979；庄剑云等 2012。

刚刺品字锈菌

Hapalophragmium setulosum (Pat.) Syd., Annls Mycol. 2 (4): 350. 1904.

Triphragmium setulosum Pat., J. Bot. Paris 4: 58. 1890.

海南（HI）；越南。

Zhuang & Wei 2009b；庄剑云等 2012。

盘伞锈菌属

Kernkampella Rajendren, Mycologia 62 (4): 839. 1970.

短孢盘伞锈菌

Kernkampella brevispora (Hirats. f. & Hashioka) G.F. Laundon, Mycotaxon 3 (1): 142. 1975.

Ravenelia brevispora Hirats. f. & Hashioka, Bot. Mag. Tokyo 49: 522. 1935.

福建（FJ）、台湾（TW）；越南。

Zhuang & Wei 2001b；庄剑云等 2012。

余甘子盘伞锈菌

Kernkampella emblicae (Syd. & P. Syd.) G.F. Laundon, Mycotaxon 3 (1): 144. 1975.

Ravenelia emblicae Syd. & P. Syd., in Sydow, Sydow & Butler, Annls. Mycol. 4 (5): 438. 1906.

广西（GX）、海南（HI）；印度、缅甸。

Zhuang & Wei 1999a，2001；庄剑云等 2012。

花孢锈菌属

Nyssopsora Arthur, Résult. Sci. Congr. Bot. Wien 1905: 342. 1906.

亚洲花孢锈菌

Nyssopsora asiatica Lütjeh., Blumea, Suppl. 29 (6): 153. 1937.

黑龙江（HL）、云南（YN）；日本、俄罗斯。

戴芳澜 1979；臧穆等 1996；庄剑云等 2012。

洋椿花孢锈菌

Nyssopsora cedrelae (Hori) Tranzschel, Zhurnal Russk. Bot. Obshch. 8: 129. 1925.

Triphragmium cedrelae Hori, in Yatabe, Icon. Flor. Japan I 2: 150. 1892.

陕西（SN）、安徽（AH）、浙江（ZJ）、江西（JX）、湖南（HN）、湖北（HB）、重庆（CQ）、贵州（GZ）、台湾（TW）、广西（GX）；日本、朝鲜半岛。

王云章 1951；戴芳澜 1979；曹支敏等 1996；Cao 2000a；Zhang et al. 1997；Zhuang & Wei 1999a，1997，2005；庄剑

云等 2012。

台湾花孢锈菌

Nyssopsora formosana (Sawada) Lütjeh., Blumea, Suppl. 29 (6): 160. 1937.

Triphragmium formosanum Sawada, Report of the Department of Agriculture, Government Research Institute of Formosa 51: 52. 1931.

浙江（ZJ）、台湾（TW）、广西（GX）。

庄剑云等 2012。

栾树花孢锈菌

Nyssopsora koelreuteriae (Syd. & P. Syd.) Tranzschel, J. Soc. Bot. Russie 8: 132. 1925.

Triphragmium koelreuteriae Syd. & P. Syd., Annls. Mycol. 11 (1): 55. 1913.

北京（BJ）、山西（SX）、陕西（SN）、四川（SC）；日本。

邓叔群 1963；魏淑霞和庄剑云 1997；Cao et al. 2000a；Zhuang & Wei 2005；庄剑云等 2012。

刺通草花孢锈菌

Nyssopsora trevesiae (Gäum.) Tranzschel, J. Soc. Bot. Russie 8: 132. 1925.

Triphragmium trevesiae Gäum., Bull. Jard. Bot. Buitenz 3 Sér. 3: 121. 1921.

四川（SC）、广西（GX）；印度尼西亚。

Zhuang & Wei 2009a；庄剑云等 2012。

网孢锈菌属

Racospermyces J. Walker, Australas. Mycol. 20 (1): 13. 2001.

明孢网孢锈菌

Racospermyces hyalosporus (Sawada) J. Walker, Australas. Mycol. 20 (1): 17. 2001.

Uromyces hyalosporus Sawada, Bot. Mag. Tokyo 27: 19. 1913.

Maravalia hyalospora (Sawada) Dietel, Annls. Mycol. 22: 270. 1924.

Poliotelium hyalosporum (Sawada) Mains, Bull. Torrey Bot. Club 66: 175. 1939.

Atelocauda hyalospora (Sawada) Y. Ono, Mycologia 76: 909. 1984.

Endoraecium hyalosporum (Sawada) M. Scholler & Aime, Mycoscience 47 (3): 163. 2006.

台湾（TW）、广东（GD）、广西（GX）、海南（HI）、香港（HK）；日本。

王云章 1951；戴芳澜 1979；庄剑云等 2012。

伞锈菌属

Ravenelia Berk., Gard. Chron. London 10: 132. 1853.

鲍姆伞锈菌

Ravenelia baumiana Henn., Ber. Kunene-Sambesi-Exped., Colon.-Wirtsch Comité, Berlin p. 157. 1902.

云南（YN）；南非。

Zhuang & Wei 2009b；庄剑云等 2012。

克莱门斯伞锈菌

Ravenelia clemensae Syd., Annls. Mycol. 26 (5/6): 418. 1928.

广东（GD）、海南（HI）；印度、菲律宾、巴布亚新几内亚。

Zhuang & Wei 2009b；庄剑云等 2012。

霍布森伞锈菌

Ravenelia hobsonii Cooke, J. Roy. Microscop. Soc. Ser. 3: 386. 1880.

Ravenelia hobsoni: Hiratsuka & Chen 1942.

台湾（TW）；印度、斯里兰卡。

庄剑云等 2012。

木蓝伞锈菌

Ravenelia indigoferae Tranzschel & Dietel, Hedwigia 33: 369. 1894.

四川（SC）、云南（YN）、西藏（XZ）、广西（GX）；亚洲热带、北美洲（南部）、南美洲。

王云章 1951；戴芳澜 1979；Zhuang & Wei 1994，2001；臧穆等 1996；庄剑云等 2012。

腺毛木蓝伞锈菌

Ravenelia indigoferae-scabridae F.L. Tai, Farlowia 3: 106. 1947.

四川（SC）、云南（YN）、广西（GX）。

王云章 1951；戴芳澜 1979；庄剑云等 2012。

日本伞锈菌

Ravenelia japonica Dietel & P. Syd., Hedwigia 37: 216. 1898.

山东（SD）、陕西（SN）、江苏（JS）、江西（JX）、湖南（HN）、四川（SC）、贵州（GZ）、云南（YN）、西藏（XZ）、福建（FJ）、台湾（TW）、海南（HI）；日本、尼泊尔。

Teng 1939，1963；王云章 1951；戴芳澜 1979；Zhuang 1983，1986a；Zhuang & Wei 1994，2001a，2005；曹支敏等 1996；庄剑云等 2012。

巨头伞锈菌

Ravenelia macrocapitula F.L. Tai, Farlowia 3: 106. 1947.

云南（YN）。

王云章 1951；戴芳澜 1979；臧穆等 1996；庄剑云等 2012。

崖豆藤伞锈菌

Ravenelia millettiae Hirats. f. & Hashioka, Bot. Mag. Tokyo 48: 236. 1934.

台湾（TW）。

王云章 1951；戴芳澜 1979；Zhuang 1983；庄剑云等 2012。

崖豆藤伞锈菌大头变种

Ravenelia millettiae var. **major** J.Y. Zhuang & S.X. Wei, Mycosystema 28: 634. 2009.

福建（FJ）。

Zhuang & Wei 2009b。

饰孢伞锈菌

Ravenelia ornata Syd. & P. Syd., in Sydow, Sydow & Butler, Annls. Mycol. 4 (5): 437. 1906.

台湾（TW）；印度、斯里兰卡。

王云章 1951；戴芳澜 1979；Zhuang & Wei 2001b；庄剑云等 2012。

灰毛豆生伞锈菌

Ravenelia tephrosiicola (Henn.) Hirats. f., J. Jap. Bot. 13: 249. 1937.

Uredo tephrosiicola Henn., Hedwigia 43: 163. 1904.

台湾（TW）、海南（HI）、香港（HK）；印度、马来西亚、琉球群岛。

戴芳澜 1979；Zhuang & Wei 2001b；庄剑云等 2012。

球锈菌属

Sphaerophragmium Magnus, Ber. Dt. Bot. Ges. 9: 121. 1891.

金合欢球锈菌

Sphaerophragmium acaciae (Cooke) Magnus, Ber. Dt. Bot. Ges. 9: 121. 1891.

Triphragmium acaciae Cooke, Grevillea 8 (no. 47): 94. 1880.

福建（FJ）、台湾（TW）、广东（GD）、广西（GX）、香港（HK）；世界热带。

王云章 1951；邓叔群 1963；戴芳澜 1979；Zhuang 1983；Zhuang & Wei 1999a，2001；庄剑云等 2012。

拟三胞锈菌属

Triphragmiopsis Naumov, Bull. Soc. Mycol. Fr. 30: 78. 1914.

鲜黄连拟三胞锈菌

Triphragmiopsis jeffersoniae Naumov, Bull. Soc. Mycol. Fr. 30: 78. 1914.

吉林（JL）、辽宁（LN）；俄罗斯、朝鲜半岛。

戴芳澜 1979；庄剑云等 2012。

落叶松拟三胞锈菌

Triphragmiopsis laricina (Y.L. Chou) F.L. Tai, Syll. Fung. Sinicorum p. 754. 1979.

Triphragmium laricinum Y.L. Chou, Acta Phytotax. Sin. 3: 370. 1955.

黑龙江（HL）、吉林（JL）、辽宁（LN）；俄罗斯、朝鲜半岛。

戴芳澜 1979；庄剑云等 2012。

三胞锈菌属

Triphragmium Link, in Willdenow, Willd., Sp. Pl. Edn 4 6 (2): 84. 1825.

旋果蚊子草三胞锈菌畸孢变种

Triphragmium ulmariae var. **anomalum** (Tranzschel) Lohsomb. & Kakish., Trans. Mycol. Soc. Japan 31: 223. 1990.

Triphragmium anomalum Tranzschel, J. Soc. Bot. Russ. 8: 126. 1925.

黑龙江（HL）、吉林（JL）、辽宁（LN）、内蒙古（NM）；俄罗斯、朝鲜半岛。

庄剑云等 2012。

肥柄锈菌科 **Uropyxidaceae** Cummins & Y. Hirats.

胶双胞锈菌属

Didymopsorella Thirum., Sci. Cult. 16: 210. 1950.

莱芒胶双胞锈菌

Didymopsorella lemanensis (Doidge) Hirats. f., Bull. Fac. Agric. Univ. Ryukyus 1: 14. 1954.

Puccinia lemanensis Doidge, Bothalia 2 (1a): 95. 1926.

台湾（TW）；印度、斯里兰卡。

庄剑云等 2012。

白双胞锈菌属

Leucotelium Tranzschel, Riv. Patol. Veg., Pavia 25: 183. 1935.

桃白双胞锈菌

Leucotelium pruni-persicae (Hori) Tranzschel, Sovetsk. Bot. 4: 83. 1935.

Puccinia pruni-persicae Hori, Phytopathology 2: 144. 1912.

Sorataea pruni-persicae (Hori) Cummins & Y. Hirats., Illustr. Gen. Rust Fungi Rev. Ed.: 147. 1983.

江苏（JS）、浙江（ZJ）、湖南（HN）、福建（FJ）、台湾（TW）；日本、俄罗斯。

邓叔群 1963；戴芳澜 1979；Zhuang 1983；Zhuang & Wei 2005；庄剑云等 2012。

筛孔锈菌属

Macruropyxis Azbukina, Komarovskie Chteniya 19: 20. 1972.

白蜡树筛孔锈菌

Macruropyxis fraxini (Kom.) Azbukina, Komarovskie Chteniya 19: 20. 1972.

Puccinia fraxini Kom., Fungi Rossiae Exsicc. no. 225. 1899.

吉林（JL）；日本、俄罗斯、朝鲜半岛。

庄剑云等 2012。

疣双胞锈菌属

Tranzschelia Arthur, Résult. Sci. Congr. Bot. Wien 1905: 340. 1906.

异色疣双胞锈菌

Tranzschelia discolor (Fuckel) Tranzschel & M.A. Litv., J. Bot. Paris 24 (3): 248. 1939.

Puccinia discolor Fuckel, Fungi Rhenani Exsic. Suppl., Fasc. 7 (nos 2101-2200): no. 2121. 1868.

陕西（SN）、甘肃（GS）、江苏（JS）、江西（JX）、云南（YN）、西藏（XZ）、福建（FJ）、台湾（TW）、广东（GD）、广西

（GX）、海南（HI）；世界各地。

戴芳澜 1979；魏淑霞和庄剑云 1997；Zhuang & Wei 2001b，2005；庄剑云等 2012。

暗棕疣双胞锈菌

Tranzschelia fusca (Wallr.) Dietel, Annls. Mycol. 20 (1/2): 31. 1922.

Aecidium fuscum Sowerby, Col. Fig. Engl. Fung. Mushr. 1: pl. 53. 1796.

Puccinia anemones Pers., Observ. Mycol. 2: 6. 1800.

Tranzschelia anemones (Pers.) Nannf., in Lundell & Nannfeldt, Fungi Exsiccati Suecici no. 839a. 1939.

黑龙江（HL）、吉林（JL）、辽宁（LN）、内蒙古（NM）、河北（HEB）、北京（BJ）、山西（SX）、河南（HEN）、陕西（SN）、新疆（XJ）、四川（SC）、重庆（CQ）；北温带。

王云章 1951；邓叔群 1963；魏淑霞和庄剑云 1997；Zhang et al. 1997；Cao et al. 2000a；Zhuang & Wei 2005；刘铁志等 2006；庄剑云等 2012；Xu et al. 2013。

刺李疣双胞锈菌

Tranzschelia pruni-spinosae (Pers.) Dietel, Annls Mycol. 20 (1/2): 31. 1922.

Puccinia pruni-spinosae Pers., Syn. Meth. Fung. 1: 226. 1801.

山东（SD）、陕西（SN）、甘肃（GS）、青海（QH）、西藏（XZ）、福建（FJ）、广西（GX）；世界各地。

Zhuang 1983；Cao et al. 2000a；Zhuang & Wei 2005；Zhuang & Wang 2006。

肥柄锈菌属

Uropyxis J. Schröt., Hedwigia 14: 165. 1875.

阿里山肥柄锈菌

Uropyxis arisanensis (Hirats. f. & Hashioka) S. Ito & Muray., Mem. Tottori Agric. Coll. 7: 34. 1951.

Puccinia arisanensis Hirats. f. & Hashioka, Bot. Mag. Tokyo 55: 270. 1941.

云南（YN）、台湾（TW）；南非。

戴芳澜 1979；Zhuang & Wei 2001b；庄剑云等 2012。

科的归属有待确定的类群 Familia incertae sedis

春孢锈菌属

Aecidium Pers., Observ. Mycol. (Lipsiae) 1: 97. 1796.

五加春孢锈菌

Aecidium acanthopanacis Dietel, Bot. Jb. 34: 589. 1905.

江苏（JS）；日本。

王云章 1951；邓叔群 1963；戴芳澜 1979。

槭春孢锈菌

Aecidium aceris Z.M. Cao & Z.Qi Li, in Cao, Li & Zhuang, Mycosystema 19 (3): 312. 2000.

陕西（SN）。

Cao et al. 2000c；Zhuang & Wei 2005。

轮叶沙参春孢锈菌

Aecidium adenophorae-verticillatae Syd. & P. Syd., Annls. Mycol. 15 (1/2): 143. 1917.

辽宁（LN）、陕西（SN）；日本、俄罗斯。

魏淑霞和庄剑云 1997；Cao et al. 2000c；Zhuang & Wei 2005。

鸭嘴花春孢锈菌

Aecidium adhatodae Syd. & P. Syd., Annls. Mycol. 4: 440. 1906.

云南（YN）；印度。

庄剑云和魏淑霞 2016a。

臭椿春孢锈菌

Aecidium ailanthi J.Y. Zhuang, Acta Mycol. Sin. 9 (3): 191. 1990.

陕西（SN）、重庆（CQ）。

魏淑霞和庄剑云 1997；Zhang et al. 1997；Zhuang & Wei 2005。

兔儿风春孢锈菌

Aecidium ainsliaeae Dietel, Bot. Jb. 27: 571. 1899.

辽宁（LN）、安徽（AH）、云南（YN）；日本、朝鲜半岛。

王云章 1951；戴芳澜 1979；臧穆等 1996。

筋骨草春孢锈菌

Aecidium ajugae Syd. & P. Syd., Annls. Mycol. 5 (6): 504. 1907.

江西（JX）；印度。

Zhuang 1990b。

八角枫春孢锈菌

Aecidium alangii Hirats. f. & Yoshin., Mem. Tottori Agric. Coll. 3: 329. 1935.

陕西（SN）、甘肃（GS）、安徽（AH）、浙江（ZJ）、重庆（CQ）；日本、朝鲜半岛。

Zhuang 1990b；魏淑霞和庄剑云 1997；Zhang et al. 1997；Cao et al. 2000c；Zhuang & Wei 2005；Zhuang & Wang 2006。

知母春孢锈菌

Aecidium anemarrhenae Z.H. Zhou & Z.Q. Liu, Acta Phytopath. Sin. 12: 37. 1982.

吉林（JL）。

周宗璜和刘振钦 1982。

安宁春孢锈菌

Aecidium anningense F.L. Tai, Farlowia 3: 131. 1947.

云南（YN）。

王云章 1951；戴芳澜 1979。

番荔枝春孢锈菌

Aecidium annonae Henn., Hedwigia 34: 100. 1895.

海南（HI）；中美洲至南美洲热带。

Zhuang & Wei 2001b。

楤木春孢锈菌

Aecidium araliae Sawada ex S. Ito & Muray., Trans. Sapporo Nat. Hist. Soc. 17: 171. 1943.

河南（HEN）、陕西（SN）、四川（SC）、台湾（TW）；日本。

戴芳澜 1979；魏淑霞和庄剑云 1997；Zhuang & Wei 2005。

斑种草春孢锈菌

Aecidium bothriospermi Henn., Bot. Jahrb. Syst. 37: 159. 1905.

山西（SX）；日本。

戴芳澜 1979。

紫珠生春孢锈菌

Aecidium callicarpicola J.Y. Zhuang, Acta Mycol. Sin. 9 (3): 192. 1990.

江西（JX）、四川（SC）。

Zhuang 1990b。

翠菊春孢锈菌

Aecidium callistephi I. Miyake, Bot. Mag. Tokyo 28: 48. 1914.

陕西（SN）。

王云章 1951；戴芳澜 1979；魏淑霞和庄剑云 1997；Zhuang & Wei 2005。

飞廉春孢锈菌

Aecidium cardui Syd. & P. Syd., Österr. Bot. Z. 51: 19. 1901.

浙江（ZJ）；欧洲。

王云章 1951；戴芳澜 1979。

小红菊春孢锈菌

Aecidium chrysanthemi-chanetii T.Z. Liu & J.Y. Zhuang, Mycosystema 37: 685. 2018.

内蒙古（NM）。

刘铁志和庄剑云 2018。

樟春孢锈菌

Aecidium cinnamomi Racib., Parasit. Alg. Pilze Java's 1: 27. 1900.

四川（SC）、重庆（CQ）、西藏（XZ）、台湾（TW）；印度、印度尼西亚。

戴芳澜 1979；Zhuang & Wei 1994，2001；Zhang et al. 1997。

锯齿叶赪桐春孢锈菌

Aecidium clerodendri-serrati J.Y. Zhuang, Acta Mycol. Sin. 5 (3): 147. 1986.

西藏（XZ）。

Zhuang 1986a；Zhuang & Wei 2001b。

蓝钟花春孢锈菌

Aecidium cyananthi J.Y. Zhuang, in Zhuang & Wei, Mycosystema 7: 39. 1994.

西藏（XZ）。

Zhuang & Wei 1994。

芯芭春孢锈菌

Aecidium cymbariae T.Z. Liu & J.Y. Zhuang, Mycosystema 37: 686. 2018.

内蒙古（NM）。

刘铁志和庄剑云 2018。

鱼眼草春孢锈菌

Aecidium dichrocephalae Henn., in Warburg, Monsunia 1: 4. 1899.

云南（YN）、台湾（TW）；印度、印度尼西亚。

王云章 1951；戴芳澜 1979。

吊钟花春孢锈菌

Aecidium enkianthi Dietel, Bot. Jb. 32: 631. 1903.

安徽（AH）、湖北（HB）、西藏（XZ）、福建（FJ）；日本。

戴芳澜 1979；Zhuang 1983，1986b；郭林 1989。

淫羊藿春孢锈菌

Aecidium epimedii Henn. & Shirai, in Hennings, Bot. Jb. 28 (3): 264. 1900.

陕西（SN）、安徽（AH）、湖北（HB）、重庆（CQ）；日本、朝鲜半岛。

杜复等 1983；郭林 1989；魏淑霞和庄剑云 1997；Zhang et al. 1997；Cao et al. 2000c；Zhuang & Wei 2005。

齿缘草春孢锈菌

Aecidium eritrichi Henn., Hedwigia 41 (Beibl.): 21. 1902.

吉林（JL）；日本。

戴芳澜 1979。

吴茱萸春孢锈菌

Aecidium euodiae J.Y. Zhuang, Acta Mycol. Sin. 9 (3): 193. 1990.

陕西（SN）、江西（JX）。

Zhuang 1990b；曹支敏等 1996；Cao 2000c；Zhuang & Wei 2005。

八角金盘春孢锈菌

Aecidium fatsiae Syd. & P. Syd., Annls. Mycol. 11 (1): 56. 1913.

台湾（TW）。

王云章 1951；戴芳澜 1979。

小叶白蜡树春孢锈菌

Aecidium fraxini-bungeanae Dietel, Bot. Jb. 32: 630. 1903.

安徽（AH）、江苏（JS）、浙江（ZJ）、江西（JX）、湖北（HB）、四川（SC）、福建（FJ）、广西（GX）；日本。
王云章 1951；邓叔群 1963；戴芳澜 1979；Zhuang 1983；郭林 1989。

蝎子草春孢锈菌

Aecidium girardiniae Syd. & P. Syd., Annls. Mycol. 4: 441. 1906.
广西（GX）。
王云章 1951；戴芳澜 1979。

牛母瓜春孢锈菌

Aecidium holboelliae Y.C. Wang & J.Y. Zhuang, in Wang, Zhuang & Li, Acta Mycol. Sin. 2 (1): 7. 1983.
四川（SC）、福建（FJ）。
王云章等 1983；Zhuang 1983。

绣球春孢锈菌

Aecidium hydrangeae Pat., Rev. Mycol. (Toulouse) 8: 82. 1886.
西藏（XZ）。
戴芳澜 1979。

底生春孢锈菌

Aecidium innatum Syd., P. Syd. & E.J. Butler, Annls. Mycol. 10 (3): 273. 1912.
西藏（XZ）、台湾（TW）；印度。
戴芳澜 1979；Zhuang 1986b。

女贞春孢锈菌

Aecidium klugkistianum Dietel, Hedwigia 37: 212. 1898.
陕西（SN）、安徽（AH）、江苏（JS）、江西（JX）、湖南（HN）、湖北（HB）、云南（YN）；日本、朝鲜半岛。
王云章 1951；邓叔群 1963；戴芳澜 1979；曹支敏等 1996；Cao 2000c；Zhuang & Wei 2001b。

低滩苦荬菜春孢锈菌

Aecidium lactucae-debilis P. Syd. & Syd., Monographia Uredinearum 4: 45. 1923.
河北（HEB）；日本。
戴芳澜 1979。

艾麻春孢锈菌

Aecidium laporteae Henn., Bot. Jb. 37: 159. 1905.
陕西（SN）、湖北（HB）、西藏（XZ）；日本。
Zhuang 1986b；郭林 1989。

藁本春孢锈菌

Aecidium ligustici Ellis & Everh., Bull. Torrey Bot. Club 11: 73. 1884.
河北（HEB）；俄罗斯；北美洲。
庄剑云和魏淑霞 2016a。

女贞生春孢锈菌

Aecidium ligustricola Cummins, Mycologia 43 (1): 96. 1951.
陕西（SN）、广西（GX）。
王云章 1951；戴芳澜 1979；魏淑霞和庄剑云 1997；Zhuang & Wei 2005。

杨叶木姜子春孢锈菌

Aecidium litseae-populifoliae J.Y. Zhuang, Acta Mycol. Sin. 9 (3): 193. 1990.
陕西（SN）、四川（SC）。
Zhuang 1990b；Cao et al. 2000c。

玛丽安春孢锈菌

Aecidium mariani-raciborskii Siemaszko, Annls. Mycol. 31 (1/2): 98. 1933.
陕西（SN）、云南（YN）、台湾（TW）；印度尼西亚。
王云章 1951；戴芳澜 1979；魏淑霞和庄剑云 1997；Zhuang & Wei 2005。

硬刺泡花树春孢锈菌

Aecidium meliosmae-pungentis Henn. & Shirai, Bot. Jahrb. Syst. 28: 265. 1901.
浙江（ZJ）；日本。
戴芳澜 1979。

萝藦春孢锈菌

Aecidium metaplexis Y.C. Wang & B. Li, in Wang, Zhuang & Li, Acta Mycol. Sin. 2 (1): 7. 1983.
黑龙江（HL）。
王云章等 1983。

三野春孢锈菌

Aecidium minoense Syd. & P. Syd., Annls. Mycol. 13 (1): 36. 1915.
陕西（SN）、江苏（JS）、湖南（HN）、四川（SC）；日本、朝鲜半岛。
曹支敏和李振岐 1999；Cao et al. 2000c；Zhuang & Wei 2005。

山地春孢锈菌

Aecidium montanum E.J. Butler, Indian Forester 1905: 30. 1905.
四川（SC）、云南（YN）；印度、克什米尔地区。
庄剑云和魏淑霞 2016a。

桑春孢锈菌

Aecidium mori Barclay, J. Asiat. Soc. Bengal, Pt. 2, Nat. Hist. 60: 226. 1891.
河北（HEB）、北京（BJ）、河南（HEN）、陕西（SN）、甘肃（GS）、安徽（AH）、浙江（ZJ）、湖北（HB）、四川（SC）、贵州（GZ）、云南（YN）、西藏（XZ）、台湾（TW）、广西（GX）；印度、印度尼西亚、日本、琉球群岛。

王云章 1951；邓叔群 1963；戴芳澜 1979；王云章和臧穆 1983；郭林 1989；臧穆等 1996；魏淑霞和庄剑云 1997；Zhuang & Wei 1999a，2001，2005。

莫罗贝春孢锈菌

Aecidium morobeanum Cummins, Mycologia 33 (2): 153. 1941.

西藏（XZ）；巴布亚新几内亚。

Zhuang 1986b；Zhuang & Wei 2001b。

新木姜春孢锈菌

Aecidium neolitseae Y.C. Wang & J.Y. Zhuang, in Wang, Zhuang & Li, Acta Mycol. Sin. 2 (1): 8. 1983.

福建（FJ）。

王云章等 1983；Zhuang 1983。

新高春孢锈菌

Aecidium niitakense Hirats., J. Jap. Bot. 14: 37. 1938.

台湾（TW）。

戴芳澜 1979。

日光春孢锈菌

Aecidium nikkense Henn. & Shirai, Bot. Jb. 28: 266. 1900.

湖北（HB）；日本、俄罗斯。

郭林 1989。

白刺春孢锈菌

Aecidium nitrariae Pat., Bull. Soc. Mycol. Fr. 15: 57. 1899.

新疆（XJ）；里海地区；北非。

赵震宇 1981；Xu et al. 2013。

圆形春孢锈菌

Aecidium orbiculare Barclay, J. Asiat. Soc. Bengal 60: 227. 1891.

云南（YN）；印度。

王云章 1951；戴芳澜 1979。

芍药春孢锈菌

Aecidium paeoniae Kom., in Jaczewski, Komarov & Tranzschel, Fungi Ross. Exs. no. 177. 1898; Hedwigia 38 (Beibl.): 55. 1899.

湖北（HB）；日本、俄罗斯。

王云章 1951；戴芳澜 1979；郭林 1989。

九头狮子草春孢锈菌

Aecidium peristrophes Syd. & P. Syd., Annls. Mycol. 10: 272. 1912.

浙江（ZJ）；印度。

Zhuang & Wei 2001b；庄剑云和魏淑霞 2016a。

叶下珠春孢锈菌

Aecidium phyllanthi Henn., Bot. Jb. 15 (Beibl. 33): 6. 1892.

浙江（ZJ）、四川（SC）、云南（YN）、西藏（XZ）、海南（HI）；印度、日本、菲律宾、巴布亚新几内亚。

王云章 1951；邓叔群 1963；戴芳澜 1979；Zhuang 1986b；Zhuang & Wei 2001b。

香茶菜春孢锈菌

Aecidium plectranthi Barclay, J. Asiat. Soc. Bengal, Pt. 2, Nat. Hist. 59: 104. 1890.

北京（BJ）、浙江（ZJ）；印度、日本、俄罗斯。

王云章 1951；戴芳澜 1979。

虎杖春孢锈菌

Aecidium polygoni-cuspidati Dietel, Bot. Jahrb. Syst. 32: 629. 1903.

广西（GX）、海南（HI）；日本。

王云章 1951；戴芳澜 1979；Zhuang & Wei 2001b。

石楠春孢锈菌

Aecidium pourthiaeae P. Syd. & Syd., Mem. Herb. Boissier 1900 (4): 3. 1900.

Gymnosporangium japonicum auct. non P. Sydow, in Tai, Sylloge Fungorum Sinicorum p. 481. 1979.

湖南（HN）；日本。

戴芳澜 1979。

远伸春孢锈菌

Aecidium prolixum Syd. & P. Syd., Annls. Mycol. 19 (5-6): 304. 1921.

台湾（TW）；菲律宾。

戴芳澜 1979。

白头翁春孢锈菌

Aecidium pulsatillae Tranzschel, Trudy Bot. Muz. Imp. Akad. Nauk 7: 115. 1909.

内蒙古（NM）、新疆（XJ）；哈萨克斯坦、俄罗斯（远东地区）。

Zhuang 1989b；Zhuang & Wei 2005；Xu et al. 2013。

青海春孢锈菌

Aecidium qinghaiense J.Y. Zhuang, Acta Mycol. Sin. 9 (3): 194. 1990.

青海（QH）。

Zhuang 1990b；Zhuang & Wei 2003，2005。

巨叶胡颓子春孢锈菌

Aecidium quintum Syd. & P. Syd., Annls. Mycol. 15 (1/2): 144. 1917.

陕西（SN）、青海（QH）、四川（SC）、贵州（GZ）、云南（YN）、西藏（XZ）、福建（FJ）；印度、日本、朝鲜半岛。

王云章 1951；戴芳澜 1979；Zhuang & Wei 1994，2003，2005。

石斑木春孢锈菌

Aecidium rhaphiolepidis Syd., Annls. Mycol. 20: 61. 1922.

福建（FJ）、广东（GD）；日本。

王云章 1951；戴芳澜 1979；Zhuang 1983；Zhuang & Wei 2001b。

茜草春孢锈菌

Aecidium rubiae Dietel, Bot. Jb. 34: 590. 1905.

北京（BJ）、山西（SX）、甘肃（GS）、四川（SC）；日本。

王云章 1951；邓叔群 1963；戴芳澜 1979；Zhang et al. 1997；Zhuang & Wang 2006。

雀梅藤春孢锈菌

Aecidium sageretiae Henn., Monsunia 1: 4. 1899.

安徽（AH）、江苏（JS）、浙江（ZJ）、福建（FJ）。

王云章 1951；邓叔群 1963；戴芳澜 1979。

泥胡菜春孢锈菌

Aecidium saussureae-affinis Dietel, Bot. Jb. 34: 591. 1905.

黑龙江（HL）、吉林（JL）、辽宁（LN）、山西（SX）、河南（HEN）、陕西（SN）、甘肃（GS）、青海（QH）、新疆（XJ）、湖北（HB）、四川（SC）、云南（YN）、西藏（XZ）；日本、俄罗斯。

Zhuang 1986a；郭林 1989；臧穆等 1996；魏淑霞和庄剑云 1997；Zhuang & Wei 2003，2005；Xu et al. 2013。

钻地风春孢锈菌

Aecidium schizophragmatis J.Y. Zhuang, Acta Mycol. Sin. 5 (3): 149. 1986.

西藏（XZ）。

Zhuang 1986b。

雅葱春孢锈菌

Aecidium scorzonerae Lagerh., Tromsø Mus. Aarsh. 17: 105. 1894.

青海（QH）；俄罗斯；欧洲。

Zhuang & Wei 2003，2005。

韩信草春孢锈菌

Aecidium scutellariae-indicae Dietel, Annls. Mycol. 6: 229. 1908.

江苏（JS）；日本、朝鲜半岛。

王云章 1951；邓叔群 1963；戴芳澜 1979。

千里光春孢锈菌

Aecidium senecionis-scandentis Sawada ex S. Ito & Muray., Trans. Sapporo Nat. Hist. Soc. 17: 171. 1943.

云南（YN）、台湾（TW）。

王云章 1951；戴芳澜 1979。

山西春孢锈菌

Aecidium shansiense Petrak, Meddel. Göteborgs Bot. Tärdg. 17: 117. 1947.

山西（SX）。

戴芳澜 1979。

省沽油春孢锈菌

Aecidium staphyleae Miura, Flora of Manchuria and East Monglia 3: 388. 1928.

辽宁（LN）。

王云章 1951；戴芳澜 1979。

马蓝生春孢锈菌

Aecidium strobilanthicola Sawada ex Laundon, Mycol. Pap. 89: 26. 1963.

湖南（HN）、西藏（XZ）、台湾（TW）。

Zhuang & Wei 1994。

坦登春孢锈菌

Aecidium tandonii Mitter, in Sydow & Mitter, Annls. Mycol. 31: 88. 1935.

四川（SC）、西藏（XZ）；印度。

Zhuang & Wei 1994。

坛状春孢锈菌

Aecidium urceolatum Cooker, Grevillea 7: 61. 1878.

西藏（XZ）；印度。

王云章 1951；戴芳澜 1979。

西伯利亚婆婆纳春孢锈菌

Aecidium veronicae-sibiricae P. Syd. & Syd., Monogr. Uredin. 4 (1): 105. 1923.

陕西（SN）；日本、俄罗斯。

魏淑霞和庄剑云 1997；Cao et al. 2000c；Zhuang & Wei 2005。

荚蒾春孢锈菌

Aecidium viburni Henn. & Shirai, in Hennings, Bot. Jb. 28 (3): 265. 1900.

吉林（JL）、陕西（SN）、四川（SC）；日本、俄罗斯、朝鲜半岛。

Cao et al. 2000c；Zhuang & Wei 2005。

合掌消春孢锈菌

Aecidium vincetoxici Henn. & Shirai, in Hennings, Bot. Jb. 28 (3): 265. 1900.

陕西（SN）；日本、俄罗斯。

Zhuang 1990b；魏淑霞和庄剑云 1997；Zhuang & Wei 2005。

文山春孢锈菌

Aecidium wenshanense (F.L. Tai) J.Y. Zhuang & S.X. Wei, Mycosystema 35 (6): 1470. 2016.

Gymnosporangium wenshanense F.L. Tai, Farlowia 3: 108. 1947.

Roestelia wenshanensis (F.L. Tai) F.L. Tai, Sylloge Fungorum Sinicorum p. 705. 1979.

云南（YN）。

戴芳澜 1979；庄剑云和魏淑霞 2016a。

荛花春孢锈菌

Aecidium wikstroemiae B. Li, Acta Mycol. Sin. Suppl. 1: 162. 1987.

云南（YN）。

Li 1986a；臧穆等 1996。

花椒春孢锈菌

Aecidium zanthoxyli-schinifolii Dietel, Bot. Jb. 34: 689. 1905.

陕西（SN）、甘肃（GS）、四川（SC）、云南（YN）；日本。

王云章 1951；邓叔群 1963；戴芳澜 1979；曹支敏等 1996；Cao 2000c；Zhuang & Wei 2001b，2005。

鞘柄锈菌属

Coleopuccinia Pat., Revue Mycol. Toulouse 11: 35. 1889.

井手鞘柄锈菌

Coleopuccinia idei (Hirats. f.) J.Y. Zhuang, Acta Mycol. Sin. 2 (3): 151. 1983.

Coleopucciniella idei Hirats. f., J. Jap. Bot. 13: 245. 1937.

福建（FJ）、广西（GX）；日本。

Zhuang 1983；Zhuang & Wei 1999a，2001。

昆明鞘柄锈菌

Coleopuccinia kunmingensis F.L. Tai, Acta Agric. 1: 97. 1948.

云南（YN）、西藏（XZ）。

王云章 1951；戴芳澜 1979；Zhuang 1986a；臧穆等 1996。

简单鞘柄锈菌

Coleopuccinia simplex Dietel, Annls. Mycol. 7: 355. 1909.

Coleopucciniella simplex (Dietel) Hara, Nippon Gaikin-Gaku p. 262. 1936 (nom. nud.).

Coleopucciniella simplex (Dietel) Hara ex Hirats. f., J. Jap. Bot. 13: 245. 1937.

四川（SC）、贵州（GZ）、台湾（TW）、广西（GX）；日本。

王云章 1951；邓叔群 1963；戴芳澜 1979；Zhang et al. 1997。

中国鞘柄锈菌

Coleopuccinia sinensis Pat., Revue Mycol. Toulouse 11: 36. 1889.

陕西（SN）、甘肃（GS）、湖北（HB）、云南（YN）、西藏（XZ）。

王云章 1951；邓叔群 1963；戴芳澜 1979；王云章和臧穆 1983；Zhuang 1986a；郭林 1989；曹支敏等 1996；Cao 2000a；臧穆等 1996；Zhuang & Wei 2005；Zhuang & Wang 2006。

马氏锈菌属

Masseeëlla Dietel, Ber. Deutsch. Bot. Ges. 13: 332. 1895.

白饭树马氏锈菌

Masseeëlla capparis (Hobson) Dietel, Ber. Deutsch. Bot. Ges. 13: 334. 1895.

Cronartium capparidis Hobson, Grevillea 14: 89. 1886.

Masseeëlla flueggeae Syd., Annls. Mycol. 26: 424. 1928.

云南（YN）；印度、菲律宾。

Zhuang & Wei 2012。

可疑记录 Distribution in doubt

以下锈菌已有全型名称，但在我国迄今未发现其有性阶段，暂用无性型名称列出。

春孢锈菌属

Aecidium Pers., Observ. Mycol. (Lipsiae) 1: 97. 1796.

腺梗菜春孢锈菌

Aecidium adenocauli Syd. & P. Syd., Annls. Mycol. 11 (2): 111. 1913. (= *Puccinia caricis-adenocauli* Kakish. et al.)

黑龙江（HL）、吉林（JL）；日本、朝鲜半岛。

Zhuang 1990b。

木通春孢锈菌

Aecidium akebiae Henn., Hedwigia 39 (Beibl.): 154. 1900. (= *Puccinia cymbiformis* F. He & Kakish.)

安徽（AH）、江苏（JS）、浙江（ZJ）、湖南（HN）、湖北（HB）；日本。

王云章 1951；邓叔群 1963；戴芳澜 1979。

威岩仙春孢锈菌

Aecidium caulophylli Kom., in Jaczewski, Komarov & Tranzschel, Fungi Ross. Exs. no. 176. 1898; Hedwigia 38 (Beibl.): 55. 1899. (= *Puccinia poae-sudeticae* Jørst.)

湖北（HB）、东北（具体地点不详）；俄罗斯。

王云章 1951；戴芳澜 1979；郭林 1989。

露珠草春孢锈菌

Aecidium circaeae Ces. & Mont., Syll. Crypt. p. 312. 1856. (= *Puccinia circaeae-caricis* Hasler)

黑龙江（HL）、辽宁（LN）、云南（YN）、西藏（XZ）；欧亚温带。

臧穆等 1996；Zhuang & Wei 2002b。

万寿竹春孢锈菌

Aecidium dispori Dietel, Bot. Jb. 27 (4): 571. 1899. (= *Puccinia albispora* Y. Ono & Kakish.)

陕西（SN）、安徽（AH）、湖北（HB）、四川（SC）、重庆（CQ）、云南（YN）、台湾（TW）；日本。

王云章 1951；戴芳澜 1979；郭林 1989；臧穆等 1996；Zhang et al. 1997；Zhuang & Wei 2005。

野胡麻春孢锈菌

Aecidium dodartiae Tranzschel, Conspectus Uredinalium URSS p. 337. 1939. (= *Puccinia stipina* Tranzschel)

新疆（XJ）；西亚至中亚。

戴芳澜 1979；Zhuang & Wei 2005；Xu et al. 2013。

胡颓子春孢锈菌

Aecidium elaeagni Dietel, Hedwigia 37: 212. 1898. (= *Puccinia velutina* Kakish. & S. Sato)

山西（SX）、陕西（SN）、安徽（AH）、江苏（JS）、浙江（ZJ）、江西（JX）、湖南（HN）、湖北（HB）、四川（SC）、重庆（CQ）、西藏（XZ）、福建（FJ）、台湾（TW）；日本。

王云章 1951；邓叔群 1963；戴芳澜 1979；杜复等 1983；Zhuang 1983，1986b；郭林 1989；臧穆等 1996；魏淑霞和庄剑云 1997。

牛奶子春孢锈菌

Aecidium elaeagni-umbellatae Dietel, Bot. Jb. 37: 107. 1905. (= *Puccinia nigrolinearis* Okane & Kakish.)

河南（HEN）、陕西（SN）、湖北（HB）、四川（SC）、重庆（CQ）、云南（YN）、西藏（XZ）；日本。

王云章 1951；邓叔群 1963；戴芳澜 1979；郭林 1989；臧穆等 1996；魏淑霞和庄剑云 1997；Zhang et al. 1997；Cao et al. 2000c；Zhuang & Wei 2005。

大戟春孢锈菌

Aecidium euphorbiae J.F. Gmel., in Persoon, Synopsis Methodica Fungorum p. 211. 1801. (= *Uromyces pisi* G. Winter)

内蒙古（NM）、河北（HEB）、北京（BJ）、陕西（SN）、宁夏（NX）、青海（QH）、新疆（XJ）、云南（YN）、西藏（XZ）；世界各地。

王云章 1951；戴芳澜 1979；Zhuang 1986b。

茴香春孢锈菌

Aecidium foeniculi Castagne, Observations sur quelques plantes acotylédonées de la famille des Uredinées I. p. 32. 1842.

Aecidium sarcinatum auct. non Lindroth: Zhuang & Wei, in W.Y. Zhuang, Fungi of Northwestern China p. 235. 2005. [= *Uromyces graminis* (Niessl) Dietel]

新疆（XJ）；中亚、南欧、北非。

Zhuang & Wei 2005；Xu et al. 2013。

绣球生春孢锈菌

Aecidium hydrangiicola Henn., Bot. Jb. 28 (3): 264. 1900. (= *Puccinia suzutake* Kakish. & S. Sato)

安徽（AH）、浙江（ZJ）、江西（JX）、湖北（HB）、四川（SC）、重庆（CQ）、贵州（GZ）、福建（FJ）、台湾（TW）；日本。

王云章 1951；邓叔群 1963；戴芳澜 1979；Zhuang 1983；郭林 1989；臧穆等 1996。

囊吾春孢锈菌

Aecidium ligulariae Thüm., Nuovo Giorn. Bot. Ital. 12: 196. 1880. (= *Puccinia eriophori* Thüm.)

吉林（JL）、河北（HEB）、北京（BJ）、河南（HEN）、陕西（SN）、青海（QH）、新疆（XJ）；俄罗斯（西伯利亚）；欧洲。

Zhuang & Wei 2005。

山梅花春孢锈菌

Aecidium philadelphi Dietel, Annls. Mycol. 12 (1): 85. 1914. (= *Puccinia hikawaensis* Hirats. f. & Uchida)

陕西（SN）、湖北（HB）、重庆（CQ）；日本。

郭林 1989；Zhang et al. 1997；Zhuang & Wei 2005。

接骨木春孢锈菌

Aecidium sambuci Schwein., Schriften Naturf. Ges. Leizig 1: 67. 1822. (= *Puccinia bolleyana* Sacc.)

吉林（JL）、辽宁（LN）、河北（HEB）、北京（BJ）、青海（QH）、四川（SC）、重庆（CQ）、云南（YN）、西藏（XZ）；俄罗斯；北美洲。

王云章 1951；戴芳澜 1979；王云章和臧穆 1983；Zhuang 1986b。

裸孢锈菌属

Caeoma Link, Mag. Gesell. Naturf. Freunde, Berlin 3 (1-2): 5. 1809.

周氏裸孢锈菌

Caeoma cheoanum Cummins, Mycologia 43: 95. 1951.

广西（GX）。

王云章 1951；戴芳澜 1979。

绿绒蒿裸孢锈菌

Caeoma meconopsis B. Li, Acta Mycol. Sin. Suppl. 1: 163. 1987.

四川（SC）。

Li 1986a；臧穆等 1996。

戴氏裸孢锈菌

Caeoma taianum J.Y. Zhuang & S.X. Wei, Mycosystema 35 (12): 1471. 2016.

云南（YN）。

庄剑云和魏淑霞 2016a。

被孢锈菌属

Peridermium (Link) J.C. Schmidt & Kunze, Deutsche Schwämme 6: 4. 1817.

麻黄被孢锈菌

Peridermium ephedrae Cooke, Indian Forester 3: 95. 1877.

西藏（XZ）；印度、美国。

谌谟美 1982；王云章和臧穆 1983。

镰孢被孢锈菌

Peridermium falciforme J.Y. Zhuang & S.X. Wei, Mycosystema 35 (12): 1473. 2016.

云南（YN）。

庄剑云和魏淑霞 2016a。

油杉被孢锈菌

Peridermium keteleeriae-evelynianae T.X. Zhou & Y.H. Chen, Acta Mycol. Sin. 13 (2): 88. 1994.

云南（YN）。

周彤燊和陈玉惠 1994。

昆明被孢锈菌

Peridermium kunmingense W. Jen, J. Yunnan Univ. (Nat. Sci.) 1956 (2): 157-158. 1956.

云南（YN）。

任玮 1956；戴芳澜 1979。

丽江被孢锈菌

Peridermium likiangense B. Li, Acta Mycol. Sin. Suppl. 1: 162. 1987.

云南（YN）。

Li 1986a；臧穆等 1996。

中国被胞锈菌

Peridermium sinense Y.C. Wang & L. Guo, in Wang, Han, Wei, Guo & Chen, Acta Microbiol. Sin. 20 (1): 22. 1980.

四川（SC）、西藏（XZ）。

田泽君等 1980；王云章等 1980。

云杉被孢锈菌

Peridermium yunshae Y.C. Wang & L. Guo, in Wang, Han, Wei, Guo & Chen, Acta Microbiol. Sin. 20 (1): 22. 1980.

西藏（XZ）。

王云章等 1980；王云章和臧穆 1983。

角春孢锈菌属

Roestelia Rebent., Prodr. Fl. Neomarch. p. 350. 1804.

坎宁安角春孢锈菌

Roestelia cunninghamianum (Barclay) F. Kern, A Revised Taxonomic Account of Gymnosporangium p. 84. 1973.

Aecidium cunninghamianum Barclay, Addit. Ured. of Simla p. 224. 1891.

西藏（XZ）；印度。

王云章 1951；戴芳澜 1979；Zhuang 1986b。

刺孢角春孢锈菌

Roestelia echinulata Seung K. Lee & Kakish., in Lee, Kakishima & Zhuang, Mycoscience 40 (5): 438. 1999.

西藏（XZ）。

Lee et al. 1999。

芬泽尔角春孢锈菌

Roestelia fenzeliana (F.L. Tai & C.C. Cheo) F. Kern, A Revised Taxonomic Account of Gymnosporangium p. 85. 1973.

Gymnosporangium fenzelianum F.L. Tai & C.C. Cheo, Bull. Chin. Bot. Soc. 3: 60. 1937.

陕西（SN）、四川（SC）。

王云章和郭林 1985；魏淑霞和庄剑云 1997；Zhuang & Wei 2005。

光滑角春孢锈菌

Roestelia levis (Crowell) F. Kern, A Revised Taxonomic Account of Gymnosporangium p. 86. 1973.

Gymnosporangium leve Crowell, J. Arnold Arbor. 17: 50. 1936.

四川（SC）。

戴芳澜 1979。

大孢角春孢锈菌

Roestelia magna (Crowell) Jørst., Ark. Bot. 4 (no. 8): 363. 1959.

河北（HEB）、四川（SC）。

戴芳澜 1979；臧穆等 1996。

南五台角春孢锈菌

Roestelia nanwutaiana (T.L. Tai & C.C. Cheo) Jørst., Ark. Bot. 4 (no. 8): 364. 1959.

Gymnosporangium nanwutaianum F.L. Tai & C.C. Cheo, Bull. Chin. Bot. Soc. 3: 60. 1937.

陕西（SN）、甘肃（GS）。

戴芳澜 1979；王云章和郭林 1985；魏淑霞和庄剑云 1997；Zhuang & Wei 2005；Zhuang & Wang 2006。

西康角春孢锈菌

Roestelia sikangensis (Petr.) Jørst., Ark. Bot. 4 (no. 8): 363. 1959.

Gymnosporangium sikangense F. Kern, Mycologia 39 (1): 123. 1947.

四川（SC）。

戴芳澜 1979；王云章和郭林 1985；Zhuang & Wei 1994。

夏孢锈菌属

Uredo Pers., Syn. Meth. Fung. 1: 218. 1801.

藤金合欢夏孢锈菌

Uredo acaciae-concinnae (Mundk. & Thirum.) J.N. Kapoor & D.K. Agarwal, Indian Phytopathol. 27: 669. 1974.

Revenelia acaciae-concinnae Mundk. & Thirum., Mycol. Pap. 16: 18. 1946. (based on uredinia)

云南（YN）；印度。

庄剑云和魏淑霞 2016b。

多花剪股颖夏孢锈菌

Uredo agrostidis-myrianthae S.X. Wei, in Wei & Zhuang, Mycosystema 2: 217. 1989.

西藏（XZ）。

Wei & Zhuang 1989；Zhuang & Wei 2001b。

海芋夏孢锈菌

Uredo alocasiae P. Syd. & Syd., Monographia Uredinearum 4: 521. 1924.

台湾（TW）；印度尼西亚、日本、巴布亚新几内亚。

王云章 1951；戴芳澜 1979。

高山夏孢锈菌

Uredo alpestris J. Schröt., Jber. Schl Es. Ges. Vaterl. Kultur 53: 117. 1875.

河南（HEN）、陕西（SN）、湖北（HB）、四川（SC）、重庆（CQ）、贵州（GZ）、云南（YN）、西藏（XZ）；欧亚温带。

王云章 1951；戴芳澜 1979；郭林 1989；Zhuang & Wei 1994，2005；臧穆等 1996；魏淑霞和庄剑云 1997；Zhang et al. 1997。

无柱兰夏孢锈菌

Uredo amitostigmatis Hirats. f. & Hashioka, Trans. Tottori Soc. Agric. Sci. 5: 241. 1935.

台湾（TW）。

戴芳澜 1979。

阿里山夏孢锈菌

Uredo arisanensis (Hirats. f.) Hirats. f., Trans. Mycol. Soc. Japan 1: 2. 1957.

Milesina arisanensis Hirats. f., Mem. Tottori Agric. Coll. 4: 155. 1936.

台湾（TW）；日本。

戴芳澜 1979。

鹰爪花夏孢锈菌

Uredo artabotrydis Syd. & P. Syd., Annls. Mycol. 11 (1): 56. 1913.

台湾（TW）。

王云章 1951；戴芳澜 1979。

三脉紫菀夏孢锈菌

Uredo asteris-ageratoidis J.Y. Zhuang & S.X. Wei, in Liu & Zhuang, Mycosystema 37: 687. 2018.

吉林（JL）、内蒙古（NM）、北京（BJ）、宁夏（NX）、甘肃（GS）、青海（QH）、四川（SC）。

戴芳澜 1979。

木棉夏孢锈菌

Uredo bombacis Petch, Ann. Roy. Bot. Gard. Peradeniya 5 (part 4): 247. 1912.

广东（GD）、海南（HI）；斯里兰卡。

Zhuang & Wei 2001b。

单穗拂子茅夏孢锈菌

Uredo calamagrostidis-emodensis S.X. Wei, in Wei & Zhuang, Mycosystema 2: 217. 1989.

西藏（XZ）。

Wei & Zhuang 1989；Zhuang & Wei 2001b。

心翼果夏孢锈菌

Uredo cardiopteridis J.Y. Zhuang & S.X. Wei, Mycosystema 35 (12): 1476. 2016.

云南（YN）。

庄剑云和魏淑霞 2016b。

锐裂薹草夏孢锈菌

Uredo caricis-incisae S. Ito, in Ito & Murayama, Trans. Sapporo Nat. Hist. Soc. 17: 170. 1943.

福建（FJ）；日本。

Zhuang 1983。

粉叶决明夏孢锈菌

Uredo cassiae-glaucae Syd. & P. Syd., Annls. Mycol. 1 (4): 331. 1903.

福建（FJ）、台湾（TW）、广东（GD）、香港（HK）；斯里兰卡、巴布亚新几内亚、琉球群岛。

戴芳澜 1979；Zhuang 1983；Zhuang & Wei 2001b。

南蛇藤夏孢锈菌

Uredo celastri Arthur & Cummins, Philipp. J. Sci. 61: 476. 1936.

云南（YN）；印度、菲律宾。

Zhuang & Wei 2001b。

翼茎白粉藤夏孢锈菌

Uredo cissi-pterocladae Hirats. f., Mem. Tottori Agric. Coll. 7: 71. 1943.

台湾（TW）。

戴芳澜 1979。

克莱门斯夏孢锈菌

Uredo clemensiae (Arthur & Cummins) Hirats. f., Trans. Mycol. Soc. Japan 1: 4. 1957.

Pucciniastrum clemensiae Arthur & Cummins, Philipp. J. Sci. 61: 479. 1936. (based on uredinia)

台湾（TW）；菲律宾。

戴芳澜 1979。

朝鲜夏孢锈菌

Uredo coreana (Hirats. f.) Hirats. f., Trans. Mycol. Soc. Japan 1: 2. 1957.

Milesina coreana Hirats. f., Trans. Tottori Soc. Agric. Sci. 5: 233. 1935.

台湾（TW）；朝鲜半岛。

戴芳澜 1979。

闭鞘姜夏孢锈菌

Uredo costina Syd. & P. Syd., Annls. Mycol. 14: 355. 1916.

海南（HI）；菲律宾。

庄剑云和魏淑霞 2016b。

金粉蕨夏孢锈菌

Uredo cryptogrammes (Dietel) Hirats. f., Trans. Mycol. Soc. Japan 1: 3. 1957.

Hyalopsora cryptogrammes Dietel, Annls. Mycol. 7: 356. 1909.

四川（SC）、云南（YN）；日本、菲律宾、琉球群岛。
戴芳澜 1979；Zhuang & Wei 2001b。

狗牙根夏孢锈菌

Uredo cynodontis-dactylis F.L. Tai, Farlowia 3: 132. 1947.
四川（SC）、云南（YN）。
戴芳澜 1979；王云章和魏淑霞 1983；Zhuang & Wei 2001b。

粗根茎莎草夏孢锈菌

Uredo cyperi-stoloniferi J.M. Yen, Revue Mycol. Paris 34 (4): 326. 1969.
永兴岛；新加坡。
Zhuang & Wei 1996a，2001b。

单叶茳芏夏孢锈菌

Uredo cyperi-tagetiformis Henn., Bot. Jahrb. Syst. 34: 589. 1905.
西藏（XZ）、海南（HI）；日本。
王云章 1951；Zhuang 1986b；Zhuang & Wei 2001b。

弓果黍夏孢锈菌

Uredo cyrtococci Z.C. Chen, in Chen, Hu & Koyama, Taiwania 25: 158. 1980.
台湾（TW）。

冷蕨夏孢锈菌

Uredo cystopteridis Hirats. f., Trans. Mycol. Soc. Japan 1: 3. 1957.
云南（YN）、台湾（TW）。
戴芳澜 1979。

大金刚藤夏孢锈菌

Uredo dalbergiae-dyerianae J.Y. Zhuang & S.X. Wei, Mycosystema 35 (12): 1478. 2016.
云南（YN）。
庄剑云和魏淑霞 2016b。

瑞香生夏孢锈菌

Uredo daphnicola Dietel, Hedwigia 37: 213. 1898.
香港（HK）。
王云章 1951；戴芳澜 1979；Zhuang & Wei 2001b。

牡竹夏孢锈菌

Uredo dendrocalami Petch, Ann. Roy. Bot. Gard. Peradeniya 7: 296. 1922.
广东（GD）；斯里兰卡。
王云章 1951；戴芳澜 1979。

溲疏夏孢锈菌

Uredo deutziae Barclay, J. Asiat. Soc. Bengal, Pt. 2, Nat. Hist. 59: 100. 1890.
四川（SC）、云南（YN）；印度。
王云章 1951；戴芳澜 1979。

溲疏生夏孢锈菌

Uredo deutziicola Hirats., J. Jap. Bot. 14: 561. 1938.
台湾（TW）。
戴芳澜 1979。

山菅夏孢锈菌

Uredo dianellae Dietel, Hedwigia 37: 213. 1898.
台湾（TW）、香港（HK）；印度尼西亚、日本、斯里兰卡。
王云章 1951；邓叔群 1963；戴芳澜 1979；Zhuang & Wei 2001b。

紫马唐夏孢锈菌

Uredo digitariae-violascentis Z.C. Chen, in Chen, Hu & Koyama, Taiwania 25: 158. 1980.
台湾（TW）。

戟叶薯蓣夏孢锈菌

Uredo dioscoreae-doryphorae J.R. Hernández & E.T. Cline, Mycotaxon 111: 267. 2010.
台湾（TW）。
Hernández & Cline 2010

极丰夏孢锈菌

Uredo ditissima (Syd.) Cummins, in Hino & Katumoto, Bull. Fac. Agric. Yamaguti Univ. 11: 27. 1960.
Puccinia ditissima Syd., Annls. Mycol. 29 (3/4): 152. 1931.
台湾（TW）；菲律宾。
Zhuang & Wei 2001b。

灌丛夏孢锈菌

Uredo dumeticola (P.E. Crane) J.Y. Zhuang & S.X. Wei, Mycosystema 35 (12): 1478. 2016.
Caeoma dumeticola P.E. Crane, Mycologia 97 (2): 544. 2005.
Uredo rhododendri Y.Z. Wang & L. Guo, in Wang, Han, Wei & Guo, Acta Microbiol. Sin. 20 (1): 23. 1980. (as "*Uredo rhododendronis*")
西藏（XZ）。
王云章等 1980；庄剑云和魏淑霞 2016b。

厚壳树夏孢锈菌

Uredo ehretiae Barclay, J. Asiat. Soc. Bengal, Pt. 2, Nat. Hist. 60: 228. 1891.
湖北（HB）、台湾（TW）；印度、琉球群岛。
王云章 1951；戴芳澜 1979；郭林 1989。

飞蓬夏孢锈菌

Uredo erigerontis-bonariensis J.Y. Zhuang & S.X. Wei, Mycosystema 35 (12): 1479. 2016.
Uredo erigerontis (Syd. & P. Syd.) Hirats. f., Trans. Mycol. Soc. Japan 2: 11. 1959 non *Uredo erigerontis* Arthur & Cummins, Philipp. J. Sci. 61: 484. 1936.
云南（YN）、台湾（TW）；日本。
Zhuang & Wei 2001b。

小颖羊茅夏孢锈菌

Uredo festucae-parviglumae Z.C. Chen, in Chen, Hu & Koyama, Taiwania 25: 161. 1980.

台湾（TW）。

Chen et al. 1980。

台湾夏孢锈菌

Uredo formosana (P. Syd. & Syd.) F.L. Tai, Sylloge Fungorum Sinicorum p. 767. 1979.

Ravenelia formosana P. Syd. & Syd., Monographia Uredinearum 3: 245. 1914.

台湾（TW）。

戴芳澜 1979；Zhuang & Wei 2001b。

粗糠树夏孢锈菌

Uredo garanbiensis Hirats. f. & Hashioka, Trans. Tottori Soc. Agric. Sci. 5: 242. 1935.

台湾（TW）。

戴芳澜 1979。

丰花栀子夏孢锈菌

Uredo gardeniae-floridae Hirats. f., Sci. Bull. Div. Agric. Home Econ. & Engin., Univ. Ryukyus 7: 279. 1960.

云南（YN）、福建（FJ）、广西（GX）；日本。

戴芳澜 1979；Zhuang 1983；Zhuang & Wei 2001b。

路边青夏孢锈菌

Uredo gei-aleppici J.Y. Zhuang & S.X. Wei, in Liu & Zhuang, Mycosystema 37: 689. 2018.

四川（SC）。

刘铁志和庄剑云 2018。

台湾龙胆夏孢锈菌

Uredo gentianae-formosanae Hirats. f., Trans. Mycol. Soc. Japan 1: 4. 1957.

Pucciniastrum gentianae Hirats. f. & Hashioka, Trans. Tottori Soc. Agric. Sci. 5: 237. 1935. (based on uredinia)

云南（YN）、台湾（TW）。

戴芳澜 1979；Zhuang & Wei 2001b。

尼泊尔老鹳草夏孢锈菌

Uredo geranii-nepalensis Hirats. f. & Yoshin., Mem. Tottori Agric. Coll. 3 (2): 333. 1935.

Pucciniastrum geranii-nepalensis Hirats. f., Mem. Fac. Agric. Tokyo Univ. Educ. 1: 13. 1952. (based on uredinia)

西藏（XZ）；日本。

Zhuang 1986b。

格他木夏孢锈菌

Uredo guettardae Hirats. f. & Hashioka, Bot. Mag. Tokyo 49: 523. 1935.

台湾（TW）；琉球群岛。

王云章 1951；戴芳澜 1979；Zhuang & Wei 2001b。

狗娃花夏孢锈菌

Uredo heteropappi Henn., Bot. Jb. 34: 597. 1905.

内蒙古（NM）、山东（SD）、西藏（XZ）；日本、俄罗斯。

庄剑云和魏淑霞 2016b。

八月瓜生夏孢锈菌

Uredo holboelliicola J.Y. Zhuang, Acta Mycol. Sin. 5 (3): 150. 1986.

西藏（XZ）。

Zhuang 1986b。

竹夏孢锈菌

Uredo ignava Arthur, Bull. Torrey Bot. Club 46: 121. 1919.

四川（SC）、西藏（XZ）、福建（FJ）、台湾（TW）、广东（GD）、广西（GX）、海南（HI）、香港（HK）；世界热带。

戴芳澜 1979；王云章和魏淑霞 1983；Zhuang 1983；Zhuang & Wei 2001b。

紫苞鸢尾夏孢锈菌

Uredo iridis-ruthenicae Y.C. Wang & B. Li, in Wang, Zhuang & Li, Acta Mycol. Sin. 2 (1): 10. 1983.

黑龙江（HL）。

王云章等 1983。

石狩夏孢锈菌

Uredo ishikariensis (Hirats. f.) Hirats. f., Trans. Tottori Mycol. Soc. Japan 1: 4. 1957.

Pucciniastrum ishikariense Hirats. f., Mem. Tottori Agric. Coll. 4: 284. 1936.

西藏（XZ）、台湾（TW）；日本。

戴芳澜 1979。

石内夏孢锈菌

Uredo ishiuchii (Hirats. f.) Hirats. f., Trans. Mycol. Soc. Japan 1: 4. 1957.

Pucciniastrum ishiuchii Hirats. f., Bot. Mag. Tokyo 42: 280. 1943. (based on uredinia)

四川（SC）；日本。

庄剑云和魏淑霞 2016b。

伊予夏孢锈菌

Uredo iyoënsis Hirats. f. & Yoshin., Mem. Tottori Agric. Coll. 3 (2): 334. 1935.

吉林（JL）、陕西（SN）、甘肃（GS）、湖南（HN）、四川（SC）、西藏（XZ）、福建（FJ）、台湾（TW）、广东（GD）、广西（GX）；日本、俄罗斯、朝鲜半岛。

王云章 1951；戴芳澜 1979；Zhuang 1983，1986b；Zhuang & Wei 1994，2001a，2005；Zhuang & Wang 2006。

驹岳夏孢锈菌

Uredo kaikomensis Hirats. f., Trans. Mycol. Soc. Japan 1: 3. 1957.

西藏（XZ）；日本、尼泊尔。

Zhuang 1986b；Zhuang & Wei 1994。

紫薇夏孢锈菌

Uredo lagerstroemiae J.Y. Zhuang & S.X. Wei, Mycosystema 30 (6): 858. 2011.

海南（HI）。

Zhuang & Wei 2011。

粗叶木夏孢锈菌

Uredo lasianthi Syd., Annls. Mycol. 29 (3/4): 182. 1931.

云南（YN）、台湾（TW）；菲律宾、琉球群岛。

王云章 1951；戴芳澜 1979；Zhuang & Wei 2001b。

银合欢夏孢锈菌

Uredo leucaenae-glaucae Hirats. f. & Hashioka, Trans. Tottori Soc. Agric. Sci. 5: 242. 1935.

台湾（TW）。

戴芳澜 1979。

沼生橐吾夏孢锈菌

Uredo ligulariae-lamarum J.Y. Zhuang & S.X. Wei, Mycosystema 31 (4): 483. 2012.

云南（YN）。

Zhuang & Wei 2012。

湖瓜草夏孢锈菌

Uredo lipocarphae Syd. & P. Syd., Annls. Mycol. 5 (6): 509. 1907.

西藏（XZ）；印度。

Zhuang 1986b；Zhuang & Wei 2001b。

扩展地杨梅夏孢锈菌

Uredo luzulae-effusae Hirats., J. Jap. Bot. 14: 562. 1938.

台湾（TW）。

戴芳澜 1979。

三翅秆砖子苗夏孢锈菌

Uredo marisci-trialati J.Y. Zhuang & S.X. Wei, Mycosystema 35 (12): 1481. 2016.

海南（HI）。

庄剑云和魏淑霞 2016b。

莠竹夏孢锈菌

Uredo microstegii Z.C. Chen, in Chen, Hu & Koyama, Taiwania 25: 161. 1980.

台湾（TW）。

Zhuang & Wei 2001b。

五节芒夏孢锈菌

Uredo miscanthi-floriduli Z.C. Chen, in Chen, Hu & Koyama, Taiwania 25: 161. 1980.

台湾（TW）。

Zhuang & Wei 2001b。

芒夏孢锈菌

Uredo miscanthi-sinensis Sawada ex Hirats. f., Trans. Mycol. Soc. Japan 2: 11. 1959.

台湾（TW）。

戴芳澜 1979。

桑生夏孢锈菌

Uredo moricola Henn., Hedwigia 41 (Beibl.): 140. 1902.

西藏（XZ）、台湾（TW）、广西（GX）；印度尼西亚、琉球群岛。

王云章 1951；Zhuang & Wei 2001b。

桑叶夏孢锈菌

Uredo morifolia Sawada, Report of the Department of Agriculture, Government Research Institute of Formosa 19: 393. 1919.

云南（YN）、台湾（TW）、海南（HI）；琉球群岛。

王云章 1951；戴芳澜 1979。

磨里山夏孢锈菌

Uredo morrisonensis (Hirats. f.) Hirats. f., Trans. Mycol. Soc. Japan 1: 2. 1957.

Milesina morrisonensis Hirats. f., Bot. Mag. Tokyo 57: 279. 1943.

台湾（TW）。

戴芳澜 1979。

南开夏孢锈菌

Uredo nankaiensis S. Uchida, Mem. Mejiro Gakuen Women's Jr. Coll. 1:78. 1964.

广东（GD）、海南（HI）；日本。

Zhuang & Wei 2001b。

南坪夏孢锈菌

Uredo nanpingensis B. Li, Acta Mycol. Sin. Suppl. 1: 163. 1986.

四川（SC）。

Li 1986a；臧穆等 1996。

韶子夏孢锈菌

Uredo nephelii Sawada, Trans. Nat. Hist. Soc. Formosa 33: 33. 1943.

台湾（TW）；泰国、琉球群岛。

戴芳澜 1979。

脉生夏孢锈菌

Uredo nervicola Tranzschel, Annls. Mycol. 5: 551. 1907.

兴安岭（具体地点不详）；日本、俄罗斯。

王云章 1951；戴芳澜 1979。

新高夏孢锈菌

Uredo niitakensis (Hirats. f.) Hirats. f., Trans. Mycol. Soc.

Japan 1: 3. 1957.
Milesina niitakensis Hirats. f., Bot. Mag. Tokyo 57: 280. 1943.
台湾（TW）。
戴芳澜 1979。

球米草夏孢锈菌

Uredo oplismeni-undulatifolii Z.C. Chen, in Chen, Hu & Koyama, Taiwania 25: 161. 1980.
台湾（TW）。

东方夏孢锈菌

Uredo orientalis Racib., Bull. Int. Acad. Sci. Lett. Cracovie Cl. Sci. Math. Nat. Sér. B, Sci. Nat. 3: 279. 1909.
台湾（TW）；印度尼西亚。
王云章 1951；戴芳澜 1979。

鸡矢藤夏孢锈菌

Uredo paederiae Syd. & P. Syd., Öst. Bot. Z. 52 (5): 184. 1902.
台湾（TW）、广西（GX）、海南（HI）、香港（HK）；印度、科摩罗、琉球群岛。
王云章 1951；邓叔群 1963；戴芳澜 1979；Zhuang & Wei 1999a，2001。

棕叶狗尾草夏孢锈菌

Uredo palmifoliae Cummins, Mycologia 33 (2): 151. 1941.
台湾（TW）；巴布亚新几内亚。
Zhuang & Wei 2001b。

扇褶狗尾草夏孢锈菌

Uredo panici-plicati Sawada ex S. Ito & Muray., Trans. Sapporo Nat. Hist. Soc. 17: 170. 1943.
台湾（TW）；日本、琉球群岛。
戴芳澜 1979。

石楠夏孢锈菌

Uredo photiniae J.M. Yen, Revue Mycol. Paris 39 (4): 263. 1976.
台湾（TW）。
Hiratsuka & Chen 1942。

芦竹芦苇夏孢锈菌

Uredo phragmitis-karkae Sawada, Descriptive Catalogue of Taiwan (Formosan) Fungi XI p. 96. 1959.
台湾（TW）。
戴芳澜 1979。

长叶叶下珠夏孢锈菌

Uredo phyllanthi-longifolii Petch, Ann. Roy. Bot. Gard. Peradeniya 6: 213, 218. 1917.
海南（HI）；斯里兰卡。
Zhuang & Wei 2001b。

冷水花夏孢锈菌

Uredo pileae Barclay, J. Asiat. Soc. Bengal, Pt. 2, Nat. Hist. 60: 228. 1891.
西藏（XZ）、台湾（TW）；印度。
王云章 1951；戴芳澜 1979；Zhuang 1986b；Zhuang & Wei 2001b。

羽叶蓼夏孢锈菌

Uredo polygoni-runcinati J.Y. Zhuang, Acta Mycol. Sin. 5 (3): 152. 1986.
西藏（XZ）。
Zhuang 1986b。

攀援星蕨夏孢锈菌

Uredo polypodii-superficialis (Hirats. f.) Hirats. f., Trans. Mycol. Soc. Japan 1: 4. 1957.
Milesina polypodii-superficialis Hirats. f., Mem. Tottori Agric. Coll. 4: 154. 1936.
台湾（TW）；日本。
戴芳澜 1979。

奇异夏孢锈菌

Uredo prodigiosa Y.C. Wang & J.Y. Zhuang, in Wang, Zhuang & Li, Acta Mycol. Sin. 2 (1): 10. 1983.
福建（FJ）。
王云章等 1983；Zhuang 1983。

假冷藏夏孢锈菌

Uredo pseudocystopteridis Y.Z. Wang & S.X. Wei, in Wang, Han, Wei & Guo, Acta Microbiol. Sin. 20 (1): 26. 1980.
西藏（XZ）。
王云章等 1980；王云章和臧穆 1983；Zhuang 1986b。

凤尾蕨夏孢锈菌

Uredo pteridis-creticae J.Y. Zhuang & S.X. Wei, in Liu & Zhuang, Mycosystema 37: 690. 2018.
西藏（XZ）。
刘铁志和庄剑云 2018。

鳍孢夏孢锈菌

Uredo pterygospora J.Y. Zhuang, Acta Mycol. Sin. 5 (3): 153. 1986.
西藏（XZ）。
Zhuang 1986b。

头花杜鹃夏孢锈菌

Uredo rhododendri-capitati Z.M. Cao & Z.Qi Li, in Cao, Li & Zhuang, Mycosystema 19 (3): 314. 2000.
Caeoma rhododendri-capitati (Z.M. Cao & Z.Qi Li) P.E. Crane, Mycologia 97 (2): 542. 2005.
陕西（SN）。
Cao et al. 2000c；Zhuang & Wei 2005。

泽田夏孢锈菌

Uredo sawadae S. Ito ex S. Ito & Muramaya, Trans. Sapporo Nat. Hist. Soc. 17: 171. 1943.

台湾（TW）；日本、琉球群岛。
戴芳澜 1979。

箣柊夏孢锈菌

Uredo scolopiae Syd. & P. Syd., Annls. Mycol. 12 (2): 110. 1914.
台湾（TW）。
王云章 1951；戴芳澜 1979。

皱叶狗尾草夏孢锈菌

Uredo setariae-excurrentis Y.C. Wang, Acta Phytotax. Sin. 10: 298. 1965.
贵州（GZ）、云南（YN）。
王云章 1965；戴芳澜 1979。

中国夏孢锈菌

Uredo sinensis (Syd. & P. Syd.) Trotter, in Saccardo, Sylloge Fungorum 23: 942. 1925.
Physopella sinensis Syd. & P. Syd., Annls. Mycol. 17: 140. 1919.
Uredo cudraniae Sawada, Descriptive Catalogue of the Formosan Fungi IX p. 137. 1943.
台湾（TW）、广东（GD）；斯里兰卡。
戴芳澜 1979。

刺孢夏孢锈菌

Uredo spinulospora (P.E. Crane) J.Y. Zhuang & S.X. Wei, Mycosystema 35: 1482. 2016.
Caeoma spinulospora P.E. Crane, Mycologia 97: 544. 2005.
西藏（XZ）。
庄剑云和魏淑霞 2016b。

旌节花夏孢锈菌

Uredo stachyuri Dietel, Bot. Jb. 37: 108. 1905.
西藏（XZ）、台湾（TW）；日本、琉球群岛。
戴芳澜 1979；Zhuang 1986a；Zhuang & Wei 2001b。

獐牙菜生夏孢锈菌

Uredo swertiicola Hirats. f., Mem. Tottori Agric. Coll. 7: 75. 1943.
台湾（TW）。
戴芳澜 1979。

带唇兰夏孢锈菌

Uredo tainiae Hirats., J. Jap. Bot. 14: 561. 1938.
台湾（TW）。
戴芳澜 1979。

细夏孢锈菌

Uredo tenuis (Faull) Hirats. f., Trans. Mycol. Soc. Japan 1: 3. 1957.
Milesia tenuis Faull, Contr. Arnold Arbor. 2: 74. 1932.
台湾（TW）、广西（GX）；日本、菲律宾。
戴芳澜 1979；Zhuang & Wei 1999a，2001。

灰毛豆夏孢锈菌

Uredo tephrosiae Rabenh., Fungi Europ. Exsicc. no. 2375. 1924.
台湾（TW）；印度。
戴芳澜 1979。

圆痂夏孢锈菌

Uredo tholopsora Cummins, Mycologia 43: 97. 1951.
贵州（GZ）、广西（GX）。
王云章 1951；戴芳澜 1979。

羞怯夏孢锈菌

Uredo verecunda Syd., in Sydow & Mitter, Annls. Mycol. 33: 54. 1935.
云南（YN）；印度。
王云章 1951；戴芳澜 1979。

山田夏孢锈菌

Uredo yamadana (Hirats. f.) Hirats. f., Trans. Mycol. Soc. Japan 1: 3. 1957.
Hyalopsora yamadana Hirats. f., in Hiratsuka & Uemura, Trans. Tottori Soc. Agric. Sci. 4: 19. 1932.
陕西（SN）、重庆（CQ）、云南（YN）；日本、尼泊尔。
魏淑霞和庄剑云 1997；Zhang et al. 1997；Zhuang & Wei 2001b，2005。

云南夏孢锈菌

Uredo yunnanensis (P.E. Crane) J.Y. Zhuang & S.X. Wei, Mycosystema 35: 1483. 2016.
Caeoma yunnanense P.E. Crane, Mycologia 97: 544. 2005.
云南（YN）。
庄剑云和魏淑霞 2016b。

黑粉菌纲 Ustilaginomycetes Warm.

条黑粉菌目 Urocystidales R. Bauer & Oberw.

虚球黑粉菌科 **Doassansiopsidaceae** Begerow, R. Bauer & Oberw.

虚球黑粉菌属

Doassansiopsis (Setch.) Dietel, in Engler & Prantl, Nat. Pflanzenfam. Teil. I 1 (1): 15, 21. 1897.

变形虚球黑粉菌

Doassansiopsis deformans (Setch.) Dietel, in Engler & Prantl, Nat. Pflanzenfam. Teil. I (1): 15, 21. 1897.

Doassansia deformans Setch., Proc. Amer. Acad. Arts & Sci. 26: 44. 1892.

北京（BJ）、宁夏（NX）、安徽（AH）、贵州（GZ）、云南（YN）、广西（GX）；日本、俄罗斯、加拿大、洪都拉斯、美国。

郭林 2011。

广东虚球黑粉菌

Doassansiopsis guangdongensis S.H. He & L. Guo, Mycotaxon 101: 2. 2007.

广东（GD）。

郭林 2011。

慈姑虚球黑粉菌

Doassansiopsis horiana (Henn.) Y.Z. Shen, Sinensia Shanghai 4 (10): 319. 1934.

Doassansia horiana Henn., Bot. Jb. 37: 157. 1905.

宁夏（NX）、贵州（GZ）；日本、俄罗斯、加拿大、美国、洪都拉斯。

杜复等 1983；Zhuang & Wei 2005；沈瑞清等 2007；王宽仓等 2009。

丝黑粉菌科 **Farysiaceae** Vánky

丝黑粉菌属

Farysia Racib., Bull. Int. Acad. Sci. Lett. Cracovie C.R. Séanc. Ann. p. 354. 1909.

巴特勒丝黑粉菌

Farysia butleri (Syd. & P. Syd.) Syd. & P. Syd., Annls Mycol. 17 (1): 42. 1919.

Ustilago butleri Syd. & P. Syd., in Sydow, Sydow & Butler, Annls Mycol. 4 (5): 424. 1906.

四川（SC）、重庆（CQ）、云南（YN）、福建（FJ）、广东（GD）、广西（GX）、海南（HI）；印度、印度尼西亚、缅甸、菲律宾、斯里兰卡。

郭林 2000a。

梅里尔丝黑粉菌

Farysia merrillii (Henn.) Syd. & P. Syd., Annls Mycol. 17 (1): 41. 1919.

Ustilago merrillii Henn., Hedwigia 47: 250. 1908.

云南（YN）。

臧穆 1980。

花生黑粉菌科 **Floromycetaceae** M. Lutz, R. Bauer & Vánky

花药生黑粉菌属

Antherospora R. Bauer, M. Lutz, Begerow, Piątek & Vánky, Mycol. Res. 112 (11): 1300. 2008.

绵枣儿花药生黑粉菌

Antherospora vaillantii (Tul. & C. Tul.) R. Bauer, M. Lutz, Begerow, Piątek & Vánky, Mycotaxon 110: 293. 2009.

Ustilago vaillantii Tul. & C. Tul., Annls Sci. Nat. Bot., sér. 3 7: 90. 1847.

浙江（ZJ）；亚美尼亚、阿塞拜疆、格鲁吉亚、伊朗、日本、乌兹别克斯坦、奥地利、保加利亚、丹麦、爱沙尼亚、法国、德国、匈牙利、意大利、波兰、罗马尼亚、俄罗斯、西班牙、瑞士、乌克兰、英国、阿尔及利亚、埃及、摩洛哥、苏丹、美国。

郭林 2000a。

花生黑粉菌属

Floromyces Vánky, M. Lutz & R. Bauer, Mycotaxon 104: 175. 2008.

知母花生黑粉菌

Floromyces anemarrhenae (C.H. Chow & Chi C. Chang) Vánky, M. Lutz & R. Bauer, Mycotaxon 104: 175. 2008.

Thecaphora anemarrhenae C.H. Chow & Chi C. Chang, Acta Microbiol. Sin. 14 (2): 161. 1974.

辽宁（LN）、内蒙古（NM）、山西（SX）。

郭林 2000a。

球孢黑粉菌科 Glomosporiaceae Cif.

球孢黑粉菌属

Glomosporium Kochman, Acta Soc. Bot. Pol. 16: 58. 1939.

苋球孢黑粉菌

Glomosporium amaranthi Hirschh., Mycologia 37 (3): 280. 1945.

Thecaphora amaranthi (Hirschh.) Vánky, Mycotaxon 51: 170. 1994.

北京（BJ）；罗马尼亚、俄罗斯、阿根廷、厄瓜多尔。

郭林 2000a。

草团黑粉菌属

Sorosporium F. Rudolphi, Linnaea 4: 116. 1829.

野古草团黑粉菌

Sorosporium arundinellae Syd. & P. Syd., Hedwigia 40 (Beibl.): 2. 1901.

福建（FJ）。

郭林 2000a。

鸭嘴草团黑粉菌

Sorosporium flagellatum Syd., P. Syd. & E.J. Butler, Annls Mycol. 5 (6): 489. 1907.

福建（FJ）、台湾（TW）；泰国。

郭林 2000a。

楔孢黑粉菌属

Thecaphora Fingerh., Linnaea 10: 230. 1836.

黄芪楔孢黑粉菌

Thecaphora affinis A. Schneid., Jber. Schl Es. Ges. Vaterl. Kultur 51: 90. 1874.

甘肃（GS）；德国、美国。

王生荣和郭林 2002；郭林 2011。

紫草楔孢黑粉菌

Thecaphora lithospermi Vánky & Nannf., Svensk Bot. Tidskr. 69 (2): 97. 1975.

河北（HEB）；北美洲。

郭林 2000a。

奥氏楔孢黑粉菌

Thecaphora oberwinkleri Vánky, Mycotaxon 32 (1): 249. 1988.

东北（具体地点不详）。

郭林 2000a。

酢浆草楔孢黑粉菌

Thecaphora oxalidis (Ellis & Tracy) M. Lutz, R. Bauer & Piątek, Mycol. Progr. 7 (1): 36. 2008.

Ustilago oxalidis Ellis & Tracy, J. Mycol. 6 (2): 77. 1890.

陕西（SN）；日本、奥地利、爱沙尼亚、法国、德国、匈牙利、立陶宛、波兰、俄罗斯、瑞士、乌克兰、美国、智利。

郭林 2000a；Zhuang & Wei 2005。

棘豆楔孢黑粉菌

Thecaphora oxytropis S.R. Wang, in Wang & Zeng, Mycotaxon 96: 9. 2006.

甘肃（GS）；欧洲。

郭林 2011。

什瓦茨曼楔孢黑粉菌

Thecaphora schwarzmaniana Byzova, in Schwarzman, Flora Sporovykh Rasteniĭ Kazakhstana [Cryptogamic Flora of Kazakhstan] 2: 221. 1960.

甘肃（GS）；阿富汗、哈萨克斯坦、乌兹别克斯坦。

白宏彩和王生荣 1993；郭林 2000a；Zhuang & Wei 2005。

苦马豆楔孢黑粉菌

Thecaphora sphaerophysae Z.Y. Zhao & Y.W. Xi, in Xi & Zhao, Acta Mycol. Sin. 8 (3): 195. 1989.

新疆（XJ）。

惠友为和赵震宇 1989；郭林 2000a；Zhuang & Wei 2005。

特氏楔孢黑粉菌

Thecaphora trailii Cooke, Grevillea 11 (no. 60): 155. 1883.

河北（HEB）；日本、蒙古国、奥地利、芬兰、法国、德国、挪威、罗马尼亚、俄罗斯、西班牙、瑞士、英国、美国。

郭林 2000a。

山野豌豆楔孢黑粉菌

Thecaphora viciae-amoenae Y. Harada, Trans. Mycol. Soc. Japan 24 (3): 300. 1983.

宁夏（NX）；日本。

郭林和王宽仓 1992；郭林 2000a；Zhuang & Wei 2005；沈瑞清等 2007；王宽仓等 2009。

瘤黑粉菌科 Melanopsichiaceae Vánky

瘤黑粉菌属

Melanopsichium Beck, Annln K. K. Naturh. Hofmus. Wien 9: 122. 1894.

宾地瘤黑粉菌

Melanopsichium pennsylvanicum Hirschh., Not. Mus. La Plata Bot. 6 (no. 32): 149. 1941.

黑龙江（HL）、河北（HEB）、北京（BJ）、陕西（SN）、江苏（JS）、浙江（ZJ）、江西（JX）、湖南（HN）、四川（SC）、西藏（XZ）、台湾（TW）；阿塞拜疆、印度、日本、越南、波兰、俄罗斯、瑞士、美国、澳大利亚。

臧穆 1980；郭林 2000a；Zhuang & Wei 2005。

条黑粉菌科 **Urocystidaceae** Begerow, R. Bauer & Oberw.

条黑粉菌属

Urocystis Rabenh. ex Fuckel, Jb. Nassau. Ver. Naturk. 23-24: 41. 1870.

芨芨草条黑粉菌

Urocystis achnatheri L. Guo, Mycotaxon 81: 431. 2002.

内蒙古（NM）、甘肃（GS）、青海（QH）。

Zhuang & Wei 2005；郭林 2011。

冰草条黑粉菌

Urocystis agropyri (Preuss) A.A. Fisch. Waldh., Bull. Soc. Imp. Nat. Moscou 40: 258. 1867.

Uredo agropyri Preuss, in Sturm, Deutschl. Krypt.-Fl. 3 (6): 6. 1848.

内蒙古（NM）、河北（HEB）、山西（SX）、宁夏（NX）、甘肃（GS）、青海（QH）、新疆（XJ）、浙江（ZJ）、云南（YN）；日本、哈萨克斯坦、吉尔吉斯斯坦、土耳其、土库曼斯坦、乌兹别克斯坦、奥地利、保加利亚、捷克、丹麦、爱沙尼亚、芬兰、法国、德国、匈牙利、冰岛、爱尔兰、拉脱维亚、立陶宛、荷兰、挪威、波兰、葡萄牙、俄罗斯、斯洛伐克、西班牙、瑞士、乌克兰、英国、加拿大、美国、澳大利亚。

郭林和惠友为 1989；贾菊生和胡守智 1994；李晓虹和刘德容 1995；Zhuang & Wei 2005；王宽仓等 2009；郭林 2011。

冰草大孢条黑粉菌

Urocystis agropyri-campestris (Massenot) H. Zogg, Cryptogamica Helvetica 16: 112. 1986.

Tuburcinia agropyri-campestris Massenot, Revue de Pathologe et De Entomologie Agricole de France 34: 193. 1955.

内蒙古（NM）、甘肃（GS）、新疆（XJ）；西班牙。

Zhuang & Wei 2005；郭林 2011。

剪股颖条黑粉菌

Urocystis agrostidis (Lavrov) Zundel, Ustilaginales of the World p. 307. 1953.

Tuburcinia agrostidis Lavrov, Animadvers. Herb. Univ. Tomsk. 1: 2. 1937.

甘肃（GS）、青海（QH）、新疆（XJ）、四川（SC）；哈萨克斯坦、土耳其、乌兹别克斯坦、匈牙利、立陶宛、罗马尼亚、俄罗斯、美国。

郭林和惠友为 1989；Zhuang & Wei 2005；郭林 2011。

看麦娘条黑粉菌

Urocystis alopecuri A.B. Frank, Exanth. Pflanzen. p. 440. 1880.

新疆（XJ）；德国、匈牙利、立陶宛、俄罗斯。

Zhuang & Wei 2005；郭林 2011。

大火草条黑粉菌

Urocystis antipolitana Magnus, Bot. Ztg. 38: 141. 1879.

甘肃（GS）；法国、希腊、意大利、瑞士。

Zhuang & Wei 2005；郭林 2011。

阿尔山条黑粉菌

Urocystis arxanensis L. Guo, Nova Hedwigia 81 (1-2): 200. 2005.

内蒙古（NM）。

郭林 2011。

北京条黑粉菌

Urocystis beijingensis L. Guo, Mycotaxon 77: 91. 2001.

北京（BJ）、新疆（XJ）。

郭林 2011。

黑麦草条黑粉菌

Urocystis bolivarii Bubák & Gonz. Frag., Boln Real Soc. Españ. Hist. Nat. Biologica 22: 205. 1922.

内蒙古（NM）、新疆（XJ）；波兰、俄罗斯、西班牙。

郭林和惠友为 1989；Zhuang & Wei 2005；郭林 2011。

芸薹条黑粉菌

Urocystis brassicae Mundk., Phytopathology 28: 141. 1938.

云南（YN）、广东（GD）；印度。

郭林 2011。

雀麦条黑粉菌

Urocystis bromi (Lavrov) Zundel, Ustilaginales of the World p. 312. 1953.

Tuburcinia bromi Lavrov, Animadvers. Herb. Univ. Tomsk. 1: 2. 1937.

内蒙古（NM）、新疆（XJ）；亚美尼亚、哈萨克斯坦、乌兹别克斯坦、匈牙利、立陶宛、波兰、俄罗斯、乌克兰。

郭林和惠友为 1989；Zhuang & Wei 2005；郭林 2011。

拂子茅条黑粉菌

Urocystis calamagrostidis (Lavrov) Zundel, Contr. Dept. Bot. Pennsylvania St. Coll. 176: 312. 1953.

Tuburcinia calamagrostidis Lavrov, Animadvers. Herb. Univ. Tomsk. 1: 2. 1937.

吉林（JL）、内蒙古（NM）、新疆（XJ）；爱沙尼亚、芬兰、拉脱维亚、立陶宛、俄罗斯、乌克兰。

郭林和惠友为 1989；Zhuang & Wei 2005；郭林 2011。

洋葱条黑粉菌

Urocystis cepulae Frost, in Farlow, Ann. Rep. Sec. Mass. St. Bd. Agric. 24: 175. 1877.

Urocystis magica Pass., in Thümen, Mycoth. Univ. Cent. 3: no. 223. 1875.

辽宁（LN）；阿塞拜疆、格鲁吉亚、日本、哈萨克斯坦、土耳其、土库曼斯坦、乌兹别克斯坦、奥地利、捷克、芬兰、法国、德国、意大利、波兰、葡萄牙、俄罗斯、西班牙、瑞士、英国、加拿大、美国。
郭林 2011。

赤峰条黑粉菌

Urocystis chifengensis L. Guo & T.Z. Liu, Mycotaxon 98: 193. 2006.
内蒙古（NM）。
郭林 2011。

星叶草条黑粉菌

Urocystis circaeasteri Vánky, Mycotaxon 89 (1): 56. 2004.
四川（SC）。
郭林 2011。

玉竹条黑粉菌

Urocystis colchici (Schltdl.) Rabenh., Fungi Europ. Exsicc. no. 396. 1861.
Caeoma colchici Schltdl., Linnaea 1: 241. 1826.
宁夏（NX）；澳大利亚。
王宽仓等 2009。

翠雀条黑粉菌

Urocystis delphinii Golovin, Notul. Syst. Sect. Cryptog. Inst. Bot. Acad. Sci. U.S.S.R. 8: 110. 1952.
辽宁（LN）、新疆（XJ）、四川（SC）；哈萨克斯坦、吉尔吉斯斯坦、塔吉克斯坦、土库曼斯坦、乌兹别克斯坦、罗马尼亚、美国。
Zhuang & Wei 2005；郭林 2011。

薯蓣条黑粉菌

Urocystis dioscoreae Syd. & P. Syd., Annls Mycol. 7 (2): 173. 1909.
河南（HEN）；日本、俄罗斯。
郭林 2011。

敦煌条黑粉菌

Urocystis dunhuangensis S.H. He & L. Guo, Mycotaxon 101: 1. 2007.
甘肃（GS）。
郭林 2011。

蚊子草条黑粉菌

Urocystis filipendulae (Tul. & C. Tul.) J. Schröt., Ann. Rep. Nat. Mus. Canada 1952-53 48: 7. 1870.
Polycystis filipendulae Tul. & C. Tul., Annls Sci. Nat. Bot., sér. 4 2: 163. 1854.
吉林（JL）；爱沙尼亚、芬兰、法国、匈牙利、立陶宛、波兰、俄罗斯、斯洛伐克、英国。
杨志鹏等 2007；郭林 2011。

薹草条黑粉菌

Urocystis fischeri Körn., Hedwigia 16: 34. 1879.
青海（QH）、新疆（XJ）；吉尔吉斯斯坦、奥地利、捷克、丹麦、爱沙尼亚、芬兰、德国、匈牙利、冰岛、爱尔兰、立陶宛、挪威、波兰、俄罗斯、西班牙、瑞士、英国、加拿大、美国。
Zhuang & Wei 2005；郭林 2011。

颗粒条黑粉菌

Urocystis granulosa G.P. Clinton, J. Mycol. 8 (3): 151. 1902.
青海（QH）；美国。
Zhuang & Wei 2005；郭林 2011。

贺兰条黑粉菌

Urocystis helanensis L. Guo, Mycotaxon 81: 432. 2002.
宁夏（NX）。
Zhuang & Wei 2005；郭林 2011。

茅香条黑粉菌

Urocystis hierochloae (Murashk.) Vánky, Symb. Bot. Upsal. 24 (no. 2): 165. 1985.
Tuburcinia hierochloae Murashk., Mater. Mycol. Phytopath. Leningrad 5: 2. 1926.
内蒙古（NM）、河北（HEB）、北京（BJ）、甘肃（GS）、青海（QH）、新疆（XJ）；哈萨克斯坦、俄罗斯。
郭林和惠友为 1989；Zhuang & Wei 2005；郭林 2011。

不规则条黑粉菌

Urocystis irregularis (G. Winter) Săvul., Bulletin Sti. Sect. Sti. Biol. 3: 220. 1951.
Urocystis sorosporioides f. *irregularis* G. Winter, Hedwigia 19: 2. 1880.
北京（BJ）；日本、哈萨克斯坦、奥地利、保加利亚、芬兰、法国、德国、匈牙利、意大利、挪威、罗马尼亚、俄罗斯、瑞典、瑞士、美国。
郭林 2011。

日本条黑粉菌

Urocystis japonica (Henn.) L. Ling, Mycol. Pap. 11: 3. 1945.
Urocystis anemones var. *japonica* Henn., Hedwigia 43 (3): 150. 1904.
山西（SX）、陕西（SN）、青海（QH）、四川（SC）、重庆（CQ）；日本、俄罗斯。
Zhuang & Wei 2005；郭林 2011。

䓬条黑粉菌

Urocystis koeleriae L. Guo, Mycotaxon 92: 269. 2005.
青海（QH）。
Guo 2005；郭林 2011。

假稻条黑粉菌

Urocystis leersiae Vánky, in Vánky & Guo, Acta Mycol. Sin. Suppl. 1: 231. 1987.
云南（YN）；埃塞俄比亚、乌干达。
郭林 2011。

臭草条黑粉菌

Urocystis melicae (Lagerh. & Liro) Zundel, Ustilaginales of the World p. 326. 1953.

Tuburcinia melicae Lagerh. & Liro, Ann. Univ., Fenn. Aboënsis Ser. A 1 (no. 1): 23. 1922.

内蒙古（NM）、北京（BJ）；日本、哈萨克斯坦、丹麦、芬兰、法国、挪威、俄罗斯。

郭林 2011。

条黑粉菌

Urocystis miyabeana Togashi & Onuma, J. Jap. Bot. 5: 25. 1930.

宁夏（NX）。

王宽仓等 2009。

尼氏条黑粉菌

Urocystis nevodovskyi Schwarzman, Flora Sporovykh Rasteniĭ Kazakhstana [Cryptogamic Flora of Kazakhstan] 2: 327. 1960.

新疆（XJ）；哈萨克斯坦。

郭林和惠友为 1989；Zhuang & Wei 2005；郭林 2011。

隐条黑粉菌

Urocystis occulta (Wallr.) Rabenh., in Fuckel, Jb. Nassau. Ver. Naturk. 23-24: 41. 1870.

Erysibe occulta Wallr., Fl. Crypt. Germ. 2: 212. 1833.

新疆（XJ）、湖北（HB）；日本、哈萨克斯坦、土耳其、奥地利、捷克、丹麦、爱沙尼亚、芬兰、德国、匈牙利、意大利、拉脱维亚、荷兰、挪威、波兰、俄罗斯、瑞典、瑞士、英国、加拿大、美国、阿根廷、澳大利亚。

贾菊生和胡守智 1994；郭林 2011；赵震宇和郭庆元 2012。

重楼条黑粉菌

Urocystis paridis (Unger) Thüm., in Woronin, Abh. Senckenb. Naturforsch. Ges. 12: 573. 1882.

Protomyces paridis Unger, Exanth. Pflanzen. p. 344. 1834.

陕西（SN）；日本、奥地利、爱沙尼亚、法国、德国、俄罗斯、瑞典、瑞士。

Zhuang & Wei 2005；郭林 2011。

早熟禾条黑粉菌

Urocystis poae (Liro) Padwick & A. Khan, Mycol. Pap. 10: 2. 1944.

Tuburcinia poae Liro, Ann. Univ., Fenn. Aboënsis Ser. A 1 (no. 1): 22. 1922.

北京（BJ）、宁夏（NX）、甘肃（GS）、青海（QH）、新疆（XJ）；格鲁吉亚、日本、哈萨克斯坦、吉尔吉斯斯坦、土库曼斯坦、乌兹别克斯坦、德国、拉脱维亚、立陶宛、波兰、罗马尼亚、俄罗斯、斯洛伐克、瑞典、加拿大、美国。

郭林和惠友为 1989；Zhuang & Wei 2005；郭林 2011。

泽地早熟禾条黑粉菌

Urocystis poae-palustris Vánky, Bot. Notiser 129 (2): 119. 1976.

新疆（XJ）；罗马尼亚、阿根廷。

郭林 2011。

报春条黑粉菌

Urocystis primulicola Magnus, Verh. Bot. Ver. Prov. Brandenb. 20: 53. 1878.

新疆（XJ）；白俄罗斯、爱沙尼亚、意大利、波兰、俄罗斯、瑞典。

郭林和惠友为 1989；Zhuang & Wei 2005；郭林 2011。

假银莲花条黑粉菌

Urocystis pseudoanemones Denchev, Kakish. & Y. Harada, Mycoscience 41 (5): 453. 2000.

北京（BJ）、山西（SX）、陕西（SN）、甘肃（GS）、西藏（XZ）；日本。

Zhuang & Wei 2005；郭林 2011。

碱茅条黑粉菌

Urocystis puccinelliae L. Guo & H.C. Zhang, Mycotaxon 90 (2): 387. 2004.

内蒙古（NM）。

郭林 2011。

青海条黑粉菌

Urocystis qinghaiensis L. Guo, Mycotaxon 82: 148. 2002.

青海（QH）。

Zhuang & Wei 2005；郭林 2011。

毛茛条黑粉菌

Urocystis ranunculi (Lib.) Moesz, Kárpát-Medence Üszöggombái 213 (1950): 213. 1950.

Sporisorium ranunculi Lib., Pl. Crypt. Arduenna Fasc. 2: no. 195. 1832.

河北（HEB）、北京（BJ）；阿塞拜疆、格鲁吉亚、印度、伊朗、日本、哈萨克斯坦、巴基斯坦、土库曼斯坦、乌兹别克斯坦、奥地利、保加利亚、捷克、丹麦、芬兰、法国、德国、匈牙利、爱尔兰、意大利、荷兰、挪威、波兰、罗马尼亚、俄罗斯、斯洛伐克、西班牙、瑞典、瑞士、乌克兰、英国、摩洛哥。

郭林 2011。

鬼灯檠条黑粉菌

Urocystis rodgersiae (Miyabe ex S. Ito) Zundel, Contr. Dept. Bot. Pennsylvania St. Coll. 176: 332. 1953.

Tuburcinia rodgersiae Miyabe ex S. Ito, Trans. Sapporo Nat. Hist. Soc. 14 (2): 96. 1935.

云南（YN）；日本。

郭林 2011。

四川条黑粉菌

Urocystis sichuanensis L. Guo, Mycotaxon 86: 99. 2003.

四川（SC）。

郭林 2011。

中国条黑粉菌

Urocystis sinensis L. Guo, Mycotaxon 92: 270. 2005.

甘肃（GS）。

Guo 2005；郭林 2011。

孢堆条黑粉菌

Urocystis sorosporioides Körn. ex Fuckel, Jb. Nassau. Ver. Naturk. 27-28: 10. 1874.

内蒙古（NM）、宁夏（NX）、新疆（XJ）；印度、日本、哈萨克斯坦、蒙古国、保加利亚、德国、罗马尼亚、俄罗斯、乌克兰、英国、美国。

Zhuang & Wei 2005；王宽仓等 2009；郭林 2011。

针茅条黑粉菌

Urocystis stipae McAlpine, Smuts of Australia p. 198. 1910.

内蒙古（NM）、青海（QH）；印度、俄罗斯。

Zhuang & Wei 2005；郭林 2011。

小麦条黑粉菌

Urocystis tritici Körn., Hedwigia 16: 33. 1877.

内蒙古（NM）、河北（HEB）、天津（TJ）、北京（BJ）、山西（SX）、山东（SD）、河南（HEN）、陕西（SN）、甘肃（GS）、青海（QH）、新疆（XJ）、安徽（AH）、江苏（JS）、浙江（ZJ）、湖北（HB）、四川（SC）、云南（YN）、台湾（TW）；阿富汗、阿塞拜疆、印度、日本、哈萨克斯坦、俄罗斯、西班牙、埃及、南非、加拿大、墨西哥、美国、智利、澳大利亚。

贾菊生和胡守智 1994；Zhuang & Wei 2005；郭林 2011。

羊茅条黑粉菌

Urocystis ulei Magnus, Rabenhorst's Fungi Europ. Exsicc. 17: no. 2390. 1878.

陕西（SN）；哈萨克斯坦、乌兹别克斯坦、保加利亚、芬兰、德国、匈牙利、波兰、罗马尼亚、俄罗斯、瑞典、美国、新西兰。

郭林 2011。

王氏条黑粉菌

Urocystis wangii L. Guo, Mycosystema 25 (3): 364. 2006.

甘肃（GS）。

郭林 2006a。

锡林浩特条黑粉菌

Urocystis xilinhotensis L. Guo & H.C. Zhang, Nova Hedwigia 81 (1-2): 200. 2005.

内蒙古（NM）。

郭林 2011。

云南条黑粉菌

Urocystis yunnanensis L. Guo, Nova Hedwigia 76 (1-2): 222. 2003.

云南（YN）。

郭林 2011。

范基黑粉菌属

Vankya Ershad, Rostaniha 1 (1-4): 66. 2000.

山慈姑范基黑粉菌

Vankya heufleri (Fuckel) Ershad, Rostaniha 1 (1-4): 68. 2000.

Ustilago heufleri Fuckel, Jb. Nassau. Ver. Naturk. 23-24: 39. 1870.

江苏（JS）；亚美尼亚、阿塞拜疆、格鲁吉亚、伊朗、哈萨克斯坦、土耳其、土库曼斯坦、乌兹别克斯坦、奥地利、德国、希腊、罗马尼亚、乌克兰、英国、加拿大、美国、南斯拉夫。

郭林 2000a。

黑粉菌目 Ustilaginales G. Winter

炭黑粉菌科 **Anthracoideaceae** Denchev

炭黑粉菌属

Anthracoidea Bref., Unters. Gesammtgeb. Mykol. 12: 143. 1895.

角孢炭黑粉菌

Anthracoidea angulata (Syd.) Boidol & Poelt, Ber. Bayer. Bot. Ges. 36: 23. 1963.

Cintractia angulata Syd., Annls Mycol. 22 (3/6): 288. 1924.

新疆（XJ）；格鲁吉亚、爱沙尼亚、德国、匈牙利、立陶宛、波兰、斯洛伐克、瑞典、乌克兰。

郭林 2000a；Zhuang & Wei 2005。

薹炭黑粉菌

Anthracoidea caricis (Pers.) Bref., Unters. Gesammtgeb. Mykol. 12: 143. 1896.

Uredo caricis Pers., Syn. Meth. Fung. 1: 225. 1801.

Cintractia caricis (Pers.) Magnus, Verh. Bot. Ver. Prov. Brandenb. 37: 78. 1896.

辽宁（LN）、北京（BJ）、山西（SX）、陕西（SN）、新疆（XJ）、四川（SC）；印度、日本、朝鲜、奥地利、捷克、丹麦、爱沙尼亚、芬兰、法国、德国、匈牙利、意大利、立陶宛、挪威、波兰、罗马尼亚、斯洛伐克、西班牙、瑞典、瑞士、乌克兰、英国、加拿大、格陵兰岛（丹）、美国、澳大利亚。

李晓虹和刘德容 1995；郭林 2000a；Zhuang & Wei 2005。

石竹叶薹炭黑粉菌

Anthracoidea caryophylleae Kukkonen, Ann. Bot. Soc. Zool.-Bot. Fenn. Vanamo 34 (3): 53. 1963.

陕西（SN）、甘肃（GS）、青海（QH）、新疆（XJ）、江苏（JS）、西藏（XZ）；亚美尼亚、阿塞拜疆、格鲁吉亚、哈萨克斯坦、奥地利、保加利亚、芬兰、德国、匈牙利、意大利、拉脱维亚、挪威、波兰、罗马尼亚、俄罗斯、西班牙、瑞典、瑞士、加拿大、美国、南斯拉夫。

郭林和惠友为 1989；郭林 2000a；Zhuang & Wei 2005。

柄囊薹炭黑粉菌

Anthracoidea eleocharidis Kukkonen, Trans. Br. Mycol. Soc. 47 (2): 274. 1964.

新疆（XJ）；阿富汗、亚美尼亚、印度、伊朗、伊拉克、哈萨克斯坦、叙利亚、塔吉克斯坦、土耳其、土库曼斯坦、乌兹别克斯坦、加拿大。

郭林 2000a；Zhuang & Wei 2005。

嵩草炭黑粉菌

Anthracoidea elynae (Syd.) Kukkonen, Ann. Bot. Soc. Zool.-Bot. Fenn. Vanamo 34 (3): 65. 1963.

Cintractia elynae Syd., Annls Mycol. 22 (3/6): 289. 1924.

吉林（JL）、河北（HEB）、甘肃（GS）、青海（QH）；哈萨克斯坦、吉尔吉斯斯坦、蒙古国、塔吉克斯坦、奥地利、法国、德国、罗马尼亚、俄罗斯、西班牙、瑞典、瑞士、加拿大、美国。

郭林 2000a；Zhuang & Wei 2005。

丝杆薹草炭黑粉菌

Anthracoidea filamentosae L. Guo, Fungal Diversity 21: 89. 2006.

甘肃（GS）、西藏（XZ）。

郭林 2011。

细叶嵩草炭黑粉菌

Anthracoidea filifoliae L. Guo, Mycosystema 8-9: 164. 1996.

青海（QH）、西藏（XZ）。

郭林 2000a；Zhuang & Wei 2005。

烈味薹草炭黑粉菌

Anthracoidea foetidae H. Zogg, Bot. Helv. 93 (1): 99. 1983.

甘肃（GS）；瑞士。

郭林 2011。

异孢炭黑粉菌

Anthracoidea heterospora (B. Lindeb.) Kukkonen, Suomal. Elain-Ja Kasvit. Seur. Van. Kasvit. Julk. 34 (3): 63. 1963.

Cintractia heterospora B. Lindeb., Svensk Bot. Tidskr. 51: 500. 1957.

新疆（XJ）；白俄罗斯、爱沙尼亚、芬兰、拉脱维亚、波兰、罗马尼亚、俄罗斯、斯洛伐克、加拿大、澳大利亚、新西兰。

何双辉和郭林 2008；郭林 2011。

居间炭黑粉菌

Anthracoidea intercedens Nannf., Symb. Bot. Upsal. 22 (no. 3): 23. 1979.

黑龙江（HL）、青海（QH）；塔吉克斯坦、匈牙利、挪威、俄罗斯、瑞典、瑞士、加拿大。

郭林 1998，2000a。

不规则炭黑粉菌

Anthracoidea irregularis (Liro) Boidol & Poelt, Ber. Bayer. Bot. Ges. 36: 23. 1963.

Cintractia irregularis Liro, Die Ustilageen Finlands 2: 22. 1934.

内蒙古（NM）、河北（HEB）；奥地利、爱沙尼亚、芬兰、立陶宛、挪威、罗马尼亚、俄罗斯、瑞典。

郭林 2011。

喀纳斯炭黑粉菌

Anthracoidea kanasensis H.C. Zhang & L. Guo, Mycotaxon 89 (2): 307. 2004.

新疆（XJ）。

Zhuang & Wei 2005；郭林 2011。

卡里炭黑粉菌

Anthracoidea karii (Liro) Nannf., Bot. Notiser 130 (4): 368. 1977.

Cintractia karii Liro, Die Ustilageen Finlands 2: 31. 1934.

新疆（XJ）。

郭林和惠友为 1989。

林氏炭黑粉菌

Anthracoidea lindebergiae (Kukkonen) Kukkonen, Ann. Bot. Soc. Zool.-Bot. Fenn. Vanamo 34 (3): 68. 1963.

Cintractia lindebergiae Kukkonen, Can. J. Bot. 39: 161. 1961.

青海（QH）。

Zhuang & Wei 2005。

大花嵩草炭黑粉菌

Anthracoidea macranthae L. Guo & S.R. Wang, Mycotaxon 93: 160. 2005.

西藏（XZ）。

郭林 2011。

小孢炭黑粉菌

Anthracoidea microspora L. Guo, Mycosystema 7: 95. 1995.

青海（QH）。

郭林 2000a；Zhuang & Wei 2005。

米萨薹炭黑粉菌

Anthracoidea misandrae Kukkonen, Ann. Bot. Soc. Zool.-Bot. Fenn. Vanamo 34 (3): 82. 1963.

甘肃（GS）、新疆（XJ）、四川（SC）；芬兰、意大利、挪威、罗马尼亚、俄罗斯、瑞典、瑞士、加拿大、格陵兰岛（丹）。

郭林 2000a，2011；Zhuang & Wei 2005。

米氏炭黑粉菌

Anthracoidea mulenkoi Piątek, Nova Hedwigia 83 (1-2): 110. 2006.

四川（SC）；巴基斯坦。

郭林 2011。

尼泊尔炭黑粉菌

Anthracoidea nepalensis Kakish. & Y. Ono, Cryptogams of the Himalayas 1. The Kathmandu Valley p. 128. 1988.

甘肃（GS）、青海（QH）；尼泊尔。

郭林 2000a；Zhuang & Wei 2005。

黍状薹炭黑粉菌

Anthracoidea paniceae Kukkonen, Ann. Bot. Soc. Zool.-Bot. Fenn. Vanamo 34 (3): 76. 1963.

内蒙古（NM）；爱沙尼亚、芬兰、德国、冰岛、拉脱维亚、立陶宛、挪威、波兰、俄罗斯、斯洛伐克、西班牙、瑞典、瑞士、乌克兰、英国、加拿大、美国。

郭林 2000a。

无味薹草炭黑粉菌

Anthracoidea pseudofoetidae L. Guo, Fungal Diversity 21: 84. 2006.

西藏（XZ）。

郭林 2011。

高山嵩草炭黑粉菌

Anthracoidea pygmaea L. Guo, Mycotaxon 82: 147. 2002.

青海（QH）。

Zhuang & Wei 2005；郭林 2011。

喜马拉雅嵩草炭黑粉菌

Anthracoidea royleanae L. Guo, Fungal Diversity 21: 88. 2006.

青海（QH）。

郭林 2011。

石薹草炭黑粉菌

Anthracoidea rupestris Kukkonen, Ann. Bot. Soc. Zool.-Bot. Fenn. Vanamo 34 (3): 47. 1963.

新疆（XJ）；芬兰、法国、挪威、俄罗斯、瑞典、瑞士、加拿大、格陵兰岛（丹）。

Zhuang & Wei 2005；郭林 2011。

常绿炭黑粉菌

Anthracoidea sempervirentis Vánky, Bot. Notiser 132 (2): 225. 1979.

陕西（SN）。

Zhuang & Wei 2005。

刺毛薹草炭黑粉菌

Anthracoidea setosae L. Guo, Mycotaxon 94: 47. 2006.

甘肃（GS）、四川（SC）。

郭林 2011。

四川炭黑粉菌

Anthracoidea setschwanensis L. Guo, Mycotaxon 99: 227. 2007.

四川（SC）。

郭林 2011。

陕西炭黑粉菌

Anthracoidea shaanxiensis L. Guo, Nova Hedwigia 79 (3-4): 508. 2004.

陕西（SN）。

Zhuang & Wei 2005；郭林 2011。

宽叶薹炭黑粉菌

Anthracoidea siderostictae Kukkonen, Ann. Bot. Fenn. 1: 174. 1964.

吉林（JL）；日本。

郭林 2000a。

史密斯炭黑粉菌

Anthracoidea smithii Kukkonen, Ann. Bot. Soc. Zool.-Bot. Fenn. Vanamo 34 (3): 74. 1963.

陕西（SN）、四川（SC）、云南（YN）、西藏（XZ）；尼泊尔。

郭林 2000a；Zhuang & Wei 2005。

条纹炭黑粉菌

Anthracoidea striata H.C. Zhang & L. Guo, Mycotaxon 89 (2): 308. 2004.

新疆（XJ）。

Zhuang & Wei 2005；郭林 2011。

圆孢炭黑粉菌

Anthracoidea subinclusa (Körn.) Bref., Unters. Gesammtgeb. Mykol. 12: 146. 1895.

Ustilago subinclusa Körn., Hedwigia 13: 159. 1874.

黑龙江（HL）；阿塞拜疆、格鲁吉亚、哈萨克斯坦、塔吉克斯坦、白俄罗斯、丹麦、爱沙尼亚、芬兰、德国、匈牙利、拉脱维亚、立陶宛、挪威、波兰、俄罗斯、瑞典、瑞士、乌克兰、英国、加拿大、美国、阿根廷。

郭林 2000a。

范基炭黑粉菌

Anthracoidea vankyi Nannf., Bot. Notiser 130 (4): 372. 1977.

新疆（XJ）；亚美尼亚、哈萨克斯坦、乌兹别克斯坦、法国、德国、荷兰、西班牙、瑞士、乌克兰。

郭林和惠友为 1989；郭林 2000a；Zhuang & Wei 2005。

西藏炭黑粉菌

Anthracoidea xizangensis L. Guo, Mycotaxon 94: 48. 2006.

青海（QH）、西藏（XZ）。

郭林 2011。

云南炭黑粉菌

Anthracoidea yunnanensis S.R. Wang & M. Piepenbr., Mycol. Progr. 1 (4): 399. 2002.

云南（YN）。

郭林 2011。

核黑粉菌属

Cintractia Cornu, Annls Sci. Nat. Bot., sér. 6 15: 279. 1883.

飘拂草核黑粉菌

Cintractia axicola (Berk.) Cornu, Annls Sci. Nat. Bot., sér. 6 15: 279. 1883.
Ustilago axicola Berk., Ann. Mag. Nat. Hist. Ser. 2 9: 200. 1852.
陕西（SN）、江西（JX）、四川（SC）、贵州（GZ）、云南（YN）、台湾（TW）、广东（GD）、海南（HI）；印度、日本、马来西亚、巴基斯坦、菲律宾、斯里兰卡、越南、尼日利亚、加蓬、加纳、毛里求斯、塞拉利昂、南非、坦桑尼亚、乌干达、赞比亚、津巴布韦、哥斯达黎加、古巴、多米尼加、牙买加、墨西哥、巴拿马、特立尼达和多巴哥、美国、阿根廷、巴西、智利、哥伦比亚、厄瓜多尔、巴拉圭、乌拉圭、委内瑞拉、澳大利亚、巴布亚新几内亚、斐济。
郭林 2000a；Zhuang & Wei 2005。

飘拂草粒核黑粉菌

Cintractia fimbristylidis-miliaceae (Henn.) S. Ito, Trans. Sapporo Nat. Hist. Soc. 14 (2): 92. 1935.
Ustilago fimbristylidis-miliaceae Henn., Bot. Jb. 37: 156. 1905.
福建（FJ）。
郭林 2000a。

莎草穗核黑粉菌

Cintractia limitata G.P. Clinton, Proc. Boston Soc. Nat. Hist. 31 (9): 399. 1904.
台湾（TW）。
郭林 2000a。

珀地核黑粉菌

Cintractia peribebuyensis (Speg.) Sawada, Descriptive Catalogue of Formosa Fungi 2: 79. 1922.
Ustilago peribebuyensis Speg., Anal. Soc. Cient. Argent. 17 (2): 88. 1884.

白包核黑粉菌属

Leucocintractia M. Piepenbr., Begerow & Oberw., Mycologia 91 (3): 496. 1999.

刺子莞白包核黑粉菌

Leucocintractia scleriae (DC.) M. Piepenbr., Begerow & Oberw., Mycologia 91 (3): 497. 1999.
Uredo scleriae DC., Encycl. Méth. Bot. 8: 228. 1808.
Cintractia scleriae (DC.) L. Ling, Mycologia 43 (3): 314. 1951.
台湾（TW）。
郭林 2000a。

莫罗黑粉菌属

Moreaua Liou & H.C. Cheng, Contr. Inst. Bot. Natl. Acad. Peiping 6 (4): 209. 1949.

薹莫罗黑粉菌

Moreaua aterrima (Tul. & C. Tul.) Vánky, Mycotaxon 74 (2): 351. 2000.
Thecaphora aterrima Tul. & C. Tul., Annls Sci. Nat. Bot., sér. 3 7: 110. 1847.
陕西（SN）、新疆（XJ）。
郭林和惠友为 1989；Zhuang & Wei 2005。

黑莎草莫罗黑粉菌

Moreaua tristis (Vánky) Vánky, Mycotaxon 74 (2): 353. 2000.
Tolyposporium triste Vánky, Mycotaxon 62: 154. 1997.
福建（FJ）。
郭林 2000a。

独黑粉菌属

Orphanomyces Savile, Can. J. Bot. 52 (2): 342. 1974.

北极独黑粉菌

Orphanomyces arcticus (Rostr.) Savile, Can. J. Bot. 52 (2): 342. 1974.
Tilletia arctica Rostr., Bot. Tidsskr. 15: 230. 1886.
青海（QH）；蒙古国、芬兰、挪威、俄罗斯、美国。
郭林 2000a；Zhuang & Wei 2005。

裂孢黑粉菌属

Schizonella J. Schröt., Beitr. Biol. Pfl. 2 (3): 362. 1877.

薹草裂孢黑粉菌

Schizonella melanogramma (DC.) J. Schröt., Beitr. Biol. Pfl. 2 (3): 362. 1877.
Uredo melanogramma DC., in de Candolle & Lamarck, Fl. Franç. Edn 3 5/6: 75. 1815.
宁夏（NX）、甘肃（GS）、青海（QH）；阿塞拜疆、格鲁吉亚、哈萨克斯坦、土库曼斯坦、奥地利、爱沙尼亚、芬兰、法国、德国、希腊、匈牙利、意大利、立陶宛、摩尔多瓦、挪威、波兰、罗马尼亚、俄罗斯、斯洛伐克、西班牙、瑞典、瑞士、乌克兰、加拿大、美国。
郭林 2000a；Zhuang & Wei 2005；王宽仓等 2009。

褶孢黑粉菌属

Tolyposporium Woronin ex J. Schröt., in Cohn, Krypt.-Fl. Schlesien 3 (1): 276. 1887.

球柱草褶孢黑粉菌

Tolyposporium kuwanoanum (Togashi & Y. Maki) Denchev & T. Denchev, Index Fungorum 144: 1. 2014.
Sorosporium kuwanoanum Togashi & Y. Maki, Ann. Phytopath. Soc. Japan 10: 139. 1940.
四川（SC）、云南（YN）；印度、日本。
郭林 2000a。

黑粉菌科 Ustilaginaceae Tul. & C. Tul.

暗黑粉菌属

Anthracocystis Bref., Unters. Gesammtgeb. Mykol. 15: 53. 1912.

大油芒暗黑粉菌

Anthracocystis abramoviana (Lavrov) McTaggart & R.G. Shivas, Persoonia Mol. Phyl. Evol. Fungi 29: 119. 2012.

Sorosporium abramovianum Lavrov, Bull. Tomsk. Univ. 86: 85. 1934.

Sporisorium abramovianum (Lavrov) Karatygin, in Karatygin & Azbukina, Opredelitel' Gribov SSSR. Poryadok Golovnevye Fascicle 1. Semeĭstvo Ustilagovye p. 72. 1989.

河北（HEB）、北京（BJ）、山东（SD）、陕西（SN）；日本、俄罗斯。

郭林 2000a；Zhuang & Wei 2005。

竹节草暗黑粉菌

Anthracocystis andropogonis-aciculati (Petch) McTaggart & R.G. Shivas, Persoonia Mol. Phyl. Evol. Fungi 29: 119. 2012.

Ustilago andropogonis-aciculati Petch, Ann. R. Bot. Gdns Peradeniya 4: 303. 1909.

Sporisorium andropogonis-aciculati (Petch) Vánky, Mycotaxon 18 (2): 328. 1983.

云南（YN）；菲律宾、斯里兰卡。

郭林 2000a。

黄茅穗暗黑粉菌

Anthracocystis caledonica (Pat.) McTaggart & R.G. Shivas, Persoonia Mol. Phyl. Evol. Fungi 29: 120. 2012.

Sorosporium caledonicum Pat., Bull. Soc. Mycol. Fr. 3 (3): 173. 1887.

Sporisorium caledonicum (Pat.) Vánky, Mycotaxon 40: 165. 1991.

四川（SC）；墨西哥、新喀里多尼亚。

郭林 2000a。

香茅粒暗黑粉菌

Anthracocystis cymbopogonis-distantis (L. Ling) McTaggart & R.G. Shivas, Persoonia Mol. Phyl. Evol. Fungi 29: 121. 2012.

Sorosporium cymbopogonis-distantis L. Ling, Farlowia 4: 341. 1953.

Sporisorium cymbopogonis-distantis (L. Ling) L. Guo, Mycosystema 17 (1): 1. 1998.

四川（SC）。

郭林 1998，2000a。

埃氏暗黑粉菌

Anthracocystis ehrenbergii (J.G. Kühn) McTaggart & R.G. Shivas, Persoonia Mol. Phyl. Evol. Fungi 29: 121. 2012.

Sorosporium ehrenbergii J.G. Kühn, Aperçu Syst. Ustil. p. 87. 1877.

Tolyposporium ehrenbergii (J.G. Kühn) Pat., Bull. Soc. Mycol. Fr. 19 (3): 254. 1903.

Sporisorium ehrenbergii (J.G. Kühn) Vánky, Mycotaxon 38: 270. 1990.

北京（BJ）、新疆（XJ）、湖北（HB）；印度、伊拉克、以色列、哈萨克斯坦、吉尔吉斯斯坦、巴基斯坦、塔吉克斯坦、土耳其、土库曼斯坦、乌兹别克斯坦、埃及、苏丹。

郭林和惠友为 1989；贾菊生和胡守智 1994；郭林 2000a；Zhuang & Wei 2005；赵震宇和郭庆元 2012。

台湾暗黑粉菌

Anthracocystis formosana (Sawada) McTaggart & R.G. Shivas, Persoonia Mol. Phyl. Evol. Fungi 29: 122. 2012.

Ustilago formosana Sawada, Taiwan Hakubutsu Gakkwai Kwacho 14: 89. 1918.

Sporisorium formosanum (Sawada) Vánky, Publications from the Herbarium, University of Uppsala, Sweden 11: 12. 1983.

福建（FJ）、台湾（TW）；印度、印度尼西亚、日本、斯里兰卡、西班牙、摩洛哥。

郭林 2000a。

郭氏暗黑粉菌

Anthracocystis guoae Denchev & T. Denchev, Mycobiota 1 (1): 66. 2013.

Sporisorium apludae-muticae L. Guo, Mycotaxon 72: 390. 1999.

广西（GX）。

郭林 2000a。

雀稗暗黑粉菌

Anthracocystis paspali-thunbergii (Henn.) McTaggart & R.G. Shivas, Persoonia Mol. Phyl. Evol. Fungi 29: 125. 2012.

Ustilago paspali-thunbergii Henn., Hedwigia 43 (2): 140. 1904.

Sporisorium paspali-thunbergii (Henn.) Vánky, Publications from the Herbarium Ustilaginales Vánky (HUV) 3: 9. 1986.

江西（JX）、四川（SC）、重庆（CQ）、云南（YN）、台湾（TW）；印度、日本、菲律宾、斯里兰卡、美国、澳大利亚。

郭林 2000a。

暗黑粉菌

Anthracocystis sahariana (Trotter) McTaggart & R.G. Shivas, Persoonia Mol. Phyl. Evol. Fungi 29: 126. 2012.

Sorosporium saharianum Trotter, Annls Mycol. 11 (5): 413. 1913.

新疆（XJ）。

赵震宇 1981。

皮特黑粉菌属

Franzpetrakia Thirum. & Pavgi, Beih. Sydowia 1: 2. 1957.

莠竹皮特黑粉菌

Franzpetrakia microstegii Thirum. & Pavgi, Beih. Sydowia 1: 2. 1957.

云南（YN）；印度。
郭林 2000a。

薏苡皮特黑粉菌

Franzpetrakia okudairae (Miyabe) L. Guo, Vánky & Mordue, Mycosystema 3: 65. 1990.
Ustilago okudairae Miyabe, Trans. Sapporo Nat. Hist. Soc. 14 (2): 88. 1935.
云南（YN）；日本。
郭林 2000a。

无轴黑粉菌属

Macalpinomyces Langdon & Full., Trans. Br. Mycol. Soc. 68 (1): 30. 1977.

孔颖草无轴黑粉菌

Macalpinomyces bothriochloae (L. Ling) Vánky, Fungal Diversity 15: 225. 2004.
Ustilago bothriochloae L. Ling, Mycol. Pap. 11: 4. 1945.
四川（SC）。
郭林 2000a。

菅囊无轴黑粉菌

Macalpinomyces bursus (Berk.) Vánky, Mycotaxon 81: 427. 2002.
Ustilago bursa Berk., Hooker's J. Bot. Kew Gard. Misc. 6: 206. 1854.
广西（GX）；印度。
郭林 2000a。

狼尾草无轴黑粉菌

Macalpinomyces flaccidus S.H. He & L. Guo, Mycotaxon 101: 99. 2007.
四川（SC）、云南（YN）。
郭林 2011。

狗尾草无轴黑粉菌

Macalpinomyces neglectus (Niessl) Vánky, Mycotaxon 89 (1): 106. 2004.
Ustilago neglecta Niessl, in Rabenhorst, Fungi Europ. Exsicc. no. 1200. 1868.
吉林（JL）、河北（HEB）、北京（BJ）、山东（SD）、宁夏（NX）、甘肃（GS）、青海（QH）、新疆（XJ）、江苏（JS）、四川（SC）；格鲁吉亚、印度、日本、哈萨克斯坦、朝鲜、吉尔吉斯斯坦、巴基斯坦、土库曼斯坦、乌兹别克斯坦、越南、奥地利、白俄罗斯、法国、德国、匈牙利、意大利、立陶宛、波兰、俄罗斯、斯洛伐克、西班牙、瑞士、乌克兰、加拿大、美国。
郭林和惠友为 1989；贾菊生和胡守智 1994；郭林 2000a；Zhuang & Wei 2005；沈瑞清等 2007；王宽仓等 2009。

田中无轴黑粉菌

Macalpinomyces tanakae (S. Ito) Vánky, Mycotaxon 69: 112. 1998.
Ustilago tanakae S. Ito, Trans. Sapporo Nat. Hist. Soc. 14 (2): 87. 1935.
吉林（JL）、四川（SC）；日本。
郭林 1998，2000a。

莫氏黑粉菌属

Moesziomyces Vánky, Bot. Notiser 130 (2): 133. 1977.

泡状莫氏黑粉菌

Moesziomyces bullatus (J. Schröt.) Vánky, Bot. Notiser 130 (2): 133. 1977.
Sorosporium bullatum J. Schröt., Jber. Schl Es. Ges. Vaterl. Kultur 49: 6. 1871.
黑龙江（HL）、北京（BJ）、陕西（SN）、甘肃（GS）、新疆（XJ）、上海（SH）、湖南（HN）、四川（SC）、云南（YN）；亚美尼亚、阿塞拜疆、格鲁吉亚、印度、日本、哈萨克斯坦、朝鲜、巴基斯坦、乌兹别克斯坦、保加利亚、德国、匈牙利、波兰、罗马尼亚、俄罗斯、斯洛伐克、乌克兰、阿尔及利亚、刚果（金）、刚果（布）、肯尼亚、塞内加尔、塞拉利昂、乌干达、加拿大、墨西哥、美国、乌拉圭、澳大利亚、新西兰。
郭林和惠友为 1989；郭林 2000a；Zhuang & Wei 2005。

孢堆黑粉菌属

Sporisorium Ehrenb. ex Link, in Willdenow, Willd., Sp. Pl. Edn 4 6 (2): 86. 1825.

须芒草孢堆黑粉菌

Sporisorium andropogonis (Opiz) Vánky, Symb. Bot. Upsal. 24 (no. 2): 113. 1985.
Uredo andropogonis Opiz, Naturalientausch p. 43. 1824.
新疆（XJ）；亚美尼亚、阿塞拜疆、格鲁吉亚、印度、伊朗、哈萨克斯坦、吉尔吉斯斯坦、巴基斯坦、菲律宾、土耳其、土库曼斯坦、乌兹别克斯坦、捷克、德国、匈牙利、意大利、波兰、罗马尼亚、俄罗斯、西班牙、瑞士、乌克兰、阿尔及利亚、刚果（金）、刚果（布）、埃及、马达加斯加、摩洛哥、苏丹、坦桑尼亚、突尼斯、乌干达、墨西哥、美国。
郭林 2000a；Zhuang & Wei 2005。

双花草孢堆黑粉菌

Sporisorium andropogonis-annulati (Bref.) S.R. Wang & M. Piepenbr., Mycol. Progr. 1 (4): 403. 2002.
Ustilago andropogonis-annulati Bref., Unters. Gesammtgeb. Mykol. 12: 109. 1895.
云南（YN）；印度。
郭林 2011。

粒孢堆黑粉菌

Sporisorium anthistiriae (Cobb) Vánky, in Vánky & Guo, Acta Mycol. Sin. Suppl. 1: 230. 1987.

Tolyposporium anthistiriae Henn., Hedwigia 37: 283. 1898.
四川（SC）；朝鲜、斯里兰卡、苏丹、坦桑尼亚。
郭林 2000a。

水蔗草孢堆黑粉菌

Sporisorium apludae (Syd. & P. Syd.) L. Guo, Mycosystema 3: 76. 1990.
Ustilago apludae Syd. & P. Syd., Annls Mycol. 17 (2/6): 141. 1920.
广东（GD）；朝鲜、斯里兰卡、苏丹、坦桑尼亚。
郭林 2000a。

荩草孢堆黑粉菌

Sporisorium arthraxonis (Pat.) L. Guo, Mycosystema 2: 221. 1989.
Ustilago arthraxonis Pat., J. Bot. Paris 11: 346. 1897.
河北（HEB）、云南（YN）；越南。
郭林 2000a。

本格特孢堆黑粉菌

Sporisorium benguetense (Zundel) L. Guo, Mycosystema 3: 76. 1990.
Sphacelotheca benguetensis Zundel, Mycologia 35 (2): 175. 1943.
北京（BJ）、山东（SD）；菲律宾。
郭林 2000a。

广州孢堆黑粉菌

Sporisorium cantonense (Zundel) L. Guo, Mycosystema 17 (1): 1. 1998.
Sorosporium cantonensis Zundel, Mycologia 31 (5): 584. 1939.
广东（GD）。
郭林 1998，2000a。

细柄草孢堆黑粉菌

Sporisorium capillipedii (L. Ling) L. Guo, Mycosystema 3: 78. 1990.
Sphacelotheca capillipedii L. Ling, Mycol. Pap. 11: 8. 1945.
四川（SC）。
郭林 2000a。

高粱散孢堆黑粉菌

Sporisorium cruentum (J.G. Kühn) Vánky, Symb. Bot. Upsal. 24 (no. 2): 115. 1985.
Ustilago cruenta J.G. Kühn, Hamb. Gart. Blumenzeitg. 28: 177. 1872.
内蒙古（NM）、河北（HEB）、山东（SD）、陕西（SN）、甘肃（GS）、新疆（XJ）、江苏（JS）、云南（YN）。
郭林和惠友为 1989；郭林 2000a；Zhuang & Wei 2005；赵震宇和郭庆元 2012。

稷光孢堆黑粉菌

Sporisorium destruens (Schltdl.) Vánky, Symb. Bot. Upsal. 24 (no. 2): 115. 1985.
Caeoma destruens Schltdl., Fl. Berol. 2: 130. 1824.
吉林（JL）、内蒙古（NM）、河北（HEB）、北京（BJ）、山西（SX）、陕西（SN）、甘肃（GS）、新疆（XJ）。
郭林 2000a；Zhuang & Wei 2005。

突出孢堆黑粉菌

Sporisorium exsertum (McAlpine) L. Guo, Mycosystema 3: 80. 1990.
Cintractia exserta McAlpine, Smuts of Australia p. 170. 1910.
北京（BJ）、山东（SD）、河南（HEN）、江苏（JS）、四川（SC）；斯里兰卡、南非。
郭林 2000a。

广西孢堆黑粉菌

Sporisorium guangxiense L. Guo, Mycosystema 18 (3): 234. 1999.
广西（GX）。
郭林 1999，2000a。

海南孢堆黑粉菌

Sporisorium hainanae (Zundel) L. Guo, Mycosystema 17 (1): 1. 1998.
Sphacelotheca hainanae Zundel, Mycologia 31 (5): 585. 1939.
海南（HI）。
郭林 1998，2000a。

柳叶箬孢堆黑粉菌

Sporisorium isachnes (Syd. & P. Syd.) Vánky, in Vánky & Guo, Acta Mycol. Sin. Suppl. 1: 230. 1987.
Ustilago isachnes Syd. & P. Syd., Annls Mycol. 10 (1): 77. 1912.
云南（YN）；印度、菲律宾。
郭林 2000a。

草野孢堆黑粉菌

Sporisorium kusanoi (Syd. & P. Syd.) Vánky, Australas. Pl. Path. 29 (3): 156. 2000.
Ustilago kusanoi Syd. & P. Syd., Mém. Herb. Boissier 4: 4. 1900.
北京（BJ）、山东（SD）、江苏（JS）、浙江（ZJ）、四川（SC）、福建（FJ）；日本、菲律宾、俄罗斯。
郭林 2000a。

贵州孢堆黑粉菌

Sporisorium kweichowense (Y.C. Wang) Vánky, Mycotaxon 62: 141. 1997.
Ustilago kweichowensis Y.C. Wang, Acta. Bot. Sin. 10: 133. 1962.
贵州（GZ）；印度、菲律宾。
郭林 2000a。

牛鞭草孢堆黑粉菌

Sporisorium lepturi (Thüm.) Vánky, Mycotaxon 40: 163.

1991.

Ustilago carbo var. *lepturi* Thüm., in Fischer von Waldheim, Annls Sci. Nat. Bot., sér. 6 4: 200. 1877.

四川（SC）、重庆（CQ）、云南（YN）、广东（GD）；阿富汗、印度、日本、巴基斯坦、埃及。

郭林 2000a。

莠竹孢堆黑粉菌

Sporisorium microstegii (S. Ahmad) L. Guo, Mycotaxon 77: 339. 2001.

Sphacelotheca microstegii S. Ahmad, Mycol. Pap. 64: 6. 1956.

云南（YN）；巴基斯坦。

郭林 2011。

冠芒草孢堆黑粉菌

Sporisorium modestum (Syd.) H. Scholz, Bull. Jard. Bot. Natn. Belg. 66: 171. 1997.

Ustilago modesta Syd., Annls Mycol. 33 (3/4): 231. 1935.

宁夏（NX）；南非。

Zhuang & Wei 2005；王宽仓等 2009；郭林 2011。

黄茅粒孢堆黑粉菌

Sporisorium moniliferum (Ellis & Everh.) L. Guo, Mycosystema 3: 82. 1990.

Ustilago monilifera Ellis & Everh., Bull. Torrey Bot. Club 22 (7): 362. 1895.

云南（YN）；印度、巴基斯坦、斯里兰卡、佛得角、刚果（金）、刚果（布）、埃塞俄比亚、马达加斯加、美国。

郭林 2000a。

蒙大拿孢堆黑粉菌

Sporisorium montaniense (Ellis & Everh.) Vánky, Symb. Bot. Upsal. 24 (no. 2): 118. 1985.

Ustilago montaniensis Ellis & Everh., J. Mycol. 6 (3): 119. 1891.

内蒙古（NM）、甘肃（GS）；匈牙利、罗马尼亚、俄罗斯、美国。

Zhuang & Wei 2005；郭林 2011。

蛇尾草孢堆黑粉菌

Sporisorium ophiuri (Henn.) Vánky, Publications from the Herbarium Ustilaginales Vánky (HUV) 3: 9. 1986.

Ustilago ophiuri Henn., in Warburg, Monsunia 1: 1. 1899.

云南（YN）；印度、印度尼西亚、菲律宾、几内亚、马达加斯加。

郭林 2000a。

孢堆黑粉菌

Sporisorium pamparum (Speg.) Vánky, in Vánky & Guo, Acta Mycol. Sin. Suppl. 1: 234. 1987.

Ustilago pamparum Speg., Boln Acad. Nac. Cienc. Córdoba 11 (1): 28. 1887.

河北（HEB）、宁夏（NX）、青海（QH）、安徽（AH）、江苏（JS）、浙江（ZJ）、四川（SC）、贵州（GZ）、西藏（XZ）；日本、巴基斯坦、越南、墨西哥、美国、阿根廷、巴西、智利、乌拉圭。

郭林 2000a；Zhuang & Wei 2005；沈瑞清等 2007；王宽仓等 2009。

黄金茅孢堆黑粉菌

Sporisorium pollinianum (Zundel) Vánky & R.G. Shivas, in Vánky, Mycotaxon 74 (1): 184. 2000.

Sphacelotheca polliniana Zundel, Mycologia 35 (2): 174. 1943.

四川（SC）。

郭林 2000b，2011。

麻孢孢堆黑粉菌

Sporisorium punctatum (L. Ling) Vánky, Mycotaxon 51: 163. 1994.

Sphacelotheca anthistiriae var. *punctata* L. Ling, Farlowia 4: 328. 1953.

四川（SC）。

郭林 2000a。

网孢孢堆黑粉菌

Sporisorium reticulatum (B. Liu, Z.Y. Li & Du) Vánky, Fungal Diversity 15: 235. 2004.

Sphacelotheca reticulata B. Liu, Z.Y. Li & Du, Journal of Shanxi University 3-4: 37. 1979.

甘肃（GS）。

Zhuang & Wei 2005。

甘蔗粒孢堆黑粉菌

Sporisorium sacchari (Rabenh.) Vánky, Symb. Bot. Upsal. 24 (no. 2): 120. 1985.

Ustilago sacchari Rabenh., Sber. Naturwiss. Ges. Isis Dresden 4: 227. 1870.

四川（SC）、云南（YN）、福建（FJ）、海南（HI）；印度、印度尼西亚、伊朗、马来西亚、缅甸。

郭林 2000a。

甘蔗鞭孢堆黑粉菌

Sporisorium scitamineum (Syd.) M. Piepenbr., M. Stoll & Oberw., Mycol. Progr. 1 (1): 75. 2002.

Ustilago scitaminea Syd., Annls Mycol. 22 (3/6): 281. 1924.

Sphacelotheca miscanthi W.Y. Yen, Contrib. Inst. Bot. Nat. Acad. Peiping 4: 192. 1937.

Sporisorium miscanthi (J.M. Yen) L. Guo, Mycosystema 3: 82. 1990.

四川（SC）、云南（YN）、福建（FJ）、广东（GD）、广西（GX）、海南（HI）；印度、印度尼西亚、塔吉克斯坦、葡萄牙、埃及、肯尼亚、马达加斯加、苏丹、墨西哥、美国。

郭林 2000a。

高粱坚轴黑粉菌

Sporisorium sorghi Ehrenb. ex Link, in Willdenow, Willd., Sp. Pl. Edn 4 6 (2): 86. 1825.

甘肃（GS）、新疆（XJ）；印度、印度尼西亚、伊朗、马来西亚、缅甸。

郭林和惠友为 1989；郭林 2000a；Zhuang & Wei 2005；戴玉成和杨祝良 2008；赵震宇和郭庆元 2012。

小刺孢堆黑粉菌

Sporisorium spinulosum S.H. He & L. Guo, Mycotaxon 107: 350. 2009.

云南（YN）。

郭林 2011。

戴氏孢堆黑粉菌

Sporisorium taianum (Syd.) L. Guo, Mycosystema 3: 85. 1990.

Ustilago taiana Syd., Annls Mycol. 27 (5/6): 421. 1929.

江苏（JS）。

郭林 2000a。

东陵孢堆黑粉菌

Sporisorium tanglinense (Tracy & Earle) L. Guo, Mycosystema 3: 85. 1990.

Ustilago tanglinensis Tracy & Earle, Bull. Torrey Bot. Club 22: 175. 1895.

江苏（JS）、福建（FJ）、台湾（TW）、海南（HI）、香港（HK）；印度、日本、马来西亚、菲律宾、新加坡、斯里兰卡、越南。

郭林 2000a。

川息尔黑粉菌属

Tranzscheliella Lavrov, Trudy Biol. Naucno-Issl. Inst. Tomsk. Gosud. Univ. 2: 29. 1936.

茎川息尔黑粉菌

Tranzscheliella hypodytes (Schltdl.) Vánky & McKenzie, Fungal Diversity Res. Ser. 8: 156. 2002.

Caeoma hypodytes Schltdl., Fl. Berol. 2: 129. 1824.

宁夏（NX）、甘肃（GS）、青海（QH）、新疆（XJ）。

Zhuang & Wei 2005。

伊朗川息尔黑粉菌

Tranzscheliella iranica (Syd.) Vánky, Mycotaxon 106: 137. 2009.

Ustilago iranica Syd., Annls Mycol. 37 (3): 199. 1939.

河北（HEB）；伊朗。

郭林 2000a。

小川息尔黑粉菌

Tranzscheliella minima (Arthur) Vánky, Mycotaxon 85: 3. 2003.

甘肃（GS）、青海（QH）、新疆（XJ）。

Zhuang & Wei 2005。

威廉斯川息尔黑粉菌

Tranzscheliella williamsii (Griffiths) Dingley & Versluys, N.Z. Jl Bot. 15 (2): 477. 1977.

Sorosporium williamsii Griffiths, Bull. Torrey Bot. Club 29: 296. 1902.

青海（QH）、新疆（XJ）。

Zhuang & Wei 2005。

黑粉菌属

Ustilago (Pers.) Roussel, Fl. Calvados Edn 2: 47. 1806.

燕麦散黑粉菌

Ustilago avenae (Pers.) Rostr., Overs. K. danske Vidensk. Selsk. Forh. Medlemmers Arbeider p. 13. 1890.

Uredo segetum γ avenae Pers., Syn. Meth. Fung. 1: 225. 1801.

Ustilago levis (Kellerm. & Swingle) Magnus, Verh. Bot. Ver. Prov. Brandenb. 37: 96. 1896.

宁夏（NX）、甘肃（GS）、新疆（XJ）、四川（SC）；阿塞拜疆、印度、日本、哈萨克斯坦、朝鲜、巴基斯坦、土耳其、丹麦、芬兰、法国、德国、荷兰、挪威、波兰、罗马尼亚、俄罗斯、西班牙、瑞士、英国、安哥拉、埃及、摩洛哥、苏丹、美国、阿根廷、智利、乌拉圭、澳大利亚、新西兰。

贾菊生和胡守智 1994；郭林 2000a；Zhuang & Wei 2005；沈瑞清等 2007；王宽仓等 2009；赵震宇和郭庆元 2012。

雀麦黑粉菌

Ustilago bullata Berk., in Hooker, Bot. Antarct. Voy. Erebus Terror 1839-1843 II, Fl. Nov.-Zeal. p. 196. 1855.

Ustilago bromivora (Tul. & C. Tul.) A.A. Fisch. Waldh., Bull. Soc. Imp. Nat. Moscou 40: 252. 1867.

Ustilago carbo d bromivora Tul. & C. Tul., Annls Sci. Nat. Bot., sér. 3 7: 81. 1847.

吉林（JL）、甘肃（GS）、新疆（XJ）；亚美尼亚、阿塞拜疆、格鲁吉亚、印度、哈萨克斯坦、土库曼斯坦、乌兹别克斯坦、白俄罗斯、爱沙尼亚、法国、拉脱维亚、摩尔多瓦、波兰、俄罗斯、西班牙、乌克兰、阿尔及利亚、肯尼亚、加拿大、美国、澳大利亚、新西兰。

郭林和惠友为 1989；贾菊生和胡守智 1994；郭林 2000a；Zhuang & Wei 2005。

长刺黑粉菌

Ustilago calamagrostidis (Fuckel) G.P. Clinton, J. Mycol. 8 (3): 138. 1902.

Tilletia calamagrostidis Fuckel, Fungi Rhenani Exsic. no. 1925. 1867.

吉林（JL）、内蒙古（NM）、河北（HEB）、陕西（SN）、宁夏（NX）、甘肃（GS）、新疆（XJ）；哈萨克斯坦、土库曼斯坦、丹麦、芬兰、德国、匈牙利、意大利、荷兰、挪威、波兰、俄罗斯、瑞典、加拿大、美国。
郭林和惠友为 1989；郭林 2000a；Zhuang & Wei 2005；沈瑞清等 2007；王宽仓等 2009。

薏苡黑粉菌

Ustilago coicis Bref., Unters. Gesammtgeb. Mykol. 12: 110. 1895.
吉林（JL）、辽宁（LN）、内蒙古（NM）、山西（SX）、陕西（SN）、湖南（HN）、四川（SC）；印度、印度尼西亚、日本、朝鲜、菲律宾、美国。
杜复等 1983；郭林 2000a；Zhuang & Wei 2005。

粟粒黑粉菌

Ustilago crameri Körn., in Fuckel, Jb. Nassau. Ver. Naturk. 27-28: 11. 1874.
黑龙江（HL）、吉林（JL）、辽宁（LN）、内蒙古（NM）、河北（HEB）、北京（BJ）、山西（SX）、山东（SD）、河南（HEN）、陕西（SN）、宁夏（NX）、甘肃（GS）、青海（QH）、新疆（XJ）、江苏（JS）、湖南（HN）、四川（SC）、云南（YN）、西藏（XZ）、台湾（TW）、广西（GX）。
郭林 2000a。

稗疣黑粉菌

Ustilago crus-galli Tracy & Earle, Bull. Torrey Bot. Club 22: 175. 1895.
宁夏（NX）。
王宽仓等 2009。

狗牙根黑粉菌

Ustilago cynodontis (Pass.) Henn., Bull. Herb. Boissier 1: 114. 1893.
Ustilago carbo β cynodontis Pass., Erb. Critt. Ital. Ser. 2, Fasc.: no. 450. 1871.
北京（BJ）、陕西（SN）、江苏（JS）、浙江（ZJ）、江西（JX）、福建（FJ）；阿富汗、塞浦路斯、印度、伊朗、伊拉克、以色列、日本、朝鲜、黎巴嫩、缅甸、巴基斯坦、土库曼斯坦、越南、法国、希腊、意大利、葡萄牙、罗马尼亚、俄罗斯、西班牙、瑞士、阿尔及利亚、古巴、美国、澳大利亚、新西兰。
郭林 2000a；Zhuang & Wei 2005。

戴维斯黑粉菌

Ustilago davisii Liro, Ann. Acad. Sci. Fenn. Ser. A 17 (no. 1): 80. 1924.
Ustilago longissima var. *macrospora* Davis, in Ellis & Everhart, N. Amer. Fung. Ser. 2: no. 3235. 1895.
内蒙古（NM）；匈牙利、拉脱维亚、波兰、罗马尼亚、俄罗斯、摩洛哥、加拿大、美国。
郭林 1998，2000a。

野青茅黑粉菌

Ustilago deyeuxiae L. Guo, Mycosystema 6: 51. 1993.
河北（HEB）。
郭林 2000a。

野青茅生黑粉菌

Ustilago deyeuxiicola Vánky & L. Guo, Mycotaxon 79: 262. 2001.
黑龙江（HL）、内蒙古（NM）。
郭林 2011。

寸草黑粉菌

Ustilago duriusculae L. Guo, Mycosystema 25 (2): 162. 2006.
青海（QH）。
郭林 2006b，2011。

蒿草黑粉菌

Ustilago echinata J. Schröt., Abh. Schles. Ges. Vaterl. Kult. Abth. Naturwiss. 1869: 4. 1869.
内蒙古（NM）、四川（SC）；日本、哈萨克斯坦、丹麦、芬兰、法国、德国、匈牙利、意大利、波兰、罗马尼亚、俄罗斯、瑞典、美国、南斯拉夫。
郭林 2000a。

稗刺疣黑粉菌

Ustilago echinochloae L. Guo & Y.C. Wang, in Vánky & Guo, Acta Mycol. Sin. Suppl. 1: 232. 1987.
云南（YN）。
郭林 2000a。

雅致黑粉菌

Ustilago elegans Griffiths, Bull. Torrey Bot. Club 29: 292. 1902.
山西（SX）、宁夏（NX）；美国。
郭林 2000a；Zhuang & Wei 2005；沈瑞清等 2007；王宽仓等 2009。

茭白黑粉菌

Ustilago esculenta Henn., Hedwigia 34: 10. 1895.
Yenia esculenta (Henn.) Liou, Contrib. Inst. Bot. Nat. Acad. Peiping 6 (1): 43. 1949.
黑龙江（HL）、辽宁（LN）、河北（HEB）、北京（BJ）、山东（SD）、河南（HEN）、新疆（XJ）、安徽（AH）、江苏（JS）、上海（SH）、浙江（ZJ）、江西（JX）、湖南（HN）、湖北（HB）、四川（SC）、贵州（GZ）、云南（YN）、福建（FJ）、台湾（TW）、广东（GD）、广西（GX）；印度、日本、越南、俄罗斯、美国。
李学禹 1983；姜守忠 1984；应建浙等 1987；缪建泉 1991；刘正南和郑淑芳 1996；陈锡林等 2000；郭林 2000a；徐凌川等 2006；周巍等 2006；戴玉成和杨祝良 2008；戴玉

成等 2010。

芦苇茎黑粉菌

Ustilago grandis Fr., Syst. Mycol. 3 (2): 518. 1832.
Erysibe typhoides Wallr., Fl. Crypt. Germ. 2: 215. 1833.
Ustilago typhoides (Wallr.) Berk. & Broome, Ann. Mag. Nat. Hist. Ser. 2 5: 463. 1850.

黑龙江（HL）、辽宁（LN）；日本、哈萨克斯坦、朝鲜、法国、波兰、俄罗斯、瑞典、英国、美国。

刘惕若和李庆孝 1981；郭林 2000a。

格里菲思黑粉菌

Ustilago griffithsii Syd. & P. Syd., Annls Mycol. 5 (4): 290. 1907.

云南（YN）；墨西哥。

郭林 2011。

赫脱黑粉菌

Ustilago herteri Magnus, Feddes Repert. 13: 188. 1914.

新疆（XJ）。

赵震宇和郭庆元 2012。

大麦坚黑粉菌

Ustilago hordei (Pers.) Lagerh., Mitt. Bad. Bot. Ver. (59): 70. 1889.
Uredo segetum α hordei Pers., Syn. Meth. Fung. 1: 224. 1801.

内蒙古（NM）、河北（HEB）、北京（BJ）、山西（SX）、陕西（SN）、宁夏（NX）、甘肃（GS）、青海（QH）、新疆（XJ）、安徽（AH）、江苏（JS）、上海（SH）、浙江（ZJ）、江西（JX）、湖北（HB）、四川（SC）、云南（YN）、西藏（XZ）、广东（GD）、广西（GX）；尼泊尔。

臧穆 1980；郭林和惠友为 1989；贾菊生和胡守智 1994；李晓虹和刘德容 1995；陈锡林等 2000；郭林 2000a；旺姆等 2001；Zhuang & Wei 2005；王宽仓等 2009。

牛筋草黑粉菌

Ustilago idonea Syd., Annls Mycol. 37 (4/5): 442. 1939.

江苏（JS）。

郭林 2000a。

高粱花黑粉菌

Ustilago kenjiana S. Ito, Trans. Sapporo Nat. Hist. Soc. 14 (2): 87. 1935.

吉林（JL）、山西（SX）。

郭林 2000a。

长花黑粉菌

Ustilago longiflora Mundk. & Thirum., Mycol. Pap. 40: 2. 1951.

云南（YN）；日本、菲律宾、俄罗斯。

郭林 2000a。

玉米黑粉菌

Ustilago maydis (DC.) Corda, Icon. Fung. 5: 3. 1842.
Uredo maydis DC., in de Candolle & Lamarck, Fl. Franç. Edn 3 5/6: 77. 1815.
Caeoma zeae Link, Willd., Sp. Pl. Edn 4 6 (2): 2. 1825.
Ustilago zeae (Link) Unger, Uber den Einfluss des Bodens auf die Vertheilung der Gewachse p. 211. 1836.

黑龙江（HL）、吉林（JL）、辽宁（LN）、内蒙古（NM）、河北（HEB）、山西（SX）、山东（SD）、河南（HEN）、陕西（SN）、宁夏（NX）、甘肃（GS）、青海（QH）、新疆（XJ）、江苏（JS）、浙江（ZJ）、江西（JX）、湖南（HN）、湖北（HB）、四川（SC）、重庆（CQ）、贵州（GZ）、云南（YN）、西藏（XZ）、福建（FJ）、广西（GX）。

杜复等 1983；李学禹 1983；姜守忠 1984；李世全 1984；李宗英 1985；顾龙云 1986；刘正南 1986；应建浙等 1987；杨文胜和王建国 1988；杨文胜 1990；邸铁锁 1993；蒋长玶等 1993；贾菊生和胡守智 1994；刁治民 1995；李晓虹和刘德容 1995；刘正南和郑淑芳 1996；卜宁和江晓路 1996；孙发仁等 1997；陈锡林等 2000；郭林 2000a；周繇 2003；苏丽涛 2005；Zhuang & Wei 2005；周巍等 2006；戴玉成和杨祝良 2008；王东升等 2009；王宽仓等 2009；戴玉成等 2010；李跃进等 2010；赵震宇和郭庆元 2012。

类芦黑粉菌

Ustilago neyraudiae Mundk., Trans. Br. Mycol. Soc. 24 (3): 323. 1941.

广西（GX）；印度。

郭林 2000a。

麦类散黑粉菌

Ustilago nuda (C.N. Jensen) Rostr., Term. Füz. 8: 745. 1889.
Ustilago segetum var. *nuda* C.N. Jensen, J. Roy. Agric. Soc. England ser. 2 24: 406. 1888.

黑龙江（HL）、吉林（JL）、辽宁（LN）、内蒙古（NM）、河北（HEB）、北京（BJ）、山西（SX）、山东（SD）、河南（HEN）、陕西（SN）、宁夏（NX）、甘肃（GS）、青海（QH）、新疆（XJ）、安徽（AH）、江苏（JS）、浙江（ZJ）、江西（JX）、湖南（HN）、湖北（HB）、四川（SC）、贵州（GZ）、云南（YN）、西藏（XZ）、福建（FJ）、台湾（TW）、广东（GD）、广西（GX）。

臧穆 1980；李学禹 1983；姜守忠 1984；顾龙云 1986；刘正南 1986；应建浙等 1987；杨文胜 1990；缪建泉 1991；邸铁锁 1993；蒋长玶等 1993；贾菊生和胡守智 1994；刁治民 1995；李晓虹和刘德容 1995；刘正南和郑淑芳 1996；郭林 2000a；旺姆等 2001；Zhuang & Wei 2005；戴玉成和杨祝良 2008；王宽仓等 2009；赵震宇和郭庆元 2012。

芦苇粒黑粉菌

Ustilago phragmitis Hirschh., Las Ustilaginales de la Flora Argentina p. 530. 1986.

吉林（JL）、辽宁（LN）；朝鲜。

郭林 2000a。

蜂窝状黑粉菌

Ustilago scrobiculata Liro, Ann. Acad. Sci. Fenn. Ser. A 17 (no. 1): 68. 1924.

吉林（JL）、内蒙古（NM）；丹麦、芬兰、法国、俄罗斯、瑞典。

郭林 2000a。

疣孢黑粉菌

Ustilago serpens (P. Karst.) B. Lindeb., Symb. Bot. Upsal. 16 (no. 2): 133. 1959.

Tilletia serpens P. Karst., Fungi Fenniae Exsiccati Fasc. 6 (nos 500-600): no. 599. 1866.

山西（SX）、宁夏（NX）、甘肃（GS）、新疆（XJ）、江苏（JS）、四川（SC）；哈萨克斯坦、丹麦、芬兰、法国、德国、立陶宛、波兰、罗马尼亚、俄罗斯、瑞典、瑞士、英国、加拿大、美国。

郭林 2000a；Zhuang & Wei 2005；沈瑞清等 2007；王宽仓等 2009。

鞭黑粉菌

Ustilago shimadae Sawada, Report of the Department of Agriculture, Government Research Institute of Formosa 87: 34. 1944.

台湾（TW）。

郭林 2000a。

白井黑粉菌

Ustilago shiraiana Henn., Bot. Jb. 28 (3): 260. 1900.

陕西（SN）、江苏（JS）、江西（JX）、重庆（CQ）、云南（YN）、台湾（TW）；印度、日本、俄罗斯、美国。

郭林 2000a；Zhuang & Wei 2005。

散生黑粉菌

Ustilago sparsa Underw., Bull. Torrey Bot. Club 24: 86. 1897.

台湾（TW）。

郭林 2000a。

印度鼠尾粟黑粉菌

Ustilago sporoboli-indici L. Ling, Mycol. Pap. 11: 7. 1945.

四川（SC）；菲律宾。

郭林 2000a。

条形黑粉菌

Ustilago striiformis (Westend.) Niessl, Hedwigia 15: 1. 1876.

Uredo striiformis Westend., Bull. Acad. R. Sci. Belg. Cl. Sci. 18: 406. 1852.

黑龙江（HL）、吉林（JL）、内蒙古（NM）、河北（HEB）、北京（BJ）、陕西（SN）、宁夏（NX）、甘肃（GS）、青海（QH）、新疆（XJ）、四川（SC）、重庆（CQ）；亚美尼亚、阿塞拜疆、格鲁吉亚、印度、伊朗、日本、哈萨克斯坦、土库曼斯坦、乌兹别克斯坦、白俄罗斯、比利时、爱沙尼亚、芬兰、德国、匈牙利、冰岛、意大利、拉脱维亚、立陶宛、摩尔多瓦、荷兰、波兰、罗马尼亚、俄罗斯、西班牙、瑞典、瑞士、乌克兰、英国、加拿大、美国、阿根廷、哥伦比亚、乌拉圭、澳大利亚、新西兰。

郭林和惠友为 1989；郭林 2000a；Zhuang & Wei 2005；王宽仓等 2009。

马唐黑粉菌

Ustilago syntherismae (Schwein.) Peck, Ann. Rep. N.Y. St. Mus. Nat. Hist. 27: 115. 1875.

Caeoma syntherismae Schwein., Trans. Am. Phil. Soc. New Series 4 (2): 290. 1834.

吉林（JL）、辽宁（LN）、河北（HEB）、北京（BJ）、山西（SX）、山东（SD）、陕西（SN）、江苏（JS）、四川（SC）、云南（YN）；阿塞拜疆、印度、日本、哈萨克斯坦、巴基斯坦、乌兹别克斯坦、丹麦、德国、意大利、波兰、罗马尼亚、俄罗斯、瑞士、乌克兰、刚果（金）、刚果（布）、肯尼亚、塞拉利昂、乌干达、加拿大、墨西哥、美国、阿根廷、巴西、哥伦比亚、乌拉圭、澳大利亚。

杜复等 1983；李晓虹和刘德容 1995；郭林 2000a；Zhuang & Wei 2005。

碱草黑粉菌

Ustilago trebouxii Syd. & P. Syd., Annls Mycol. 10 (2): 214. 1912.

青海（QH）；伊朗、吉尔吉斯斯坦、俄罗斯、美国。

郭林 2000a；Zhuang & Wei 2005。

稗黑粉菌

Ustilago trichophora (Link) Kunze, Flora Regensburg 13: 369. 1830.

Caeoma trichophorum Link, in Willdenow, Willd., Sp. Pl. Edn 4 6 (2): 3. 1825.

吉林（JL）、北京（BJ）、陕西（SN）、宁夏（NX）、新疆（XJ）、江苏（JS）、四川（SC）、云南（YN）；阿塞拜疆、印度、日本、哈萨克斯坦、朝鲜、巴基斯坦、土库曼斯坦、乌兹别克斯坦、匈牙利、罗马尼亚、俄罗斯、西班牙、乌克兰、刚果（金）、刚果（布）、埃及、摩洛哥、苏丹、墨西哥、美国、阿根廷、南斯拉夫。

郭林和惠友为 1989；郭林 2000a；Zhuang & Wei 2005。

土库曼黑粉菌

Ustilago turcomanica Tranzschel, in Tranzschel & Serebrianikow, Mycotheca Rossica Fascicle 6 & 7 1: no. 4. 1910.

新疆（XJ）。

Zhuang & Wei 2005。

蓼黑粉菌

Ustilago utriculosa (Nees) Tul. & C. Tul., Annls Sci. Nat. Bot., sér. 3 7: 102. 1847.

Caeoma utriculosum Nees, Syst. Pilze p. 14. 1816.

山西（SX）、新疆（XJ）。

郭林和惠友为 1989；李晓虹和刘德容 1995。

参考文献*

白宏彩, 王生荣. 1993. 我国黑粉菌一新记录种——什瓦茨曼楔孢黑粉菌. 真菌学报, 12 (3): 251-252.
卜宁, 江晓路. 1996. 高尔山的野生食 (药) 用真菌. 中国食用菌, 15 (2): 22-24.
曹支敏, 李振岐. 1999. 中国锈菌新记录. 西北林学院学报, 14 (4): 45-52.
曹支敏, 杨俊秀, 田呈明, 李振岐. 1996. 秦岭树木锈菌. 西北林学院学报, 11 (1): 91-98.
陈守常. 1984. 云杉球果锈病//中国林业科学院. 中国森林病害. 北京: 中国林业出版社: 51-53.
陈素真, 郭林. 2011. 海南隔担菌二新种. 菌物学报, 30 (6): 861-864.
陈锡林, 熊耀康, 吕圭源, 浦锦宝, 李爱平. 2000. 浙江菌类药资源调查及利用研究初报. 中国野生植物资源, 19 (1): 24-26, 29.
陈振佳. 1998. 中国咖啡锈菌 (*Hemileia vastatrix*) 生理小种研究. 菌物系统, 17 (1): 21-28.
谌谟美. 1979. 中国喜马拉雅区系中的一些真菌新种和新记录. 植物病理学报, 9 (1): 25-30.
谌谟美. 1982. 中国喜马拉雅区系中的一些真菌新种和新记录 (续). 植物病理学报, 12 (1): 27-32.
谌谟美. 1984. 金锈科 (Chrysomyxaceae) 的一新属——束梗锈属 (*Stilbechrysomyxa* Chen gen. nov.). 林业科学, 20 (3): 267-271.
戴芳澜. 1973. 锈菌的两个新种. 植物分类学报, 11: 343-345.
戴芳澜. 1979. 中国真菌总汇. 北京: 科学出版社: 1-1527.
戴玉成, 杨祝良. 2008. 中国药用真菌名录及部分名称的修订. 菌物学报, 27 (6): 801-824.
戴玉成, 周丽伟, 杨祝良, 文华安, 图力古尔, 李泰辉. 2010. 中国食用菌名录. 菌物学报, 2-9 (1): 1-21.
邓叔群. 1963. 中国的真菌. 北京: 科学出版社: 1-808.
邸铁锁. 1993. 舒筋散药用蘑菇. 食用菌, 15 (5): 3-4.
刁治民. 1995. 青海药用蕈菌种类. 青海科技, 2 (4): 1-5.
杜复, 刘波, 李宗英, 袁丕钢. 1983. 山西大学生物系真菌名录 (续二). 山西大学学报 (自然科学版), 1983 (3): 75-91.
段定仁, 何宏珍. 1984. 海南岛玉米上的多堆柄锈菌. 真菌学报, 3 (2): 125-126.
葛起新, 徐同. 1983. 我国樟科楠木属上锈菌新变种——紫楠锈菌. 真菌学报, 2: 210-212.
弓明钦. 1988. 海南岛主要林木锈病//中国林学会. 第三届全国林病学术讨论会论文摘要集: 17-18.
顾龙云. 1986. 甘肃药用真菌. 中国食用菌, (4): 17-18.
郭林. 1989. 神农架锈菌//中国科学院神农架真菌地衣考察队. 神农架真菌与地衣. 北京: 世界图书出版公司: 107-156.
郭林. 1998. 孢堆黑粉菌属三个新组合及中国黑粉菌补遗 VIII (英文). 菌物系统, 17 (1): 1-3.
郭林. 1999. 广西孢堆黑粉菌新种 (黑粉菌目) (英文). 菌物系统, 18 (3): 234-235.
郭林. 2000a. 中国真菌志 第十二卷 黑粉菌科. 北京: 科学出版社.
郭林. 2000b. 黄金茅孢堆黑粉菌新记录种 (英文). 菌物系统, 19 (3): 420-421.
郭林. 2006a. 王氏条黑粉菌新种 (条黑粉菌目) (英文). 菌物学报, 25 (3): 366-367.
郭林. 2006b. 寸草黑粉菌新种 (黑粉菌目) (英文). 菌物学报, 25 (2): 161-162.
郭林. 2011. 中国真菌志 第三十九卷 腥黑粉菌目 条黑粉菌目及相关真菌. 北京: 科学出版社.
郭林, 惠友为. 1989. 新疆黑粉菌的初步研究. 真菌学报, 8 (4): 273-278.
郭林, 王宽仓. 1992. 中国黑粉菌补遗Ⅳ. 真菌学报, 11 (4): 324-325.
何秉章, 侯伟宏, 刘乃诚, 邵力平, 薛煜, 由锁柱. 1995. 云杉芽锈病的研究. 东北林业大学学报, 23 (4): 111-114.
何双辉, 郭林. 2008. 异孢炭黑粉菌 (黑粉菌目)——中国新记录种 (英文). 菌物学报, 27 (1): 143-144.
惠友为, 赵震宇. 1989. 新疆黑粉菌目一新种. 真菌学报, 8 (3): 195-197.
贾菊生, 胡守智. 1994. 新疆经济植物真菌病害志. 乌鲁木齐: 新疆科技卫生出版社.
姜守忠. 1984. 贵州药用真菌初步研究. 贵州师范大学学报 (自然科学版), (1): 61-72.
蒋长坪, 欧珠次旺, 卯晓岚. 1993. 西藏地区的药用真菌. 食用菌, 15 (5): 2-3.
景耀, 王培新. 1988. 马尾松疱锈病菌及转主寄生的研究. 真菌学报, 7: 112-115.
景耀, 王培新, 陈辉, 陈育民. 1985. 马尾松疱锈病的初步调查研究. 林业科技通讯, 12: 23-26.
鞠国柱. 1984. 樟子松疱锈病//中国林业科学研究院. 中国森林病害. 北京: 中国林业出版社: 32-33.
蒯元章, 夏志松. 1986. 桑赤锈病的侵染循环、发展规律和防治方法. 山东蚕业, 1986: 25-29.
李建宗, 陈三茂, 但新求. 2006. 舜皇山自然保护区的大型真菌资源. 生命科学研究, 10 (3): 278-281.

---

* 为保持史料原貌，编者（出版者）对史料中因时代背景、政治立场不同而形成的称谓等，在引用时未做处理，相信读者通过研读，对编者（出版者）立场自有明鉴。

李世全. 1984. 秦巴山区药用真菌资源分布. 食用菌, 6 (2): 3-4.
李晓虹, 刘德容. 1995. 山西省寄生真菌的研究. 山西大学学报 (自然科学版), (2): 194-199.
李学禹. 1983. 新疆药用及食用真菌. 石河子农学院学报, (创刊号): 57-63.
李跃进, 何晓兰, 李泰辉. 2010. 中国食用菌已知科属的系统排列. 食用菌学报, 17 (3): 78-86.
李振岐, 商鸿生. 1989. 小麦锈病及其防治. 上海: 上海科学技术出版社: 1-237.
李宗英. 1985. 山西绛县真菌调查报告 (Ⅰ). 山西大学学报 (自然科学版), (4): 83-89.
刘世骐. 1984. 松瘤锈病//中国林业科学研究院. 中国森林病害. 北京: 中国林业出版社: 25-27.
刘惕若, 李庆孝. 1981. 香蒲黑粉菌 (*Ustilago* sp.). 黑龙江八一农垦大学学报, (1): 1-2.
刘铁志, 尚衍重, 侯振世. 2004. 内蒙古赤峰地区的锈菌 Ⅰ. 柄锈菌属和单胞锈菌属. 菌物研究, 2 (3): 12-17.
刘铁志, 尚衍重, 侯振世. 2006. 内蒙古赤峰地区的锈菌 Ⅱ. 鞘锈菌属等 8 属. 菌物研究, 4 (1): 49-52.
刘铁志, 田慧敏, 侯振世. 2014a. 内蒙古的锈菌 Ⅰ. 胶锈菌和单胞锈菌. 内蒙古农业大学学报(自然科学版), 35 (6): 54-59.
刘铁志, 文静, 田慧敏, 杨晓坡. 2017. 内蒙古白粉菌 4 个新记录种. 菌物研究, 15 (2): 112-115.
刘铁志, 杨晓坡, 庄剑云. 2014b. 中国禾本科植物上的柄锈菌属一新种和一新记录. 菌物学报, 33 (4): 773-776.
刘铁志, 庄剑云. 2018. 中国锈菌五个新式样种. 菌物学报, 37 (6): 685-692.
刘伟成. 1993. 鸢尾柄锈菌一新变种及柄锈属国内一新记录. 真菌学报, 12 (3): 187-189.
刘伟成, 宋镇庆, 白金铠. 1991. 东北地区柄锈属的分类研究. 沈阳农业大学学报, 22 (4): 305-311.
刘文霞, 尚衍重, 侯振世, 邹晓林. 2006. 栅锈菌属的一个中国新记录种. 菌物学报, 25 (4): 686-687.
刘振坤, 郭林. 1984. 梭梭锈菌新种. 真菌学报, 4 (2): 93-94.
刘振钦, 孙良发. 1991. 锈菌目//李茹光. 吉林省真菌志第一卷 担子菌亚门. 长春: 东北师范大学出版社: 23-83.
刘正南. 1986. 东北经济真菌资源调查. 食用菌, 8 (6): 9-11.
刘正南, 郑淑芳. 1996. 中国药用真菌的现状和种质资源. 中国食用菌, 15 (5): 20-22.
刘正南, 郑淑芳, 邵玉华. 1981. 东北树木病害菌类图志. 北京: 科学出版社: 1-194.
吕国忠, 杨红, 孙晓东, 杨瑞秀, 赵志慧. 2004. 在豚草上发现的一个锈菌中国新记录种. 菌物学报, 23 (2): 310-311.
缪建泉. 1991. 福建省药用真菌. 中国食用菌, 48 (2): 33.
潘学仁, 薛煜. 1991. 中国松针锈病病原菌鞘锈菌研究现状及问题. 东北林业大学学报, 19: 85-93.
潘学仁, 薛煜. 1992. 一种短循环型鞘锈菌新记录. 真菌学报, 11: 247-248.
裴明浩, 尚衍重. 1984. 青杨叶锈病 (*Melampsora larici-populina* Kleb.) 的研究. 东北林学院学报, 12 (2): 40-51.
戚佩坤. 1994. 广东省栽培药用植物真菌病害志. 广州: 广东科技出版社: 1-275.
任玮. 1956. 昆明附近的森林植物锈菌. 云南大学学报 (自然科学部分), 1956: 140-158.
尚衍重, 李荣禧, 王东升. 1990. 栅锈菌属一新种. 真菌学报, 9 (2): 109-112.
尚衍重, 裴明浩. 1984. 山杨叶锈病 (*Melampsora larici-tremulae* Kleb.) 的研究. 东北林学院学报, 12 (1): 47-55.
邵力平. 1980. 柱锈菌的演化//中国植物学会真菌学分会 1980 年学术报告会论文摘要汇编. 北京: 中国植物学会真菌学分会: 20.
邵力平. 1988. 中国东北的针叶锈病. 林学会刊, 10: 102-105.
邵力平. 1990. 中国针叶树真菌病//第三届全国真菌地衣学术讨论会学术报告及论文摘要汇编. 北京: 中国植物学会真菌学会: 76-81.
邵力平, 姜志贵, 张连有. 1980. 红松疱锈病病原菌的鉴定. 林业科学, 16: 279-282.
邵力平, 鞠国柱. 1979. 中国三种松疱锈病菌 *Cronartium* spp.孢子表面形态的扫描电镜观察. 东北林学院学报, 2: 57-60.
邵力平, 鞠国柱, 何秉章, 潘学仁. 1979. 红松疱锈病的研究. 林业科学, (2): 119-124.
邵力平, 薛煜, 王振华, 柴民. 1989. 兴凯湖松瘤锈病损失量的研究. 东北林业大学学报, 17: 1-5.
沈瑞清, 商鸿生, 查仙芳, 南宁丽, 王宽仓. 2007. 宁夏菌物物种多样性研究. 西北农林科技大学学报 (自然科学版), 35 (11): 129-134.
苏丽涛. 2005. 以档案信息为依据编研长白山野生食用真菌资源. 通化师范学院学报, 26 (6): 76-77.
孙发仁, 张冬梅, 张世凤, 李新成, 高俊杰. 1997. 徂徕山野生食 (药) 用真菌调查初报. 中国食用菌, 16 (3): 23-25.
田泽君, 赵定全, 杨庆和. 1980. 川西高山林区人工更新幼林中的锈菌种类调查. 四川林业科技, 1980 (2): 53-56.
王东升, 刘峰, 田茂兴. 2009. 纳板河自然保护区药用真菌的初步调查研究. 中国林副特产, 98 (1): 79-82.
王宽仓, 查仙芳, 沈瑞清. 2009. 宁夏荒漠菌物志. 银川: 黄河出版传媒集团, 宁夏人民出版社.
王生荣. 1997. 民勤沙生植物园病害调查研究. 甘肃林业科技, (1): 17-20.
王生荣, 郭林. 2002. 楔孢黑粉菌中国新记录种 (英文). 菌物系统, 21 (3): 452-453.
王云章. 1951. 中国锈菌索引. 北京: 中国科学院发行: 1-155.
王云章. 1965. 禾本科植物锈菌新种. 植物分类学报, 10: 291-299.
王云章, 郭林. 1985. 中国胶锈属的分类研究. 真菌学报, 4: 24-35.
王云章, 韩树金, 魏淑霞, 郭林, 谌谟美. 1980. 中国西部锈菌新种. 微生物学报, 20 (1): 16-28.
王云章, 魏淑霞. 1983. 中国禾本科植物锈菌分类研究. 北京: 科学出版社: 1-92.
王云章, 吴兴邦, 李滨. 1987. 金锈菌属一新种——祁连金锈菌. 真菌学报, 6 (2): 86-88.
王云章, 应建浙, 卯晓岚. 1985. 天山托木尔峰地区的真菌名录//中国科学院登山科学考察队. 天山托木尔峰地区的生物. 乌鲁木齐: 新疆人民出版社: 282-327.
王云章, 臧穆. 1983. 西藏真菌. 北京: 科学出版社: 1-226.
王云章, 庄剑云, 李滨. 1983. 中国锈菌新种. 真菌学报, 2 (1): 4-11.

旺姆，次央，贡布扎西. 2001. 西藏农作物病原真菌的区域分化初探. 菌物系统, 20 (4): 556-560.
魏淑霞，王云章. 1986. 中国菊科植物柄锈属分类研究. 真菌学报，增刊 1: 185-226.
魏淑霞，庄剑云. 1997. 秦岭地区的锈菌名录//卯晓岚，庄剑云. 秦岭真菌. 北京: 中国农业科技出版社: 24-83.
吴兴邦，袁振西，屠震栋，徐秉良，朱建兰，李培荣. 1987. 青海云杉锈菌的研究. 植物病理学报, 17: 106-110.
夏志松，蒯元章，钱月初，梅国荣. 1981. 太湖地区桑赤锈病侵染循环的调查. 桑业科学, 7: 1-7.
小五台山菌物科学考察队. 1997. 河北小五台山菌物. 北京: 中国农业出版社: 103-133.
徐彪. 2011. 新疆荒漠真菌识别手册. 北京：中国农业出版社:1-182.
徐彪，张利莉，赵震宇. 2008a. 新疆荒漠植物的锈菌Ⅰ. 豆科和藜科植物上的单胞锈菌. 菌物学报, 27 (6): 825-831.
徐彪，赵震宇，张利莉. 2008b. 柄锈菌属一中国新记录种. 菌物学报, 27 (5): 763-764.
徐凌川，张华，李自发，许昌盛. 2006. 山东省大型真菌生物多样性及资源保护与可持续利用. 中国食用菌, 25 (2): 12-16.
薛煜. 1992. 盖痂锈属 (*Thekopsora*) 新记录种. 植物研究, 12 (2): 157-159.
薛煜. 1995. 东北林区锈菌与锈病. 哈尔滨: 东北林业大学出版社: 1-153.
薛煜，邵力平. 1995. 鞘锈菌属一新种. 真菌学报, 14 (4): 248-249.
严进，吴品珊，施宗伟，巫燕. 2006. 中国鞘锈菌属一新记录种. 菌物学报, 25 (2): 327-328.
杨文胜. 1990. 包头地区的食用和药用真菌. 食用菌, 12 (6): 4-5.
杨文胜，王建国. 1988. 内蒙古呼伦贝尔盟食用和药用真菌调查初报. 中国食用菌, 7 (6): 25-26.
杨又迪. 1994. 豆薯层锈菌引起的大豆锈病//中华人民共和国农业部科技司，中国农业科学院油料作物研究所. 大豆锈病研究进展. 武汉: 湖北科学技术出版社: 1-22.
杨志鹏，郭林，何晓兰，李玉. 2007. 中国黑粉菌新记录种——蚊子草条黑粉菌. 菌物学报, 26 (3): 463-464.
杨晓坡，刘铁志，庄剑云. 2018. 中国柄锈菌科三个新记录种. 菌物学报, 37 (2): 262-272.
应建浙，卯晓岚，马启明，宗毓臣，文华安. 1987. 中国药用真菌图鉴. 北京: 科学出版社.
余卓桐. 1989. 咖啡锈病//农业部农垦局热作处. 中国热带作物病虫图谱. 北京: 农业出版社: 1-2.
余子林，谈宇俊，孙永亮. 1994. 中国大豆锈病分布及危害//中华人民共和国农业部科技司，中国农业科学院油料作物研究所. 大豆锈病研究进展. 武汉: 湖北科学技术出版社: 29-35.
喻璋，任国兰. 1993. 河南锈菌新记录//中国菌物学会成立大会学术讨论会论文及论文摘要. 北京: 中国菌物学会: 84-85.
袁秀英，韩艳洁. 2000. 单胞锈菌属一新记录种. 菌物系统, 19 (2): 295.
苑健羽. 1981. 落叶松褐锈病的研究 I. 夏孢子的发生及其形态鉴定. 植物病理学报, 11: 57-60.
臧穆. 1980. 滇藏高等真菌的地理分布及其资源评价. 云南植物研究, 2 (2): 152-187.
臧穆，李滨，郗建勋. 1996. 横断山区真菌. 北京: 科学出版社: 1-598.
泽田兼吉. 1919. 台湾产菌类调查报告 第一篇. 台湾农事实验场特别报告 第 19 号: 1-695.
泽田兼吉. 1922. 台湾产菌类调查报告 第二篇. 台湾农业部门报告 第 2 号: 1-173.
泽田兼吉. 1927. 台湾产菌类调查报告 第三篇. 台湾农业部门报告 第 27 号: 1-62.
泽田兼吉. 1928. 台湾产菌类调查报告 第四篇. 台湾农业部门报告 第 35 号: 1-123.
泽田兼吉. 1931. 台湾产菌类调查报告 第五篇. 台湾农业部门报告 第 51 号: 1-131.
泽田兼吉. 1933. 台湾产菌类调查报告 第六篇. 台湾农业部门报告 第 61 号: 1-99.
泽田兼吉. 1942. 台湾产菌类调查报告 第七篇. 台湾农业部门报告 第 83 号: 1-159.
泽田兼吉. 1943a. 台湾产菌类调查报告 第八篇. 台湾农业部门报告 第 85 号: 1-131.
泽田兼吉. 1943b. 台湾产菌类调查报告 第九篇. 台湾农业部门报告 第 86 号: 1-178.
泽田兼吉. 1944. 台湾产菌类调查报告 第十篇. 台湾农业部门报告 第 87 号: 1-93.
章祖纯. 1916. 北平附近发生最盛之植物病害调查. 农商部中央农事试验场第三期成绩报告: 16.
赵震宇. 1980. 新疆沙生植物的寄生菌. 八一农学院学报, 1980 (3): 60-70.
赵震宇. 1981. 新疆沙漠植物的寄生菌 (续). 新疆农业大学学报, 1981 (1): 11-15.
赵震宇. 1985. 新疆醉马芨芨草上柄锈菌属一新种. 真菌学报, 4: 35-37.
赵震宇，郭庆元. 2012. 新疆植物病害识别手册. 北京: 中国农业出版社.
赵震宇，姜本华. 1986. 新疆胶锈菌属分类的研究 (一). 八一农学院学报, 1986 (2): 30-33.
郑怀真. 1986. 关于黑龙江、吉林有无甜菜锈病发生的调查报告. 植物检疫, 1986: 4-5.
周彤燊，陈玉惠. 1994. 云南油杉枝锈病一新病原——油杉被孢锈 (新种). 真菌学报, 13 (2): 88-91.
周巍，李纯，周颖，尹建. 2006. 豫南地区野生食药用真菌生态分布初探. 食用菌, 28 (1): 6-7.
周繇. 2003. 长白山区野生食用真菌资源调查研究及其开发利用. 中国食用菌, 22 (1): 8-9.
周以良. 1955. 中国东北三孢锈菌属的研究. 植物分类学报, 3: 369-372.
周宗璜，刘振钦. 1982. 知母上一种新的锈菌. 植物病理学报, 12: 37-38.
庄剑云. 1984. 南迦巴瓦峰地区锈菌区系概貌. 山地研究, 2(3): 198-203.
庄剑云. 1985. 东喜马拉雅山地重要经济植物锈病. 山地研究. 3(4): 311-316.
庄剑云，魏淑霞. 2016a. 中国无性型锈菌新资料 I. 春孢子阶段的几个式样种. 菌物学报, 35: 1468-1474.
庄剑云，魏淑霞. 2016b. 中国无性型锈菌新资料 II. 夏孢子阶段的一些式样种. 菌物学报, 35: 1475-1484.
庄剑云，魏淑霞，王云章. 1998. 中国真菌志 第十卷 锈菌目 (一). 北京: 科学出版社: 1-335.

庄剑云，魏淑霞，王云章. 2003. 中国真菌志 第十九卷. 锈菌目（二）. 北京：科学出版社：1-324.
庄剑云，魏淑霞，王云章. 2005. 中国真菌志 第二十五卷. 锈菌目（三）. 北京：科学出版社：1-183.
庄剑云，魏淑霞，王云章. 2012. 中国真菌志 第四十一卷. 锈菌目（四）. 北京：科学出版社：1-254.
Azbukina ZM, Zhuang JY. 2011. Urediniomycetes: Uredinales. *In*: Li Y & Azbukina ZM. Fungi of Ussuri River Valley. Beijing: Science Press: 1-330.
Balfour-Browne FL. 1955. Some Himalayan fungi. Bull. Brit. Mus. (Nat. Hist.) Bot., 1: 189-218.
Brongniart AT. 1824. Mycologie. Dict. Sci. Nat., 33: 492-588.
Cao ZM, Li ZQ, Zhuang JY. 2000a. Uredinales from the Qinling Mountains. Mycosystema, 19 (1): 13-23.
Cao ZM, Li ZQ, Zhuang JY. 2000b. Uredinales from the Qinling Mountains. Continued I. Mycosystema, 19 (2): 181-192.
Cao ZM, Li ZQ, Zhuang JY. 2000c. Uredinales from the Qinling Mountains. Continued II. Mycosystema, 19 (3): 312-316.
Chen ZC. 1980. Additional materials for a rust-flora of Taiwan. Taiwania, 25 (1): 185-186.
Chen ZC, Hu TL, Koyama T. 1980. A preliminary survey of Uredinales on Formosan Gramineae. Taiwania, 25: 152-165.
Chen ZC, Koyama. 1980. *Puccinia kraussiana* (Uredinales) on *Heterosmilax gaudichaudiana*, a new record of rust in eastern Asia. Bot. Mag. Tokyo, 93: 95-99.
Clements FE, Shear CL. 1931. The Genera of Fungi. New York: The H.W. Wilson Company: 1-496.
Crane PE. 2005. Rust fungi on rhododendrons in Asia: *Diaphanopellis forrestii* gen. et sp. nov., new species of *Caeoma*, and expanded descriptions of *Chrysomyxa dietelii* and *C. succinea*. Mycologia, 97 (2): 534-548.
Cummins GB. 1949. New species of *Puccinia* on Lauraceae from China. Bull. Torrey Bot. Club, 76 (1): 31-38.
Cummins GB. 1950. Uredinales from continental China collected by S.Y. Cheo. I. Mycologia, 42: 779-797.
Cummins GB. 1951. Uredinales from continental China collected by S.Y. Cheo. II. Mycologia, 43: 78-98.
Cummins GB. 1959. Illustrated Genera of Rust Fungi. Minneapolis: Burgess Publ. Com.: 1-131.
Cummins GB, Hiratsuka Y. 1983. Illustrated Genera of Rust Fungi. Rev. ed. Minnesota: Published by the American Phytopathological Society, St. Paul: 1-152.
Cummins GB, Hiratsuka Y. 2003. Illustrated Genera of Rust Fungi. 3rd ed. Minnesota: Published by the American Phytopathological Society, St. Paul: 1-225.
Dietel P. 1900. Uredinales. *In*: Engler, Prantl. Natürliche Pflanzenfamilien. I. Teil. Abt, 1: 546-553.
Dietel P. 1928. Uredinales. *In*: Engler, Prantl. Die Natürlichen Pflanzenfamilien. 2. Aufl., 6: 24-98.
Doidge EM. 1926. A preliminary study of the South African rust fungi I. Bothalia, 2 (Part Ia): 1-228.
Dumée P, Maire R. 1902. Remarques sur le *Zaghouania phillyreae* Pat. Bull. Soc. Myc. Fr., 18: 17-25.
Durrieu G. 1980. Uredinales du Nepal. Crypt. Mycol., 1: 33-68.
Engler A, Prantl K. 1897. Die Natürlichen Pflanzenfamilien. I. Teil. Abt., 1: 1-513.
Gäumann E. 1949. Die Pilze. Grundzüge ihrer Entwicklungsgeschichte und Morpho-logie. Basel: Birkhauser: 1-382.
Gäumann E. 1959. Die Rostpilze Mitteleuropas. Bern: Buchdruckerei Buechler & Co: 1-1407.
Gäumann E. 1964. Die Pilze. Grundzüge Ihrer Entwicklungsgeschichte und Morphologie. Birkhaeuser Verlag Basel und Stuttgart: 1-541.
Guo L. 2005. Two new species of *Urocystis* (Urocystales) from China. Mycotaxon, 92: 269-272.
Guo L, Wang YC. 1986. Taxonomic study of the genus *Uromyces* from China. Acta Mycological Sinica, 1986 (Suppl. 1): 107-148.
Hawksworth DL. 1991. The fungal dimension of biodiversity: magnitude, significance, and conservation. Mycol. Res., 95: 641-655.
Hawksworth DL, Kirk DM, Sutton BC, Pegler DN. 1995. Ainsworth & Bisby's Dictionary of the Fungi. 8th ed. CAB International: 1-616.
Hawksworth DL, Sutton BC, Ainsworth GC. 1983. Ainsworth & Bisby's Dictionary of the Fungi. 7th ed. Commonwealth Agricultural Bureaux: 1-445.
Hernández JR, Cline ET. 2010. *Goplana dioscoreae-alatae* nom. nov. and other Uredinales on Dioscoreaceae: nomenclature and taxonomy. Mycotaxon, 111: 263-268.
Hiratsuka N. 1937. Miscellaneous notes on the East-Asiatic Uredinales with special reference to the Japanese species I. J. Jap. Bot., 13: 244-251.
Hiratsuka N. 1941a. Materials for a rust flora of Formosa. Bot. Mag. Tokyo., 55: 267-273.
Hiratsuka N. 1941b. Materials for a rust flora of Manchoukuo. I. Trans. Sapporo Nat. Hist. Soc., 16: 193-208.
Hiratsuka N. 1942. Materials for a rust flora of Manchoukuo. II. Trans. Sapporo Nat. Hist. Soc., 17: 77-81.
Hiratsuka N. 1943. Uredinales of Formosa. Mem. Tottori Agric. Coll., 7: 1-90.
Hiratsuka N, Chen ZC. 1942. A list of Uredinales collected from Taiwan. Transactions of the Mycological Society of Japan, 32: 3-22.
Hiratsuka N, Hashioka Y. 1933. Uredinales collected from Formosa. I. Trans.Tottori Soc. Agric. Sci., 3: 156-165.
Hiratsuka N, Hashioka Y. 1934. Uredinales collected from Formosa. II. Bot. Mag. Tokyo, 48: 233-240.
Hiratsuka N, Hashioka Y. 1935a. Uredinales collected from Formosa. III. Bot. Mag. Tokyo, 49: 19-26.
Hiratsuka N, Hashioka Y. 1935b. Uredinales collected from Formosa. IV. Bot. Mag. Tokyo, 49: 520-524.
Hiratsuka N, Hashioka Y. 1935c. Uredinales collected from Formosa. V. Trans.Tottori Soc. Agric. Sci., 5: 237-244.
Hiratsuka N, Hashioka Y. 1937. Uredinales collected from Formosa. VI. Bot. Mag. Tokyo, 51: 41-47.
Hiratsuka N, Sato S, Katsuya K, Kakishima M, Hiratsuka Y, Kaneko S, Ono Y, Sato T, Harada Y, Hiratsuka T, Nakayama K. 1992. The Rust Flora of Japan. Tsukuba Shuppankai: 1-1205.
Hiratsuka Y, Cummins GB. 1963. Morphology of the spermogonia of the rust fungi. Mycologia, 55: 487-507.
Jaczewski A, Komarov WL, Tranzschel W. 1895-1899. Fungi Rossiae Exsiccati. no. 1-350.
Jing Y, Li WH, Zhao SG. 1995. Study on pine rusts in Northwest China. Proc. Tsukuba: 4th IUFRO Rusts of Pines Working Party Conf: 37-41.
Jing Y, Wang PX. 1991. A study on the blister rust of *Pinus massoniana* of China. *In*: Hiratsuka Y, Samoil JK, Blenis PV, Crane PE, Laishley BL. Rusts of Pine. Edmonton: Forestry Canada: 302-312.
Jørstad I. 1954. The rusts on Gentiana and Gentianella. Nytt. Mag. Bot., 3: 103-115.
Jørstad I. 1959. On some Chinese rusts chiefly collected by Dr. Harry Smith. Arkiv Bot. Ser. 2, 4: 333-370.
Kaneko S. 1981. The species of *Coleosporium*, the causes of pine needle rusts, in the Japanese Archipelago. Rept. Tottori Mycol. Inst., 19: 1-159.

Keissler K, Lohwag H. 1937. Fungi. *In*: Handel-Mazzetti H. Symbolae Sinicae. II. Julius Springer, Vienna: 1-79.
Kirk PM, Cannon PF, David JC, Stalpers JA. 2001. Ainsworth & Bisby's Dictionary of the Fungi. 9th ed. Commonwealth Agricultural Bureaux: 1-655.
Kirk PM, Cannon PF, Minter DW, Stalpers JA. 2008. Ainsworth & Bisby's Dictionary of the Fungi. 10th ed. CAB International: 1-771.
Lee SK, Kakishima M, Zhuang JY. 1999. A new rust species of *Roestelia* on Sorbus collected in China. Mycoscience, 40 (5): 437-440.
Leppik E. 1972. Evolutionary specialization of rust fungi (Uredinales) on the Leguminosae. Ann. Bot. Fenn., 9: 135-148.
Li B. 1986a. New species of Uredinales from Henduan Mountains. Acta Mycol. Sin., Suppl. 1: 159-165.
Li B. 1986b. A new species of the genus *Uromyces* (Uredinales). Acta Mycol. Sin., Suppl. 1: 166-168.
Li B. 1988. A taxonomic study of *Puccinia* on Polygonaceae from China. Mycosystema, 1: 149-177.
Li B. 1989. A taxonomic study on the *Puccinia* species on the Umbelliferae in China. Mycosystema, 2: 199-216.
Li Z, Zhuang JY. 2005. The occurrence of *Puccinia monticola* Kom. and *Puccinia sjuzevii* Tranzschel & Erem. in China. Mycosystema, 24 (4): 597-599.
Liou TN, Wang YC. 1934. Materials for study on rusts of China I. Peiping: Contr. Inst. Bot. Natl. Acad., 2: 151-164.
Liou TN, Wang YC. 1935a. Materials for study on rusts of China II. Peiping: Contr. Inst. Bot. Natl. Acad., 3: 17-39.
Liou TN, Wang YC. 1935b. Materials for study on rusts of China III. Peiping: Contr. Inst. Bot. Natl. Acad., 3: 347-364.
Liou TN, Wang YC. 1935c. Materials for study on rusts of China IV. Peiping: Contr. Inst. Bot. Natl. Acad., 3: 403-411.
Liou TN, Wang YC. 1935d. Materials for study on rusts of China V. Peiping: Contr. Inst. Bot. Natl. Acad., 3: 433-451.
Liou TN, Wang YC. 1936. Materials for study on rusts of China VI. Chin. J. Bot., 1: 69-82.
Liro JI. 1908. Uredineae fennicae. Bidr. till Kannedom af Finlands Naturoch Folk, 65: 1-640.
Liu TZ, Zhuang JY. 2015. A new species of *Puccinia* and a new variety of *P. acetosae* from Inner Mongolia, China. Mycosystema, 35 (5): 549-552.
Liu TZ, Zhuang JY, Yang XP. 2016a. A new variety and a new Chinese record of *Uromyces* on Fabaceae. Mycosystema, 35 (12): 1485-1488.
Liu TZ, Zhuang JY, Yang XP. 2016b. A new variety and a new record of *Puccinia* from China. Mycosystema, 35 (12): 1489-1492.
Miyake I. 1912. Studies in Chinese fungi. Bot. Mag. Tokyo, 26: 51-66.
Miyake I. 1913. Studien über Chinensiche Pilze. Bot. Mag. Tokyo, 27: 37-54.
Miyake I. 1914. Über Chinensiche Pilze. Bot. Mag. Tokyo, 28: 37-56.
Ono Y. 2012. *Kuehneola warburgiana* comb. nov. (Phragmidiaceae, Pucciniales), causing witches' brooms on Rosa bracteata. Mycotaxon, 121: 207-213.
Patouillard N. 1886a. Champignons parasites des Phanerogames exotiques. Rev. Mycol., 8: 80-86.
Patouillard N. 1886b. Quelques champignons de la Chine récolté par M. l'abbé Delavay dans la province du Yunnan. Rev. Mycol., 8: 179-182.
Patouillard N. 1889. Le genre *Coleopuccinia*. Rev. Mycol., 11: 35-36.
Persoon CH. 1801. Synopsis Methodica Fungorum. Pars Prima et Secunda. Goettingen, Heinrich Dieterich: 1-706.
Petrak F. 1947. Plantae sinensis a dre. H. Smith annis 1921-1922, 1924 et 1934 lectae XLIV micromycetes. Meddel Goteb. Bot. Tradg., 17: 113-164.
Rabenhorst L. 1844. Deutschlands Kryptogamen-Flora. I. Leipzig: Band. Pilze: 1-614.
Sawada K. 1959. Descriptive Catalogue of Taiwan (Formosan) Fungi XI. *In*: Imazeki R, Hiratsuka N, Asuyama H. Special Publication no. 8. College of Agriculture, Nat. Taiwan Univ.: 1-268.
Shao LP, Xue Y, Wang ZH. 1991. A study of Xingkai Lake pine gall rust. *In*: Hiratsuka Y, Samoil JK, Blenis PV, Crane PE, Laishley BL. Rusts of Pine. Edmonton: Forestry Canada: 319-332.
Sydow H. 1922. Über einige weitere im Südlichen China (Kwangtung-provinz) gesammelte Pilze. Ann. Mycol., 20: 61-65.
Sydow H. 1923. Novae fungorum species XVIII. Ann. Mycol., 21: 342.
Sydow H. 1929. Fungi chinenses. Series prima. Ann. Mycol., 27: 418-434.
Sydow H, Sydow P. 1914. Beitrag zur kenntnis der parasitischen Pilze der Insel Formosa. Ann. Mycol., 12: 105-112.
Sydow P, Sydow H. 1904. Monographia Uredinearum Vol. I. Fratres Borntraeger, Lipsiae: 1-972.
Sydow P, Sydow H. 1910. Monographia Uredinearum Vol. II. Fratres Borntraeger, Lipsiae: 1-396.
Sydow P, Sydow H. 1915. Monographia Uredinearum Vol. III. Fratres Borntraeger, Lipsiae: 1-726.
Sydow P, Sydow H. 1924. Monographia Uredinearum Vol. IV. Fratres Borntraeger, Lipsiae: 1-671.
Tai FL. 1936-1937. A list of fungi hitherto known from China. Sci. Rept. Nat. Tsing Hua Univ. Ser B, 2: 137-165, 191-639.
Tai FL. 1947. Uredinales of western China. Farlowia, 3: 95-139.
Tai FL. 1948. A new species of *Coleopuccinia* with remarks on the genus. Acta Agric., 1: 97-103.
Tai FL, Cheo CC. 1937. Notes on Chinese fungi VIII. Bull. Chin. Bot. Soc., 3: 35-74.
Teng SC. 1938. Additional fungi from China Ⅷ. Sinensia, 9: 219-258.
Teng SC. 1939. A Contribution to Our Knowledge of the Higher Fungi of China. Natl. Inst. Zool. & Bot. Acad. Sinica: 1-614.
Teng SC. 1940. Supplement to higher fungi of China. Sinensia, 2: 105-130.
Teng SC. 1947. Additions to the Myxomycetes and the Carpomycetes of China. Bot. Bull. Acad. Sin., 1: 25-44.
Teng SC, Ou SH. 1937. Additional fungi from China VI. Sinensia, 8: 227-297.
Thirumalachar MJ. 1942. Morphology and parasitism of *Trochodium* sp. nov. J. Indian Bot. Soc., 21: 59-68.
Tian CM, Shang YZ, Zhuang JY, Wang Q, Kakishima M. 2003. Morphological and phylogenetic analysis of poplar rusts in China. Forest Research, 16: 153-160.
Tian CM, Shang YZ, Zhuang JY, Wang Q, Kakishima M. 2004. Morphological and molecular phylogenetic analysis of *Melampsora* species on poplars in China. Mycoscience, (45): 56-66.
Wang M, Zhuang JY. 2005. A new species of *Coleosporium* (Uredinales) occurring on *Myripnois* (Compositae) from North China. Nova Hedwigia, (81): 539-543.
Wang YC. 1938. Les *Puccinia* des Smilax de Chine. Bull. Mus. Paris Ser. 2, 10: 522-526.
Wang YC. 1949. Uredinales of Shensi. Contr. Inst. Bot. Nat. Acad. Peiping, 6: 221-232.
Wei SX. 1988. A taxonomic study of the genus *Phragmidium* of China. Mycosystema, 1: 179-210.
Wei SX. 1990. Species of *Puccinia* on the Labiatae from China. Mycosystema, 3: 43-52.
Wei SX, Zhuang JY. 1989. Additions to the graminicolous rust fungi of China. Mycosystema, 2: 217-220.

Wei SX, Zhuang JY. 1990. A new species of *Puccinia* on Bamboo. Mycosystema, 3: 53-56.
Wei SX, Zhuang JY. 1991. *Puccinia junggarensis*, a new Bromus rust from desert of Xinjiang. Mycosystema, 4: 91-93.
Wei SX, Zhuang JY. 2001. Two new records of *Puccinia* on Umbelliferae in China. Mycosystema, 20: 268-270.
Winter G. 1880. Verzeichniss der im Gebiete von Kochs Synopsis beobachteten Uredineen und ihrer Nährpflanzen. Hedwigia, 19: 33-45, 53-60.
Xu B, Zhao ZY, Zhuang JY. 2013. Rust fungi hitherto known from Xinjiang (Sinkiang), northwestern China. Mycosystema, 32 (Suppl.): 170-189.
Yen JM (Yen WY). 1975. Etude sur les champignons parasites du Sud-East asiatique XXIV. Les Urédinées de Formose. Rev. Mycol. (Paris), 39: 251-267 (issued 1976).
Zhang N, Zhuang JY, Wei SX. 1997. Fungal flora of the Daba Mountains: Uredinales. Mycotaxon, 61: 49-79.
Zhao P, Tian CM, Yao YJ, Hou ZS, Wang Q, Yamaoka Y, Kakishima M. 2013. New records of *Melampsora* species on willows in China. Mycotaxon, 123: 81-89.
Zhao ZY, Zhuang JY. 2007. A new species of *Gymnosporangium* (Uredinales) occurring upon *Sabina vulgaris* Antoine (Cupressaceae). Mycosystema, 26: 321-323.
Zhao ZY, Zhuang JY. 2009. Some noteworthy rust fungi from northwestern China. Mycosystema, 28: 637-640.
Zhou TS, Zhuang JY. 2005. The finding of *Puccinia pelargonii-zonalis* Doidge in China. J. Fung. Res., 3: 50-51.
Zhuang JY. 1983. A provisional list of Uredinales of Fujian Province, China. Acta Mycol. Sin., 2: 146-158.
Zhuang JY. 1986a. Uredinales from East Himalaya. Acta Mycol. Sin., 5: 75-85.
Zhuang JY. 1986b. Uredinales from East Himalaya (continued). Acta Mycol. Sin., 5: 138-155.
Zhuang JY. 1988. Species of *Puccinia* on the Cyperaceae in China. Mycosystema, (1): 115-148.
Zhuang JY. 1989a. Species of *Puccinia* on the Liliiflorae in China. Mycosystema, 2: 175-198.
Zhuang JY. 1989b. Rust fungi from the desert of northern Xinjiang. Acta Mycol. Sin., 8: 259-269.
Zhuang JY. 1990a. *Puccinia* species on Lauraceae: additions and notes on known species. Mycosystema, (3): 29-41.
Zhuang JY. 1990b. Additions to *Aecidium* from China. Acta Mycol. Sin., 9: 191-195.
Zhuang JY. 1991a. A taxonomic revision of the Chinese species of *Puccinia* on the plants belonging to Ranales. Mycosystema, 4: 73-86.
Zhuang JY. 1991b. *Puccinia evodiae-trichotomae*, a new rust on Evodia (Rutaceae) in Hainan. Mycosystema, (4): 87-89.
Zhuang JY. 1992. Notes on Chinese species of *Puccinia parasitic* on Scrophulariales. Mycosystema, 5: 135-153.
Zhuang JY. 1993. Further data on the genus *Uromyces* of China. Mycosystema, 6: 31-37.
Zhuang JY. 1999. Rust fungi from the Altai. J. Anhui Agr. Univ., 26: 261-265.
Zhuang JY, Liu TZ. 2018. Five new form species of rusts from China. Mycosystema, 37 (6): 685-692.
Zhuang JY, Wang SR. 2006. Uredinales of Gansu in northwestern China. J. Fung. Res., 4: 1-11.
Zhuang JY, Wang YC. 1985. Two new species of the genus *Puccinia* (Uredinales). Acta Mycol. Sin., 4: 218-221.
Zhuang JY, Wei SX. 1989. *Puccinia cremanthodii* sp. nov. Acta Mycol. Sin., 8: 270-272.
Zhuang JY, Wei SX. 1992a. Materials for study on rust fungi of eastern rimland of Qinghai-Xizang (Tibet) Plateau I. A new species of *Puccinia* on Bamboo. Mycosystema, 5: 127-130.
Zhuang JY, Wei SX. 1992b. Materials for study on rust fungi of eastern rimland of Qinghai-Xizang (Tibet) Plateau II. Baeodromus, an unrecorded genus in China. Mycosystema, 5: 131-133.
Zhuang JY, Wei SX. 1993. Materials for study on rust fungi of eastern rimland of Qinghai-Xizang (Tibet) Plateau III. Some noteworthy species of *Puccinia*. Mycosystema, 6: 39-46.
Zhuang JY, Wei SX. 1994. An annotated checklist of rust fungi from the Mt. Qomolangma region (Tibetan Everest Himalaya). Mycosystema, 7: 37-88.
Zhuang JY, Wei SX. 1996a. *Uredo cyperi-stoloniferi* found in Xisha Islands. Mycosystema, 8-9: 159-161.
Zhuang JY, Wei SX. 1996b. Materials for study on rust fungi of eastern rimland of Qinghai-Xizang (Tibet) Plateau V. Taxonomic notes on some species of *Puccinia* on Carex and Zingiber. Mycosystema, 8-9: 153-157.
Zhuang JY, Wei SX. 1997. Further studies on the Chinese species of *Puccinia parasitic* on Carex. Mycosystema, 16: 81-87.
Zhuang JY, Wei SX. 1999a. Fungal flora of Tropical Guangxi, China: a preliminary checklist of rust fungi. Mycotaxon, 72: 377-388.
Zhuang JY, Wei SX. 1999b. Materials for study on rust fungi of eastern rimland of Qinghai-Xizang (Tibet) Plateau VI. Two new species of *Puccinia*. Mycosystema, 18: 117-120.
Zhuang JY, Wei SX. 1999c. Additional notes on the Chinese species of *Puccinia*. Mycosystema, 18: 229-233.
Zhuang JY, Wei SX. 2000a. Materials for study on rust fungi of eastern rimland of Qinghai-Xizang (Tibet) Plateau. VII. Some noteworthy *Puccinia* species on Polygonaceae. Mycosystema, 19: 153-156.
Zhuang JY, Wei SX. 2000b. New species of *Puccinia* on the Umbelliferae. Mycosystema, 19: 441-444.
Zhuang JY, Wei SX. 2001a. Basidiomycota, Teliomycetes, Uredinales. *In*: Zhuang WY. Higher Fungi of Tropical China. Ithaca, New York: Mycotaxon Ltd: 352-388.
Zhuang JY, Wei SX. 2001b. Notes on some species of *Puccinia* from Western China. Mycosystema, 20(4): 449-453.
Zhuang JY, Wei SX. 2001c. A new species of the genus Stylorus from Lauraceae. Mycosystema, 20(1): 13-15.
Zhuang JY, Wei SX. 2002a. Notes on some *Puccinia* species from tropical China. Mycosystema, 21: 448-451
Zhuang JY, Wei SX. 2002b. A preliminary checklist of rust fungi in the Greater Khingan Mountains. J. Jilin Agric. Univ., 24: 5-10.
Zhuang JY, Wei SX. 2003. Uredinales of Kilien Mountains and their adjacent areas in Qinghai, China. Mycosystema, 22 (Suppl.): 107-112.
Zhuang JY, Wei SX. 2005. Urediniomycetes, Uredinales. *In*: Zhuang WY. Fungi of Northwestern China. Beijing, New York: Mycotaxon Ltd. Ithaca: 233-290.
Zhuang JY, Wei SX. 2009a. Three new species and two new Chinese records of the genus *Phragmidium* (Uredinales, Phragmidiaceae). Mycosystema, 28: 623-629.
Zhuang JY, Wei SX. 2009b. Notes on some rust fungi from southern China. Mycosystema, 28: 630-636.
Zhuang JY, Wei SX. 2011. Additional materials for the rust flora of Hainan Province, China. Mycosystema, 30 (6): 853-860.
Zhuang JY, Wei SX. 2012. Additional notes of rust fungi from southwestern China. Mycosystema, 31: 480-485.

汉语学名索引

C

D

E

F

G

H

J

K

L

M

N

O

P

Q

R

S

T

W

X

Y

Z

拉丁学名索引

R

S

V

X

Z